Cuestiones de cuidado

Cuestiones de cuidado

Ética especulativa en mundos más que humanos

María Puig de la Bellacasa

traducido por
Sara Jiménez Fernández
Nayla Viggiano

tercero
incluido

SU
B_
textos

Edición original: María Puig de la Bellacasa, *Matters of care. Speculative Ethics in More Than Human Worlds,* Minneapolis/Londres: University of Minnesota Press 2017.

1ª Edición: marzo 2026

Título: *Cuestiones de cuidado. Ética especulativa en mundos más que humanos*
Autora: María Puig de la Bellacasa
Traductoras: Sara Jiménez Fernández y Nayla Viggiano

Subtextos / Tercero Incluido, 2026

Ana Bernal, 4
29012 Málaga
subtextos.es

Diagonal Josep Pujades, 11
08440 Cardedeu, Barcelona
terceroincluido.net

ISBN: 978-84-123697-5-5
Depósito Legal: MA-363-2026

Índice

Introducción
El pensamiento disruptivo del cuidado

Cuidados, cuidar, cuidadora. Palabras cargadas, en disputa. Y aun así tan comunes en la vida cotidiana, como si fueran evidentes, más allá de los conocimientos o habilidades particulares. La mayoría necesitamos, sentimos, recibimos o nos encontramos con los cuidados de una forma u otra. El cuidado es omnipresente, incluso a través de los efectos de su ausencia. Como un anhelo que emana de los malestares del abandono, penetra en las cosas y las atraviesa. Su falta deshace, facilita la desintegración. Cuidar puede sentar bien; también puede sentar fatal. Puede hacer bien; puede oprimir. Su carácter esencial para el ser humano y para innumerables seres vivos lo hace especialmente apto para ejercer el control. Pero ¿qué es cuidar? ¿Es un afecto? ¿Una obligación moral? ¿Un trabajo? ¿Una carga? ¿Un placer? ¿Algo que podemos aprender o practicar? ¿Algo que simplemente hacemos? Cuidar significa todas estas cosas, y también otras para diferentes personas, en distintas situaciones. Así que, si bien las formas de cuidar pueden identificarse, investigarse y comprenderse de forma concreta y empírica, los cuidados siguen siendo ambivalentes en cuanto a sus significados y ontologías.

Este libro invita a una exploración especulativa del significado de los cuidados para pensar y vivir en mundos más que humanos abrazando, tentativamente, estas bases ambivalentes. Entre otras formas de denominar áreas posthumanistas, elijo esta expresión porque habla tanto de no humanos como de seres otros-que-humanos: cosas, objetos, otros animales, seres vivos, organismos, fuerzas físicas, entidades espirituales, y humanos[1]. Abarcar este ámbito ontológico es vital porque se ha vuelto indiscutible, si es que alguna vez dejó de serlo, que en una época en la que las tecnociencias se unen a las naturoculturas, los medios, las formas y los destinos de vida en este planeta de tantas clases y organismos están inevitablemente enredados. Sin duda este término sigue siendo insatisfactorio, tanto por su inespecificidad abstracta, como por sus matices morales que nos invitan a «trascender» lo humano hacia algo «más que». También sigue partiendo de un centro humano para luego llegar «más allá». Sin embargo, funciona lo suficientemente bien, como terreno incierto, para la delicada tarea de ensanchar la reflexión sobre las vidas que participan en agencias de cuidados, los cuales aún se piensan fundamentalmente como algo que hacen los humanos. El cuidado es un problema humano, pero eso no significa que sea una cuestión únicamente humana. Afirmar lo absurdo de desligar las relaciones de cuidados humanas y no humanas y los vínculos éticos implicados requiere descentrar las agencias humanas, así como quedarse cerca de los dilemas y herencias de las prácticas humanas situadas.

Me siento respaldada y conectada en este esfuerzo con multitud de pensador*s, investigador*s y activistas que, si bien podrían no respaldar este empeño, están en deuda con él. Sería reduccionista intentar abarcar la riqueza del trabajo sobre los cuidados en esta introducción. Pero al menos ha de hacerse un apunte para aquell*s lector*s no familiarizad*s con las herencias de un proyecto que busca,

---

[1] Aunque ahora es ampliamente utilizado, encontré esta expresión por primera vez en el trabajo de Marisol de la Cadena (Marisol de la Cadena, «Indigenous Cosmopolitics in the Andes», en *Cultural Anthropology*, 25 (2), 2010).

una vez más, afirmar el cuidado a pesar y con motivo de su significado ambivalente. Sin lugar a duda, las teorías y las investigaciones feministas sobre los cuidados han complejizado toda noción del cuidado como un afecto agradable y cálido o una actitud moralista de bienestar. Desde que el famoso y controvertido libro *In a Different Voice* de Carol Gilligan enraizó los orígenes de una subjetividad ética del cuidado en la relación madre-hij*[2], el debate sobre el valor político y moral del trabajo de cuidados, así como la investigación exhaustiva de las sociologías feministas sobre los diferentes trabajos que implican y ejercen cuidados, se han ampliado y cuestionado desde una serie de perspectivas que van más allá de las actividades tradicionales y socialmente identificadas como trabajos de mujeres. Los conocidos debates sobre la «ética del cuidado» son solo una pequeña parte de las conversaciones que recogen un extenso abanico de interlocutores no necesariamente conscientes de la voz del otro. Desde hace más de treinta años, los estudios de enfermería, las sociologías de la medicina, la salud y la enfermedad, la ética y la filosofía, así como el pensamiento político, cuestionan la evidencia de los cuidados. Con, o más allá de la ética del cuidado, sus prácticas y principios se han explorado de forma crítica dentro de la psicología crítica[3], la teoría política[4], la justicia[5], la ciudadanía[6], de los

---

[2] Carol Gilligan, *In a Different Voice. Psychological Theory and Women's Development*, Cambridge: Harvard University Press 1982.

[3] Nel Noddings, *Caring. A Feminine Approach to Ethics and Moral Education*, Berkeley: University of California Press 1984.

[4] Joan C. Tronto, *Moral Boundaries*. A Political Argument for an Ethic of Care, Nueva York: Routledge 1993.

[5] Daniel Engster, *The Heart of Justice. Care Ethics and Political Theory*, Oxford: Oxford University Press 2009.

[6] Paul Kershaw, *Carefair. Rethinking the Responsibilities and Rights of Citizenship*, Vancouver: University of British Columbia Press 2005;

estudios sobre las migraciones y el trabajo[7], del cuidado en la ética y economía empresariales[8], de las opciones científicas para el desarrollo[9], de las sociologías y antropologías de las ciencias de la salud y del trabajo[10], de los estudios sobre diversidad funcional y activismo[11], del cuidado en los procedimientos de contabilidad[12], la política alimentaria[13], como una ética de los derechos de los animales[14] y en prácticas agrícolas y ganaderas[15]; por no hablar de

Selma Sevenhuijsen, *Citizenship and the Ethics of Care. Feminist Considerations on Justice, Morality, and Politics*, Nueva York: Routledge 1998.

[7] Eileen Boris y Parrenas Rhacel, *Intimate Labors. Cultures, Technologies, and the Politics of Care*, Stanford: Stanford University Press 2010.

[8] Dimitria Gatzia, «The Ethics of Care and Economic Theory. A Happy Marriage?», en Maurice Hammington y Maureen Sander-Staudt (eds.), *Applying Care Ethics to Business*, Dordrecht: Springer 2011.

[9] Indira Nair, «Science and Technology with Care. Structuring Science in the Framework of Care, Multiplicity, and Integrity», *Journal of College Science Teaching*, 30 (4), 2001, 274-277.

[10] Joanna Latimer, *The Conduct of Care. Understanding Nursing Practice*, Londres: Blackwell 2000; Anne Marie Mol, *The Logic of Care. Health and the Problem of Patient Choice*. Nueva York: Routledge 2008; Anne Marie Mol, Ingunn Moser y Jeannette Pols (eds.), *Care in Practice. On Tinkering in Clinics, Homes, and Farms*, Bielefeld: transcript 2010.

[11] Tomás Sánchez Criado, Israel Rodríguez-Giralt y Arianna Mencaroni, «Care in the (Critical) Making. Open Prototyping, or the Radicalization of Independent-Living Politics», *ALTER, European Journal of Disability Research,* 10 (1), 2016, 24-39.

[12] Sonja Jerak-Zuiderent, «Accountability from Somewhere and for Someone. Relating with Care», *Science as Culture,* 24 (4), 2015, 412–35.

[13] Emma-Jayne Abbots, Anna Lavis y Luci Attala (eds.), *Careful Eating. Bodies, Food, and Care*. London: Ashgate 2015.

[14] Josephine Donovan y Carol J. Adams (eds.), *Beyond Animal Rights. A Feminist Caring Ethic for the Treatment of Animals*, Nueva York: Continuum 2010.

[15] Vicky Singleton y John Law, «Devices as Rituals. Notes on Enacting Resistance», *Journal of Cultural Economy*, 6 (3), 2013, 259-77.

las investigaciones enraizadas en el activismo de base[16], el trabajo social y sanitario y la política[17]. Más cercano a las trayectorias específicas de este libro, el cuidado también se explora como una noción significativa para apreciar las dimensiones afectivas y ético-políticas en las prácticas del conocimiento y del trabajo científico[18] y como una política de la tecnociencia[19] con un significado vital para la ecología[20] y las relaciones humanas-no humanas en mundos naturoculturales[21].

[16] Precarias a la Deriva, *A la deriva. Por los circuitos de la precariedad femenina*, Madrid: Traficantes de Sueños 2004; Camille Barbagallo y Silvia Federici (eds.), «Care Work and the Commons», *The Commoner*, 15, 2012.

[17] Olena Hankivsky, *Social Policy and the Ethic of Care*, Vancouver: University of British Columbia Press 2004.

[18] Hilary Rose, «Hand, Brain, and Heart. A Feminist Epistemology for the Natural Sciences», *Signs. Journal of Women in Culture and Society*, 9 (1), 1983, 73-90 y *Love, Power, and Knowledge. Towards a Feminist Transformation of the Sciences*, Cambridge: Polity Press 1994; Vincianne Despret, «El cuerpo de nuestros desvelos. Figuras de la antropo-zoogénesis», *Tecnogénesis. La construcción técnica de las ecologías humanas 1*, 2008, 229-261; Ruth Müller, *On Becoming a «Distinguished» Scientist. Careers, Individuality, and Collectivity in Postdoctoral Researchers' Accounts on Living and Working in the Life Sciences* [tesis doctoral], Viena: Universidad de Viena 2012; Wakana Suzuki, «The Care of the Cell», *NatureCulture*, 3, 2015, 87-105; Tania Pérez-Bustos, «Of Caring Practices in the Public Communication of Science: Seeing through Trans Women Scientists' Experiences», *Signs. Journal of Women in Culture and Society*, 39 (4), 2014, 857-866.

[19] Aryn Martin, Natasha Myers, y Ana Viseu, (eds.) «The Politics of Care in Technoscience», *Social Studies of Science*, 45:5, 2015, 625-641.

[20] Deane Curtin, «Towards an Ecological Ethic of Care», *Hypatia. A Journal of Feminist Philosophy*, 6 (1), 1993, 60-74.

[21] Donna Haraway, «Speculative Fabulations for Technoculture's Generations. Taking Care of Unexpected Country», *Australian Humanities Review 50*, 2011; Thom Van Dooren, *Flight Ways. Life and Loss at the Edge of Extinction*, Nueva York: Columbia University Press 2014; Eben Kirksey, *Emergent Ecologies*, Durham: Duke University Press 2015.

Esta lista podría seguir, y sigue expandiéndose; intentar mostrar solo una parte sería reduccionista. Todos estos compromisos con el cuidado contribuyen de forma específica a la comprensión y a los significados del cuidado, poniendo de manifiesto cómo el cuidado implica distintas relacionalidades, cuestiones y prácticas en distintas configuraciones. Todas estas investigaciones podrían no estar de acuerdo entre sí —ni deben estarlo— sobre lo que significa o implica el cuidado. No obstante, las investigaciones específicas sobre las actualizaciones de los cuidados también han contribuido y coexisten con un debate teórico sobre los cuidados como un hacer «genérico» de importancia ontológica, como una «actividad de las especies» con implicaciones éticas, sociales, políticas y culturales. Para Joan Tronto y Bernice Fischer, esto incluye *todo lo que hacemos* para sostener, continuar y reparar «nuestro mundo» de modo que podamos vivir en él lo mejor posible. Ese mundo nos incluye, incluye nuestros cuerpos y nuestro entorno, *todo lo que intentamos entretejer en una compleja red que sostiene la vida*[22].

Me detengo un momento en esta definición genérica de los cuidados, tan citada, porque emerge en muchos momentos en este libro. Sin quererlo, se convirtió no solo en un concepto al que volvía una y otra vez, como un estribillo tranquilizador que permite tocar tierra a lo largo de los meandros de un viaje especulativo, sino también en un aliciente para indagar más en los significados de los cuidados, para pensar y vivir con mundos más que humanos. ¿Qué incluye «nuestro» mundo? ¿Y por qué las relaciones de cuidados deberían articularse desde ahí?[23]

---

[22] Tronto, *Moral boundaries*, 103.

[23] Agradezco a Mara Miele el señalarme el humanismo de esta definición.

Pero antes de llegar a estas preguntas, en esta introducción quiero desgranar algunas de las razones por las que esta definición de los cuidados se convirtió en un punto de partida. Joan Tronto, en su libro *Moral Boundaries* — que sigue siendo una de las obras más influyentes sobre el cuidado y un hito de la ética y de la filosofía feminista—, se dedicó a desentrañar el significado político de los cuidados. Con este espíritu, su definición genérica del cuidado hace hincapié en una noción extendida de las agencias que engloban los cuidados: «Todo aquello que hacemos para». Entre estos haceres, distingue y a la vez mantiene estrechamente unidos los aspectos de «sostenimiento» de los cuidados —lo que tradicionalmente se denomina «trabajo de cuidados»— y el sentido de una ética y una política de los cuidados, la búsqueda de una vida «buena» expresada en un «lo mejor posible» cargado de afectividad. Tronto articuló asimismo las dimensiones que se encuentran al generar un acto «integrado» de cuidados: las disposiciones éticas y afectivas implicadas en la inquietud, la preocupación y la responsabilidad por el bienestar de los demás, como «preocuparse por» y «cuidar de», necesitan el apoyo de prácticas materiales, tradicionalmente entendidas como sostenimiento o como trabajo específico implicado en la puesta en práctica de los cuidados, como «dar cuidados» o «recibir cuidados»[24]. La distinción no separa estos modos de agencia. Lo que nos permite destacar es que una política de los cuidados implica mucho más que una postura moral; implica agencias prácticas, afectivas y éticas de consecuencias materiales. Otra dimensión crítica de esta concepción genérica es que pone el acento en los cuidados

---

[24] Tronto, *Moral Boundaries*; Sevenhuijsen, *Citizenship and the Ethics of Care*.

como elemento vital en el entrelazamiento de la trama de la vida, que expresa un tema clave de la ética feminista, un énfasis en la interconexión y la interdependencia a pesar de la aversión a la «dependencia» en las sociedades modernas industrializadas, que siguen dando un valor primordial a la agencia individual. Aunque este campo suele centrarse en desentrañar la especificidad del «trabajo de dependencia» —necesario cuando no somos capaces de cuidar de nosotr*s mism*s[25]—, también sugiere la interdependencia como el estado ontológico en el que inevitablemente viven los seres humanos y un sinfín de otros seres. Esto no significa que la dependencia sea un valor absoluto en todas las situaciones —como bien expone la crítica en los estudios sobre diversidad funcional, así como las luchas por la vida interdependiente[26]— ni que la dependencia y la independencia sean antitéticas. Cuidar no es fusionarse; puede ser tomar la distancia adecuada[27]. Tampoco significa que *cuidar* debería ser una obligación moral en todas las situaciones, prácticas o decisiones. Virginia Woolf habló de forma convincente sobre el poder de cultivar la indiferencia como forma de revuelta silenciosa, el poder disruptivo de elegir no preocuparse por lo que se espera que nos preocupe[28]. Sin embargo, significa que para los seres interdependientes en entrelazamientos más que humanos, tiene que haber en marcha alguna forma de

---

[25] Eva Feder Kittay, *Love's Labor. Essays on Women, Equality and Dependenciy*, Nueva York: Routledge 1999; Eva Feder Kittay y Ellen K. Feder, *The Subject of Care. Feminist Perspectives on Dependency*, Lanham: Rowman & Littlefield 2002.

[26] Teppo Kröger, «Care Research and Disability Studies. Nothing in Common?», *Critical Social Policy*, 29 (3), 2009, 398-420.

[27] Véase el capítulo 3.

[28] Virginia Woolf, *Una habitación propia. Tres guineas,* Barcelona: Penguin Random House 2020.

cuidado en algún lugar del sustrato de su mundo para que vivir sea posible. Y esta es una forma de ver las relaciones, no la única.

Los cuidados como trabajo específico de sostenimiento, con implicaciones éticas y afectivas, y como una política vital en mundos interdependientes, es un concepto importante que este libro hereda. Estas tres dimensiones de los cuidados —laboral/trabajo, afecto/afecciones, ética/política— no están necesariamente distribuidas de forma equitativa en todas las situaciones relacionales, ni se dan juntas sin tensiones y contradicciones, sino que se mantienen unidas y a veces se desafían mutuamente en la idea del cuidado que planteo en este libro. En lugar de centrarnos en los aspectos afectivos de los cuidados — amor y afecto, por ejemplo—, o en los cuidados como trabajo de mantenimiento, seguir con las tensiones no resueltas y las relaciones entre estas dimensiones nos ayuda a quedarnos cerca de los terrenos ambivalentes del cuidado. Hay situaciones en las que el trabajo de cuidados implica una retirada de lo afectivo; nos preguntamos, entonces, ¿por qué una cuidadora remunerada tendría que implicarse afectivamente en su trabajo? Esto es fundamental porque tenemos que considerar cómo los cuidados pueden convertirse en una presión moral para l*s trabajador*s que, en todo su derecho, quieran preservar su compromiso afectivo de la explotación del trabajo asalariado. Pero si el sostenimiento no conlleva algo de implicación afectiva —me preocupo, cuido (o se me convoca para ello, aunque no quiera)—, ¿sigue tratándose de cuidados? Por el contrario, también se puede amar intensamente sin comprometerse con el «trabajo del amor», sin implicarse en el sostenimiento, a veces tedioso, de una relación. Que nos planteemos estas preguntas revela que la afectividad —no necesariamente positiva— es parte de los cuidados, como carga opresiva, como alegría, como aburrimiento. Seguir con estas tensiones muestra que el sostenimiento de la vida no es suficiente para que una relación implique cuidados, pero que, sin el trabajo de sostenimiento, la afectividad no llega a cuidar y se mantiene más cerca de una intención moral, de una disposición a «preocuparse por», sin poner a funcionar el «cuidar de»[29]. Lo mismo se aplica a las preguntas éticas y políticas que plantea el cuidado, como la indignación y las condenas ante su ausencia, o frente a políticas de control que regulan qué se consideran cuidados legítimos. Aunque pueda parecer que los cuidados no implican necesariamente una ética o una política, parece haber un posicionamiento inherente que se produce a través de los compromisos con el cuidado. Como señala Anne Marie Mol en su elucidación de una lógica de cuidados en las prácticas de doctorado: «Articular "buenos cuidados" [...] es una intervención» más que un juicio o una evaluación fáctica de la práctica»[30]. Por tanto, en este libro exploro el cuidado como una intervención intrínsecamente ética y política que afecta también a quienes lo investigan. Porque hablar de «buenos cuidados» —o de cuidados tan buenos como sea posible— nunca es neutral. Porque el trabajo de cuidados puede realizarse dentro de mundos, y para mundos, que podríamos considerar objetables. ¿Para qué se da el cuidado? Estas oscilaciones interrogativas exponen cómo la definición de los cuidados de Tronto —al mantener

---

[29] Tronto, *Moral Boundaries.*

[30] Anne Marie Mol, *The Logic of Care. Health and the Porblem of Patient Choice*, Nueva York: Routledge 2008, 84.

las tensiones entre el cuidado como tarea y trabajo de sostenimiento, el compromiso afectivo y la implicación ético-política— abre un terreno para explorar, en situación, el pensamiento sutil de los cuidados, leyendo estas dimensiones unas a través de otras.

Además, el carácter genérico de esta definición del cuidado también es especialmente interesante para un proyecto especulativo. Primero, porque expone los dominios existenciales del cuidado como algo abierto: todo lo que hacemos. Segundo, porque señala cómo la «ética», en una ética del cuidado, no hace referencia a un ámbito de obligaciones morales normativas sino a una implicación densa, impura, en un mundo en el que es necesario plantearse la cuestión de cómo cuidar. Es decir, ello hace de la ética un proceso práctico y continuo de recreación de las «mejores relaciones posibles» y, por lo tanto, que requiere una apertura especulativa sobre lo que implica un posible. Y así, el pensamiento de este libro se ve movido por una apelación genérica al cuidado que lo hace impensable como algo abstraído de su situación. Por tanto, aunque este libro no es una investigación sociológica o etnográfica de un dominio específico de las agencias del cuidado, al abordar de forma especulativa los significados de pensar y de vivir con los cuidados, espero contribuir a enriquecer sus significados de forma que invite a otr*s a considerar los cuidados —o su ausencia— como un parámetro de la existencia con significado para sus propios terrenos. Sin embargo, lejos de ser un tratado general sobre el cuidado, este libro trata de generar su propia situacionalidad en la interacción entre lo genérico y lo específico[31]. Cada capítulo presenta y abre

---

[31] Para una distinción entre lo general y lo genérico, véase Isabelle Stengers, «Devenir philosophe. Un goût pour l'aventure?», en *La vocation philosophique*, París: Centro Pompidou-Bayard 2004.

preguntas en torno al cuidado, partiendo de distintos enfoques, interrogantes y problemas —cuestiones específicas del cuidado—, de modo que lo genérico no se resuelva en una teoría cerrada. Considerar las problemáticas y los terrenos de investigación como cuestiones del cuidado puede convertirse entonces en una pregunta especulativa de investigación, tal y como proponen estas autoras: «La pregunta, entonces, no es "¿cómo podemos cuidar más?", sino preguntarnos qué ocurre con nuestro trabajo cuando prestamos atención a los momentos en los que la pregunta "¿cómo cuidar?" es insistente, pero no fácil de responder. De esta forma, utilizamos el cuidado como una analítica o provocación, más que como un conjunto predeterminado de prácticas afectivas»[32].

La conexión entre lo «especulativo» y la «ética» —otra línea de pensamiento que atraviesa el libro—, tal vez también requiera alguna aclaración, aunque debería ser bastante simple. A lo largo del libro se debate sobre eticidad y obligaciones, pero el enfoque no apunta a una teorización ética sistemática[33]. Este recorrido trata de la ética porque plantea preguntas sobre los significados del cuidado para mundos *lo mejor posible*, pero también está marcado por la trayectoria que me trajo a pensar primero los cuidados como un compromiso político. Lo especulativo entonces conecta con una tradición feminista por la cual este modo de pensamiento sobre lo posible promueve la imaginación ética y política en el presente[34]. Pero las discusiones éticas de este libro tam-

---

[32] Melissa Atkinson-Graham *et al.*, «Care in Context. Becoming an STS Researcher», *Social Studies of Science*, 5, 2015, 738-748.

[33] Invito a l*s lector*s intrigad*s por esta «ética» a empezar a leer desde el capítulo 4.

[34] Con su compromiso con la literatura de ciencia ficción, el trabajo de Donna Haraway es un ejemplo especialmente destacado del

bién son especulativas porque intentan evitar definir un marco normativo sobre cómo hacer lo «mejor posible», al mismo tiempo que desplazan los significados del cuidado hacia terrenos donde podrían perturbar los significados de un «bien» ya establecido. Por supuesto, afirmar lo especulativo como una orientación general supone, de algún modo, una actitud crítica hacia el presente. ¿Por qué desear otros mundos posibles si no hubiera nada malo en este? Por ello, una búsqueda vacilante de lo que significa pensar de forma crítica y especulativa atraviesa todo el libro. Pero afirmar lo especulativo en la ética implica una actitud crítica indecisa, que no busca refugio en las posiciones que adopta, sino que permanece consciente y abierta a la vulnerabilidad de cualquier postura respecto a «lo mejor posible».

Finalmente, hay una razón más «empírica» por la que la importancia del pensamiento *crítico especulativo* pasó a formar parte de esta exploración del cuidado. El cuidado es ambivalente no solo en términos ontológicos, sino también políticos. Aprendemos de los enfoques feministas que el cuidado no es una noción que pueda asumirse de forma inocente. El pensamiento y el trabajo en torno a los cuidados todavía tienen que enfrentarse a los complicados terrenos de la esencialización de las experiencias

---

pensamiento especulativo como una forma de pensar el futuro en el presente, suscitando la SF como una interacción entre *Scientific Fact* (hecho científico), *Science Fiction* (ciencia ficción) y *Speculative Fabulation* (especulación fabulativa). En este libro, lo especulativo no entra en juego con la epistemología del hecho científico como tal; lo especulativo desplaza a la ética como creación normativa del mundo (Joan Haran, «Why Turn to Speculative Fiction? On Reconceiving Feminist Research for the Twenty-First Century», en Gillian Bndelow et al. (eds.), *Gender, Health, and Healing. The Public/Private Divide*, Londres: Routledge 2001, 68-87).

de las mujeres[35] y a la idea persistente de que el cuidado remite, o debería remitir, a un ámbito ético placentero, de alguna forma íntegro o no contaminado. Profundizar en los trabajos feministas sobre el tema nos invita a implicarnos parcialmente con los cuidados como un terreno vivo que parece necesitar ser constantemente rescatado de significados idealizados, de esa evidencia construida que, por ejemplo, asocia los cuidados con una forma de trabajo amoroso no mediado, llevado a cabo por cuidadoras idealizadas. Los reencuentros contemporáneos con los cuidados mantienen esta mirada en la medida en que se comprometen tanto a seguir fomentando el cuidado como a advertir contra la visión demasiado optimista de su práctica, cuando nos incitan a seguir «desestabilizando» el cuidado[36], o a «seguir con el problema»[37] en la forma en la que nos implicamos en el acto de cuidar, como señalan Aryn Martin, Natasha Myers y Ana Viseu, prolongando el llamamiento de Donna Haraway. Quienes llevan más de cuarenta años pensando críticamente los complejos terrenos y las luchas en torno a los cuidados podrían no sentir que estas preocupaciones sean nuevas. Aun así, no podemos conformarnos con la idea de que estos debates han quedado atrás. Una colega me contó recientemente su reacción ante la organización de un simposio sobre cuidados y economía política: «¿Cuidados? ¿Por qué deberían importarme los cuidados?» Luego, haciendo una pausa,

---

[35] Sarah L. Hoagland, «Some Thoughts about Caring», en Claudia Card (ed.), *Feminist Ehics. New Essays*, Lawrence: University of Kansas Press 1991, 246-263.

[36] Michelle Murphy, «Unsettling Care. Troubling Transnational Itineraries of Care in Feminist Health Practices», *Social Studies of Science*, 46 (5), 2015, 717-737.

[37] Donna J. Haraway, *Seguir con el problema. Generar parentesco en el Chthuluceno,* traducido por Helen Torres, Bilbao: consonni 2019.

relató cómo, mientras se escuchaba a sí misma pensar de esta forma, pensó: «probablemente porque todo me dice que no debería preocuparme por los cuidados». Más allá de lo evidente —que lo que importa a una generación no seguirá importando *per se* en el futuro—, los cuidados son tan vitales para la trama de la vida que sigue siendo una cuestión en disputa permanente y un terreno de constante apropiación normativa.

Y es cierto que, a pesar de una tradición que ha hecho de los cuidados un elemento esencial del pensamiento transformador, de la política y de las formas alternativas de organización, los cuidados también son un tema común en las moralizaciones cotidianas, especialmente en Occidente o en el Norte Global. Un resurgimiento hegemónico que valore el cuidado más allá de sus ámbitos tradicionales podría estar siendo reforzado por un presente preocupado por el desmoronamiento de la vida desde todos los frentes de crisis posibles; medioambiental, económico, de valores. Y mientras la sensación de emergencia se traduce en una ansiedad constante, en la expectativa de un acontecimiento catastrófico[38], un paisaje menos difundido de violencia va destruyendo lentamente y de forma más sustancial el tejido de la existencia cotidiana de los seres vivos a todas las escalas[39]. Este sentimiento de crisis y de necesidad de más cuidados se acentúa desde unos pocos, aunque poderosos, *loci* ontológicos que se han beneficiado de una relativa sensación de «seguridad», comercializada como norma, mientras «el resto» del mundo, tanto en

[38] Nicholas Buret, *Organizing against the End of the World. The Praxis of Ecological Catastrophe* [tesis doctoral], Leicester: University of Leicester 2015.
[39] Rob Nixon, *Slow Violence and the Environmentalism of the Poor*, Cambridge: Harvard University Press 2011.

el ámbito doméstico como más allá, podría dejarse des-
cuidadamente en un estado de excepción[40]. ¡Ojalá *tod*s*
pudiéramos cuidar! ¿De verdad? ¿Y qué significaría eso?

Los llamamientos al cuidado están en todas partes,
desde el *marketing* de productos ecológicos —por las que
las empresas compiten por demostrar cuánto se preocupan— hasta la compra de artículos reciclados, mediante
los cuales los consumidores demostramos cuánto nos
preocupamos[41]. Más preocupante aún que este barniz
de *marketing* es cómo la gobernanza neoliberal ha convertido el cuidado de sí en un orden omnipresente de
moralidad biopolítica individualizada. Se convoca a la
gente a cuidar de todo, pero, sobre todo, de «nuestro»
yo, de nuestro estilo de vida, nuestros cuerpos, nuestro
estado físico y mental, o el de «nuestras» familias, redu-
ciendo los cuidados a su caricatura más «parroquial»[42].
Aquellas consideradas como cuidadoras tradicionales —
mujeres por lo general— o como cuidadoras profesionales típicas —enfermeras y otras trabajadoras del cuidado
marginalizadas, mal pagadas o no remuneradas— son
constantemente moralizadas por no cuidar lo suficiente,
por no cuidar «más», o por haber «perdido» cierta capacidad «natural» para cuidar[43]. Y no solo podrían ser

---

[40] Gareth Brown et al., «Careless talk. Social Reproduction and Fault
Lines of the Crisis in the United Kingdom», *Social Justice. A Journal
of Crime, Conflict, and World Order*, 39 (1), 2012, 78-98.
[41] Michael K. Goodman, «Care capitalism? The Biopolitics of Choice
in a Neoliberal Economy of Hope», *International Political Sociology*,
7 (1), 2013, 103-105; Michael K. Goodman y Emily Boyd, «A Social
Life for Carbon? Commodification, Markets, and Care», *Geograhical
Journal,* 177 (2), 2011, 102-109.
[42] Tronto, *Moral Boundaries.*
[43] Un ejemplo atroz es la forma en que en los últimos años se ha
culpado a las enfermeras en el Reino Unido de un «déficit» de cuidados y compasión en el Servicio Nacional de Salud, llevando a un

objeto de revisión los usos presentes de la noción, sino también las formas pasadas de practicar los cuidados. Michelle Murphy muestra en su investigación sobre el movimiento por la salud de las mujeres —el cual much*s todavía apreciamos como un modelo de reapropiación de los medios de producción— cómo los proyectos impulsados por una noción de cuidados pueden servir a proyectos coloniales[44]. Los cuidados también pueden ser instrumentalizados a nivel político global. En una crítica contundente a las campañas humanitarias en contextos migratorios que promulgan «regímenes transnacionales de cuidados», Miriam Ticktin muestra cómo, en nombre de una idea universalista de alivio del sufrimiento —y de lo que Tronto habría llamado un cuidado paternalista—, estas acciones más bien perpetúan las desigualdades e impiden cambios colectivos que podrían marcar la diferencia en las vidas de las personas migrantes[45].

Aunque no hay nada nuevo en los enredos del cuidado con regímenes hegemónicos —basta pensar en todas las formas en las que la madre cuidadora está históricamente

---

empeoramiento de las condiciones de los pacientes en todo el sistema. Estas acusaciones se enmarcan como una cuestión moral, mientras que el giro directivo y el constante menoscabo de las condiciones de trabajo del personal médico y de enfermería siguen sin abordarse o se justifican bajo un principio de eficiencia y ahorro de costes. Joanna Latimer *(The Conduct of Care)* ofrece un esclarecedor estudio etnográfico de los efectos del gerencialismo en el trabajo de enfermería. Lara Rachel Cohen ofrece una crítica radical de cómo la promoción de los «cuidados compasivos» en este contexto desvía la atención de las cuestiones críticas que afectan al «trabajo corporal» implicado en las relaciones de cuidados de enfermería (Lara Rachel Cohen, «Time, Space, and Touch at Work. Body Work and Labour Process (Re) Organization», *Sociology of Health & Illness*, 33 (2), 2011, 189-205).

[44] Murphy, «Unsettling Care».

[45] Mirian Ticktin, *Casualties of Care*, Berkeley: University of California Press 2011.

tan entronizada como confinada, y su cuerpo cuidador reclutado para la nación—, distintas configuraciones situadas requerirán compromisos críticos por parte de quienes han intentado que los cuidados se valoren como algo absolutamente vital en el tejido de la existencia, y que no se contentarán simplemente con el uso excesivo de la palabra. Algunas personas podrían preferir abandonar una noción demasiado presente en los órdenes morales establecidos. Y, aun así, hay muchas razones para tratar la apropiación reductora del cuidado en los contextos de las ideologías éticas del Norte Global con atención, más que con desprecio. En un mundo así, se hacen posibles —y es necesario problematizar— una variedad de comprensiones y apropiaciones distintas del cuidado. Estas aportan capas de complejidad a las visiones feministas del cuidado y nos permiten evitar simplificaciones reduccionistas sobre lo bueno y lo malo del cuidado. El panorama sobre el terreno es siempre más borroso, y los compromisos contemporáneos con los cuidados en nuevos terrenos lo siguen mostrando. Las etnografías del cuidado evidencian lo absurdo que resulta desvincular los cuidados de su mundanidad desordenada. Anne Marie Mol muestra cómo una lógica de los cuidados y una lógica de la elección están en constante fricción en las prácticas médicas[46]; Sonja Zerak-Juiderent expone formas de cuidados situados que persisten dentro de lógicas de rendición de cuentas que parecen estar «sometiendo los cuidados» a normas abstractas[47]; Kris Kortright revela prácticas de cuidados en el corazón del trabajo de una

---

[46] Mol, *The Logic of Care*.
[47] Jerak-Zuiderent, «Accountability from Somewhere and for Someone. Relating with Care».

nueva revolución verde transgénica[48]; Wakana Suzuki expone cómo un *ethos* de atención cuidadosa se moviliza explícitamente como parte de una disciplina en los laboratorios de biomedicina que ha estudiado[49]. Expandir los espacios y las comunidades desde los que pensamos con cuidado contribuye a nuevas problemáticas y formas de atención. Así que en lugar de renunciar a los cuidados por haber sido instrumentalizados con propósitos que podríamos deplorar, necesitamos que sus significados se debatan, se desgranen y se reactiven de forma implicada, como respuesta a este presente.

Los cuidados son demasiado importantes como para cederlos a las reducciones de la ética hegemónica. Pensar *en* el mundo conlleva reconocer nuestra propia implicación en la perpetuación de los valores dominantes, en lugar de refugiarnos en la posición de quien, desde fuera, se cree iluminado y con mayor claridad. ¿Puede el pensamiento estar conectado si pretende situarse fuera de los mundos que deseamos transformar, incluso de aquellos que no querríamos respaldar? Mi intención en este libro no es escenificar una confrontación distanciada con las nociones dominantes del cuidado, ni siquiera deconstruir o vigilar los afectos vinculados a él —como la expectativa de que los cuidados traigan lo bueno o lo amable— sino proponer formas de contribuir a su rearticulación, su reconcepción y su «reactivación»[50]. Esto requiere tomar partido en la continua, compleja y escurridiza tarea de

[48] Chris Kortright, «On Labor and Creative Transformations in the Experimental Fields of the Philippines», *East Asian Science, Technology and Society. An International Journal*, 7, 2013, 557-578.

[49] Suzuki, «The Care of the Cell».

[50] Katie King, *Networked Reenactments. Stories Transdisciplinary Knowledges Tell*, Durham: Duke University Press 2012.

recuperar el cuidado, no de sus impurezas, sino más bien de las tendencias que suavizan sus asperezas; ya sea idealizándolo o denigrándolo. Ciertamente, recuperar significa a menudo reapropiarse de un terreno tóxico, de un campo de dominación, para volverlo de nuevo capaz de nutrir las semillas de transformación que deseamos sembrar. También evoca la labor de recuperar terrenos previamente descuidados. Pero, lo que es más importante aún para el enfoque del cuidado en este libro, recuperar exige reconocer los venenos que habitan los suelos que pisamos, en lugar de esperar encontrar una alternativa exterior, intacta, ajena al conflicto, al fin en equilibrio —o a la crítica definitiva—. Recuperar no consiste en purgar y «limpiar» una noción, sino en considerar las ambiciones puristas —ya sean morales, políticas o afectivas— como las más venenosas. Recuperar como tarea política apunta a un esfuerzo continuo dentro de las condiciones existentes sin aceptarlas como dadas. Implica no apartarse de aquello que nos importa solo porque haya sido «recobrado» por el poder, o por la moda. Este esfuerzo es para mí un intento de prolongar un estilo de pensamiento aprendido a través de los esfuerzos feministas por cultivar solidaridades entre posiciones divergentes, sin borrar tensiones irresolubles[51]. Si bien los análisis feministas materialistas del cuidado expusieron la dependencia de los cuidados por parte de la sociedad —su importancia— también revelaron las complejidades del trabajo de quienes cuidan, mostrando cómo las relaciones de dependencia de cuidados pueden ser tan

---

[51] Maria Puig de la Bellacasa, *Think We Must. Feminist Politics and the Construction of Knowlege* [tesis doctoral], Bruselas: Université Libre de Bruxelles 2013; María Puig de la Bellacasa, *Les savoirs siturés de Sandra Harding et Donna Haraway. Science et épistémilogies féministes*, Paris: L'Harmattan 2014.

crueles como amorosas, desgranando lo que realmente *se hace* en diferentes situaciones bajo la categoría general del cuidado. Recuperar el cuidado es mantenerlo anclado en compromisos prácticos con las condiciones materiales situadas que a menudo exponen tensiones. En lugar de abordar los debates sobre los cuidados en sus diferentes configuraciones específicas y saberes especializados, este libro hereda de conversaciones en curso la suposición de que los significados y la relevancia situada del cuidado no pueden darse por supuestos. Asumiendo lo intrínsecos que son los cuidados en el tejido cotidiano de mundos atravesados por el conflicto, intento no fijarlos en una sola de sus dimensiones ontológicas —afectiva, práctica, ético-política—, y abrazar, en cambio, su carácter ambivalente. Inspirada por el enfoque insurgente de Leigh Star frente a las exclusiones, los silencios y las violencias implicadas en la evidencia de nombrar, señalar y clasificar[52], me resisto a categorizar el cuidado, e intento destacar su potencial para interrumpir el *status quo* y desanclar algunas de las rigideces morales del cuestionamiento ético.

Mi enfoque de desplazar el cuidado hacia cuestiones y debates donde rara vez han sido abordados se sitúa en las reorientaciones críticas contemporáneas, aunque no se trata tanto de entrar en una crítica del cuidado. Pienso el cuidado como un hacer críticamente disruptivo que puede abrirse a reconfiguraciones «tan buenas como sea posible», en vínculo con presentes problemáticos. Así, de forma crítica, pero especulativa, este libro se queda con el potencial transformador del cuidado, a pesar de, y precisamente por,

---

[52] Véase, por ejemplo, Susan Leight Star, «Power, Technologies, and the Phenomenology of Conventions. On Being Allergic to Onions», en John Law (ed.), *A Sociology of Monsters. Essays on Power, Technology, and Domination*, Nueva York: Routledge 1991, 26-56.

la ética hegemónica, por su actual mercantilización, por el hecho de que su importancia ineludible lo vuelve vulnerable a convertirse en un vehículo poderoso de moralización normativa. Seguir con la potencia disruptiva del cuidado no significa (solo) hacer visibles las actividades descuidadas que quisiéramos ver más «valoradas» —por ejemplo, como actividades «productivas» con un valor económico que debería ser reconocido—. Implica comprometerse con formas situadas de reconocimiento de la importancia del cuidado que operan desplazamientos en las jerarquías de valor establecidas, y entender cómo coexisten modos divergentes de valorar los cuidados y cómo se construyen mutuamente de formas no inocentes. De modo que, si este libro puede contribuir a dotar de significado al cuidado, espero que sea añadiendo capas a su percepción, evitando suavizar su potencial disruptivo. Es desde estos terrenos ambivalentes —pero firmes en una obstinada convicción del significado ontológico y potencial de los cuidados— que intento expandir el pensamiento sobre el cuidado, desplazando la investigación sobre sus significados a un terreno en gran parte inexplorado: los significados del cuidado en relación con el conocimiento y el pensamiento con mundos más que humanos, en la tecnociencia y las naturoculturas.

Desplazar los cuidados

Una comprensión amplia del pensamiento posthumanista incluye trabajos que, de forma creciente en los últimos veinte años, han cuestionado los límites que pretenden definir el ámbito de lo humano —frente a lo otro-que-humano, así como frente a humanos otrificados—, legitimando el carácter separado y excepcional de la humanidad y, de forma deliberada o no, sancionando la sujeción de todo lo demás a esa pretendida superioridad. Las fronteras desdibujadas por estas formas de pensamiento y por los movimientos sociomateriales que las impulsan son ya bien conocidas: entre naturaleza y cultura, sociedad y ciencia, tecnología y organismo, humanos y otras formas de vida. El pensamiento que está en juego aquí es transdisciplinar en su núcleo, y moviliza una amplia variedad de perspectivas y metodologías de las ciencias sociales y las humanidades, que han dado forma también a campos relativamente recientes como los estudios sobre ciencia y tecnología, los estudios animales, la filosofía y la ética posthumanista, y las humanidades ambientales. Los retos culturales, políticos y éticos que se abren son colosales, y la búsqueda de alternativas, constante. En este libro, intento contribuir modestamente a estos esfuerzos.

Podría decirse, de forma simple, que las reflexiones aquí presentadas desplazan los significados habituales del cuidado, sencillamente porque se los hace operar en torno a problemas que perturban los límites clásicos con los que las políticas feministas del cuidado han trabajado mayormente, para reivindicar su relevancia para los mundos sociales. Pero esta tarea requiere también algunos desplazamientos menos evidentes. El primero, en la Parte I, es un traslado de significado que lleva el tríptico del cuidado como «ética-trabajo-afecto» al terreno de la política del conocimiento, a las implicaciones de pensar con cuidado. John Dewey, jugando con las afinidades semánticas entre *care y mind*[53],

---

[53] En el idioma original del texto referenciado, John Dewey parte de la crítica de la «mente» *(mind)* como entidad pensante separada del cuerpo, jugando con el dualismo entre *care y mind* hasta llegar al cuidado *(care)* como acción situada, ya que *mind* también significa «preocuparse» o «prestar atención» (N. de las T.).

dijo de forma hermosa que «atender denota toda especie y variedad de intereses y preocupaciones por las cosas [...], respecto a situaciones, acontecimientos, objetos, personas y grupos. [...] Significa memoria [...] atención [...] propósito [...]. Atender es cuidar»[54]. Esta es una noción sugerente, en la que el carácter relacional del pensamiento —como la atención— se expresa como cuidado. Pero pensar y conocer no son a menudo ni cuidar ni atender, y cuidar a través del conocimiento y del pensamiento tampoco es, de ningún modo, una tarea exenta de problemas. Con esta conciencia de fondo, la Parte I se adentra en los debates sobre política del conocimiento en pensamientos que se implican más allá de las agencias humanas. La Parte II intenta desplazar las preguntas que, en su mayoría, se han hecho sobre el cuidado como algo que hacen los sujetos humanos —o ciertos entes sustitutos, como los no humanos dotados de agencia intencional y emoción—. ¿Qué significa cuidar cuando pensamos y vivimos en interdependencia con seres otros-que-humanos, en mundos «más que humanos»? ¿Podemos pensar el cuidado como una obligación que va más allá de la bifurcación naturaleza/cultura, sin por ello reponer los binarismos y moralismos de la ética antropocéntrica? ¿Cómo puede ayudarnos el cuidado a pensar las «obligaciones» éticas en cosmologías descentradas de lo humano?

Para empezar a desvelar cómo podrían abordarse estas preguntas, es momento de entrar con más detalle en los dos desplazamientos que recorren este libro. La Parte I, *Política del conocimiento,* comienza situando las motivaciones iniciales para expandir los significados ético-políticos

---

[54] John Dewey, *El arte como experiencia,* traducido por Jordi Claramonte, Barcelona: Paidós 2008, 297. [Traducción ligeramente modificada]. Agradezco a Kobe Matthys que me haya llamado la atención sobre esta cita.

del cuidado. A lo largo de los tres capítulos que la componen, atraviesa una preocupación constante por las políticas del conocimiento en la tecnociencia. Así, el libro comienza dialogando con debates en los estudios sobre ciencia y tecnología (CTS) que se preguntan por los «mundos más que humanos» de ensamblajes sociotécnicos y objetos como «cosas» cargadas de agencia política.

Estos tres capítulos están marcados por el contexto de mi propio encuentro con la noción de cuidado a través de trabajos feministas que no suelen estar explícitamente identificados con los debates sobre el cuidado. El pensamiento materialista feminista marxista de finales de la década de 1980, a menudo conocido como «teoría feminista del punto de vista», exploró la posibilidad de una epistemología feminista y enraizó la expectativa esperanzada de otras formas de conocimiento en la materialidad de las experiencias cotidianas de mujeres y otras personas marginalizadas. En los tres primeros capítulos se despliega una discusión, reactivación y prolongación parcial de estos debates. Fue en la confrontación relacional con el mantenimiento cotidiano de la vida donde se propusieron otras formas de conocimiento, capaces de comprender en profundidad la importancia de las mediaciones materiales frente a las abstracciones del pensamiento «masculino» establecido sobre el desapego respecto de esas actividades desvalorizadas[55]. Los cuidados aparecen aquí como parte

---

[55] Nancy Hartsock, «The Feminist Standpoint. Toward a Specifically Feminist Historical Materialism», en Nancy Hartsock (ed.), *Money, Sex and Power. Toward a Feminist Historical Materialism*, Nueva York: Longman 1983; Dorothy E. Smith, *The Everyday World as Problematic. A Feminist Sociology*, Boston: Northeastern University Press 1987; Patricia Hill Collins, «Learning from the Outsider Within. The Sociological Significance of Black Feminist Thought», *Social Problems*, 33 (6), 1986, S14-S32.

de esos trabajos que median con el mundo material, en particular los trabajos de cuidado doméstico y familiar, tradicionalmente ámbito —y confinamiento existencial— de las mujeres, sobre todo de clase trabajadora y racializadas. Un texto en particular asociado a estos debates me marcó; *Hand, Brain and Heart: A Feminist Epistemology for the Natural Sciences* [Mano, cerebro y corazón: una epistemología feminista para las ciencias naturales], de la socióloga feminista británica Hilary Rose, donde exploraba la importancia política del cuidado como subversión del complejo científico-industrial-militar[56]. Hablaba de movimientos de mujeres como el *Greenham Common Women's Peace Camp* [Campamento pacifista de mujeres en Greenham Common] contra las armas nucleares, que utilizaron símbolos asociados a los cuidados para producir disrupción —tejiendo calcetines de bebé en las alambradas—, y que desplazaron la identidad de las mujeres como madres cuidadoras hacia una esfera pública de acción directa contra el armamento nuclear —aunque, tristemente, fueron descalificadas como malas madres por dejar atrás a sus familias para hacerlo—. Rose también hablaba de trabajadoras del sector aeroespacial que pasaron de participar en la fabricación de tecnologías bélicas a diseñar tecnologías con fines sociales. Como otras autoras, Rose veía el cuidado enraizado en las condiciones materiales del trabajo reproductivo de las mujeres, y lo asociaba con la dimensión laboriosa del amor, pero el núcleo de su proyecto era pensar los cuidados como obligación, como vía para impugnar las formas dominantes de producción

---

[56] Hilary Rose, «Hand, Brain and Heart: A Feminist Epistemology for the Natural Sciences», *Signs. Journal of Women in Culture and Society,* 9 (1), 1983; Hilary Rose, *Love, Power and Knowledge. Towards a Feminist Transformation of the Sciences*, Cambridge: Polity Press 1994.

de conocimiento y ciencia en la tecnociencia. Así, puso al descubierto el potencial del cuidado —en tanto significante genérico— para confrontar y desarticular las dinámicas destructivas del saber científico, que separan el cerebro de la mano, el intelecto de la práctica, y ambas del «corazón».

Fue esa intuición de Rose la que me abrió el camino para pensar el cuidado como política del conocimiento en el corazón de los mundos tecnocientíficos y naturo-culturales. La concepción de Hilary Rose está atravesada tanto por las políticas feministas radicales del conocimiento como por los movimientos de la «ciencia radical»[57]. Como las primeras sociologías críticas de la ciencia, este trabajo entendía que las ciencias y las tecnologías están permeadas por la política y la ética desde su misma base, y no solo —como se concibió tradicionalmente— en su aplicación de «uso/abuso» por parte de la sociedad. Pero, en particular, se trataba de trabajos que sostenían un ataque crítico firme frente a las exclusiones y las violencias omnipresentes e inherentes a la tecnociencia. La política, en esta primera forma de «estudios científicos radicales» tempranos de finales de la década de los setenta y principios de los ochenta, era más que una categoría analítica de investigación sociológica: era un posicionamiento y un compromiso con el conocimiento que nosotr*s producimos para mundos «lo mejor posible». Ese impulso político contrasta con el predominio de enfoques más «neutrales» hacia la política y la ética que se consolidaron desde el auge de los análisis centrados en la tecnociencia, y que confluyeron en el campo interdisciplinario y algo difuso

---

[57] Hilary Rose y Steven Rose, *The Radicalisation of Science. Ideology Of/In the Natural Sciences*, Londres: Macmillan 1976.

de los Estudios de Ciencia, Tecnología y Sociedad (CTS). Algunos han sostenido que la crítica a la ciencia se volvió simplemente «académica», y que se perdió el compromiso con la intervención crítica[58]. Otra forma de decir esto es afirmar que el campo se volvió predominantemente descriptivo —al calor de la Teoría del Actor-Red y su apuesta por «seguir» a los actantes sobre el terreno— más que normativo —por ejemplo, orientado ética o políticamente a proponer lo que «debería ser»—. Aunque estas críticas son sin duda válidas en algunos aspectos, los juicios generalizados sobre una supuesta despolitización también tienden a pasar por alto que la discusión sobre las formas de implicación ética y política en los enfoques sobre la tecnociencia nunca ha estado del todo cerrada; es un tema recurrente, y uno que se ha mantenido especialmente vivo en los trabajos feministas influyentes de este campo[59], así como en otros enfoques explícitamente posicionados[60].

Y hoy, es posible percibir un renovado interés por formas más «explícitas» de compromiso con la política de la

---

[58] Brian Martin, «The Critique of Science Becomes Academic», *Science, Technology & Human Values*, 18 (2), 1993, 247-259.

[59] Maralee Mayberry, Banu Subramaniam y Lisa Weasel (eds.), *Feminist Science Studies. A New Generation*, Nueva York: Routledge 2001; Lucy Suchman, «Feminist STS and the Sciences of the Artificial», en *New Handbook of Science and Technology Studies*, Cambridge: MIT Press 2007.

[60] David J. Hess, «Crosscurrents. Social Movements and the Anthropology of Science and Technology», *American Anthropologist*, 109:3, 2007, 463-472; Langdon Winner, *The Whale and the Reactor. A Search for Limits in an Age of Technology*, Chicago: University of Chicago Press 1986; véanse para una visión general Sergio Sismondo, «Science and Technology Studies and an Engaged Program», en Olga Amsterdamska, Michael Lynch y Judy Wajcman (eds.), *The Handbook of Science and Technology Studies*, Cambridge: MIT Press 2008 y Sergio Sismondo, *Introduction to Science and Technology Studies*, Malden: Wiley-Blackwell 2010.

producción de conocimiento en la tecnociencia. Aquí, la noción de cuidado se ha convertido también en una manera de nombrar una práctica ético-política y una forma de implicación afectiva dentro de los procesos de producción de conocimiento sobre la tecnociencia. Nociones como «radicalización» del cuidado o «política del cuidado» abordan la naturaleza de la «implicación» y la «relevancia»[61] del trabajo intelectual y de investigación como intervención[62]. Cuidar se vuelve también una manera de hablar de las implicaciones críticas de quienes producen conocimiento, más allá de las divisiones polarizadas en torno a los significados de una investigación social o políticamente «útil». Una de las motivaciones iniciales y persistentes para escribir este libro se sitúa, en parte, en esta reactivación colectiva del conocimiento comprometido como forma de cuidado. Estos movimientos traen consigo un entusiasmo renovado, relevante no solo para reinvertir en la crítica

---

[61] Martin Savransky, «Wondering about What Matters. The Aventure of Relevance and a Social Science to Come», en *Beyond Matter, Beyond Concerns?* [conferencia], Universitat Oberta de Catalunya, 25 de junio de 2014.

[62] Taller «Radicalisation of Care: Practice, Politics, and Infrastructures» en la Universitat Oberta de Catalunya, 12 y 13 de noviembre de 2014. El tono afirmativo sobre la importancia política de los estudios sobre ciencia y tecnología, y la aspiración a implicarse en políticas transformadoras, quedan bien expresados en las entrevistas a jóvenes investigador*s recogidas en el corto *¿Y si no me lo creo? | What if I don't buy it?*, realizado por Arianna Mencaroni y Massimiliano Mariotti para la Red de Estudios Sociales de la Ciencia y la Tecnología (CTS) durante su tercer encuentro en Barcelona (disponible en YouTube). Agradezco a Andrea Ghelfi por señalarme esta película. Un encuentro reciente de esta red en julio de 2015 continuó estos esfuerzos explorando los «desbordes de los límites académicos», mientras que la reunión de 2016 de la *Society for Social Studies of Science* en Barcelona, «Science and Technology by Other Means», puso en el centro el deseo de intervenciones CTS más allá de las conversaciones académicas con el lema «Science and Technology by Other Means».

a la tecnociencia contemporánea, sino, más importante
aún en este libro, para la búsqueda de formas de prolongar un conocimiento transformador que se implica con
mundos en riesgo tras la lección fundamental de la CTS
contemporánea: no solo que el conocimiento y la ciencia
son cuestiones material-semióticas con consecuencias
fuertemente políticas y éticas, sino que una concepción
descentrada de la agencia humana expone las relaciones
con los objetos, las cosas, los animales no humanos, los
organismos y formas otras que humanas, como cuestiones
políticas en su misma ontología.

Pensar con y desde los cuidados se vuelve urgente en
este contexto porque ofrece posibilidades para pensar el
compromiso y la obligación como formas éticas no normativas, quizás más sintonizadas con el descentramiento
de la agencia y el privilegio humano en las formas contemporáneas de pensar la tecnociencia y las naturoculturas.
Pero esta suposición no es más que un punto de partida.
Reconectar una política del compromiso y de la obligación
ética con una ontología de mundos más que humanos sin
recaer en las categorías clásicas del pensamiento humanista exige un esfuerzo especulativo. Este esfuerzo plantea
de forma específica la cuestión de la compatibilidad entre
una agencia distribuida y el descentramiento del sujeto
humano con obligaciones éticas situadas y compromisos
concretos. Que se trata de un problema peliagudo lo expresa bien Lucy Suchman cuando nos recuerda que, al
relacionarnos con ensamblajes tecnocientíficos, «el precio
de reconocer la agencia de los artefactos no tiene por qué
ser la negación de la nuestra»[63]. En este sentido, el debate

---

[63] Lucy Suchman, *Human-Machine Reconfigurations. Plans and Situated
Actions*, Cambridge: Cambridge University Press 2007.

sobre el cuidado que recorre este libro se enlaza, en última instancia, con nuestra manera de concebir un *ethos* crítico, o político, en el pensamiento posthumanista, un «posthumanismo insurgente»[64]. De hecho, reclamar los cuidados en los enfoques sobre mundos más que humanos marcados por la tecnociencia constituye un proyecto político que desafía los límites éticos tradicionales del pensamiento crítico. Seguir el tropo del cuidado hacia un «país inesperado»[65] de límites difusos —tan morales como materiales— exige abrir sus posibles significados.

Empezando por estos debates, la Parte I se adentra en las políticas del pensamiento y del conocimiento en los mundos más que humanos de la tecnociencia —centrándose, sobre todo, en las «cosas» y objetos o, en términos generales, en las agencias material-semióticas movilizadas por la ciencia y la tecnología—, mientras que la Parte II se ocupa de las relaciones de cuidados en ecologías vivas más que humanas. La discusión se sitúa dentro de la tecnociencia, entendida fundamentalmente como un mundo y un tiempo en los que el conocimiento científico y la producción material de tecnologías son inseparables de los procesos sociopolíticos e imaginarios, incluidos los de la mercantilización. La tecnociencia, como mundo donde el conocimiento es inseparable de los mundos materiales —donde el conocimiento está implicado en hacer que las cosas importen—, se concibe aquí en su sentido más literal: agencia material-semiótica en la

---

[64] Dimitris Papadopoulos, «Insurgent Posthumanism», *Ephemera. Theory & Politics in Organization*, 10 (2), 2010, 134-151.
[65] Donna Haraway, «Speculative Fabulations for Technoculture's Generations. Taking Care of Unexpected Country», *Australian Humanities Review*, 50, 2011.

materiación[66] de mundos. Como señala Karen Barad, es a través de agencias y prácticas entrelazadas de materia y significado que los mundos tecnocientíficos «llegan a importar *[come to matter]*»[67]. Así, a medida que se desarrollan los tres primeros capítulos, las preguntas sobre la política del conocimiento en la tecnociencia se adentran cada vez más en preocupaciones éticas suscitadas por nuestra proximidad e implicación con los efectos materiales de nuestro pensar. Los mundos vistos desde el cuidado intensifican el sentido de interdependencia e implicación. ¿Qué desafíos plantea al pensamiento crítico esta conciencia cada vez más aguda de sus consecuencias materiales? ¿Qué ocurre cuando pensar con otros se entiende como vivir con ellos? ¿Cuándo los efectos de cuidar, o de no cuidar, se sienten más cercanos? Aquí, el conocimiento que promueve el cuidado por las cosas descuidadas entra en tensión entre una posición crítica frente a la negligencia y un compromiso especulativo para pensar cómo las cosas podrían ser diferentes.

Los capítulos 1 y 2 abordan estas preguntas mediante lo que puede leerse como un contraste entre dos lecturas atentas de los trabajos de Bruno Latour y Donna Haraway. Sus pensamientos, sus conceptos, sus objetos de investigación, pero sobre todo, sus políticas del conocimiento,

---

[66] Decidimos traducir «mattering» por el neologismo «materiación», siguiendo la línea escogida en la traducción al castellano de textos de la autora Karen Barad *(Cuestión de materia. Trans/Materia/Realidades y performatividad queer de la naturaleza,* traducido por Silvana Vetö, Barcelona: Holobionte 2023), que señala tanto «el dinamismo de la materia [...] como la dimensión ética de "importar", que es otra de las acepciones de *matter* en inglés» (12) (N. de las T.).

[67] Karen Barad, *Meeting the Universe Halfway. Quantum Physics and the entanglement of Matter and Meaning*, Durham: Duke University Press 2007.

son terrenos fértiles para pensar de forma especulativa qué podría significar una política del conocimiento cuidadosa en mundos más que humanos. Hablar aquí de contraste no busca oponer, sino desarmar proposiciones que divergen y se interpelan desde preocupaciones compartidas. El capítulo 1, *Ensamblando «cosas» descuidadas,* se adentra en la política y la agencia de las cosas en los estudios sobre ciencia y tecnología. Se articula en torno a un comentario y una prolongación de la noción latouriana de «cuestiones de preocupación». Este capítulo explicita la noción que da título al libro, «cuestiones de cuidado», como aquella que inscribe el cuidado en la materialidad de las cosas más que humanas. Hereda una tradición ya consolidada que rechaza representar la ciencia, la tecnología y la naturaleza como cuestiones de hecho despolitizadas, como verdades incontestables. Traigo al centro de estas interrogaciones el pensamiento y la investigación feminista en los estudios de ciencia y tecnología, como un trabajo clave para fomentar un *ethos* del cuidado no solo en el análisis de los procesos de construcción de ensamblajes sociotécnicos, sino también como actitud ético-política en el hacer cotidiano de las prácticas de conocimiento. Al nombrar los hechos como «cuestiones de preocupación», Latour llama la atención sobre los efectos ético-políticos de los relatos constructivistas en los estudios de ciencia y tecnología, que buscan hacer que las cosas importen al «re-presentarlas». La noción de preocupación nos aproxima al cuidado. Sin embargo, hay un filo «crítico» en el cuidado que la política de hacer que las cosas importen —como colección de preocupaciones— tiende a desatender. Sobre este trasfondo, exploro qué significaría pensar los hechos y los ensamblajes sociotécnicos como cuestiones de cuidado. ¿Puede una mayor conciencia de

41

las preocupaciones promover el cuidado en la tecnociencia contemporánea? ¿Puede una preocupación afectiva ético-política como el cuidado volverse una forma de pensamiento al relacionarse con la ciencia y la tecnología? Este capítulo intenta responder a estas preguntas sin buscar una respuesta normativa, y apoyándose en políticas feministas del conocimiento y teorías del cuidado, así como comentando investigaciones empíricas en el campo de los estudios sobre ciencia y tecnología que amplían y reafirman los sentidos del cuidado. No leo estos trabajos tanto para desarrollar o discutir el contenido específico de sus aportes —esto es, sus estudios de casos sobre cuidado— como para buscar *formas de pensamiento* que se impliquen con el cuidado. Posicionarse a favor del cuidado emerge aquí como una práctica de oposición que, al mismo tiempo, produce inquietud en la asamblea democrática de intereses articulados y genera posibilidad: nos recuerda las exclusiones y los sufrimientos, y cultiva otras formas afectivas de implicación con los devenires de la ciencia y la tecnología. En lugar de definir parámetros morales para estas posiciones, formulo una pregunta especulativa: «¿cómo cuidar?», respecto a los modos en que las «cosas» se construyen, se presentan y se estudian, especialmente cuando el cuidado parece ser prescindible.

El capítulo 2, *Pensar con cuidado*, profundiza en la imaginación de cómo un estilo de pensamiento puede contribuir a un pensar cuidadoso en el vivir con seres más que humanos. Si en el capítulo anterior hacer que el cuidado importe[68] aparecía como una condición necesaria para un conocimiento que busca re-presentar las cosas, aquí el

---

[68] En el original «Bringing care to matter». Véanse las notas inmediatamente anteriores (N. de las T.).

conocimiento se concibe aún más profundamente como incrustado en la materiación de mundos. Este capítulo desarrolla la premisa de que pensar y saber son procesos esencialmente relacionales que requieren cuidados. Desde esta concepción relacional de la ontología inspirada en la red de cuidados de Tronto, exploro el «pensar con cuidado» como una condición densa y no inocente del pensamiento colectivo en mundos interdependientes. Esta exploración especulativa de los motivos del pensar con cuidado se despliega a través de una lectura del trabajo de Donna Haraway, en particular de su concepción situada del conocimiento. A lo largo del capítulo, se articula una noción de pensar con cuidado a través de una serie de movimientos concretos: *pensar-con, disentir-desde-adentro y pensar-para*. Si bien entrelazar las prácticas de pensamiento y de escritura de Haraway con el tropo del cuidado ofrece una comprensión particular de su política del conocimiento, la tarea de un conocimiento que cuida se revela también como más exigente. Explorar la noción genérica del cuidado a través de una confrontación con los mundos más que humanos, en los que «seguir con el problema» aparece como la única opción ética para que el conocimiento importe[69], vuelve a mostrar la potencia del cuidado para crear perturbación en las lógicas establecidas, así como posibilidad.

El pensamiento que cuida necesita resistirse a una versión idealizada de la política del conocimiento. El capítulo 3, *Visiones que tocan*, parte de esta comprensión y propone una lectura del pensar y saber que cuida desde el tacto. El tacto, o lo háptico, podría ser el universo sensorial que mejor permite explorar las ambivalencias de concebir el conocimiento que cuida como una intensificación

---

[69] Haraway, *Seguir con el problema*.

de la implicación y la proximidad. El tacto es también la metáfora sensorial que mejor deja al descubierto las inquietudes en torno a la materialidad del pensamiento y sus efectos: pensamos, luego tocamos. Pero esta exploración del tacto intenta ser en sí misma un ejercicio de esmero respecto al potencial especulativo de las visiones hápticas. En otras palabras, (mis) esfuerzos por reivindicar el tacto —es decir, un saber íntimo y proximal— como una forma de conocimiento descuidada necesitan también resistir una versión idealizada del saber-tocar. Este debate es heredero tanto de los trabajos en política feminista del conocimiento como de las concepciones sobre ciencia y tecnología que problematizan las distancias epistemológicas —entre sujetos y objetos, entre el conocimiento y «el mundo», entre ciencia y política—. En esta dirección, el tacto expresa un sentido de relacionalidad material-encarnada que parece eludir las abstracciones y los distanciamientos asociados a las epistemologías dominantes del saber-como-visión. El tacto se convierte en metáfora de un conocimiento transformador al mismo tiempo que intensifica la conciencia de las implicaciones del pensamiento especulativo. Dicho de otro modo, lo háptico interrumpe el protagonismo de la visión como metáfora del saber distanciado, así como la distancia de la crítica, pero también convoca un cuestionamiento ético. ¿Qué es el tacto cuidadoso en este contexto? Aquí, en un giro que resulta paradójico, pensar el tacto con cuidado incomoda los deseos de proximidades inmanentes, en tanto susceptibles de reproducir la negación de mediaciones y la no evidencia de una reciprocidad ética. El terreno desde el cual articulo estos argumentos es la revalorización del sentido del tacto, desde la teoría cultural hasta los mercados emergentes de tecnologías hápticas. Las expresiones de fascinación háptica exponen no solo el potencial de pensar con significados figurativos o literales del tacto, sino también las tentaciones de idealizar la materialidad. Y, sin embargo, implicarse especulativamente con la experiencia, el conocimiento y la tecnología con tacto nos permite explorar una posible transformación del *ethos* que podría surgir de visiones que tocan más cuidadosas y de las formas de obligación ética que implican. En particular, la cualidad única del tacto, su reversibilidad, el hecho de ser tocadas por aquello que tocamos, sitúa la pregunta por la reciprocidad en el corazón mismo del pensar y del vivir con cuidado. Aún más: la reciprocidad de los cuidados rara vez es bilateral; la trama viva de los cuidados no se sostiene por individuos que dan y a cambio reciben, sino por una fuerza colectiva y diseminada. Así concebida, la complejidad de la circulación de los cuidados parece aún más omnipresente cuando pensamos en cómo se sostiene en mundos más que humanos. El cuidado es una fuerza distribuida entre múltiples agencias y materiales, que sostiene nuestros mundos como un denso entramado de obligación relacional.

La Parte II, *Ética especulativa en tiempos antiecológicos*, atraviesa esa malla viva al implicarse con ecologías cotidianas de sostenimiento y perpetuación de la vida, por su potencial para transformar relaciones arraigadas con los mundos naturales concebidos como «recursos». Si los primeros capítulos se centraban en la tecnociencia, aquí las cuestiones de cuidado se despliegan en tramas relacionales propias de las *naturoculturas*. Aunque distinguir entre tecnociencia y naturoculturas puede resultar poco significativo en las ecologías políticas contemporáneas, emergen aquí otras preguntas ético-políticas y afectivas en torno al cuidado cuando se trata de humanos-y-otras-especies[70], así como de entidades otras que humanas —aunque no exentas de lo humano— como energías biofísicas y elementos. Mientras que la Parte I se ocupa del trabajo conceptual, abordando pensamientos e investigaciones de otr*s autor*s y fenómenos culturales como sus materiales o sus cuestiones de cuidado, los dos últimos capítulos incorporan mi propia investigación experiencial en dos terrenos entrelazados de ética ecológica: las prácticas del movimiento de la permacultura y la transformación de las relaciones entre humanos y suelo en torno a una noción del suelo como viviente. Este orden da cuenta de una dirección subyacente en el libro que no pretende establecer una jerarquía que sitúe a los conceptos y pensadoras por encima de lo sustantivo —ni una progresión de la teoría a la práctica—. La verdad es más biográfica, y expone una implicación con el concepto de cuidado que pasó de estar incrustado en filosofías de la ciencia y en políticas del conocimiento —afectado por mi marco filosófico y por convertirme en investigadora en pleno auge de los debates epistemológicos en la década de 1990— a quedar absorbido por los estudios de la ciencia, un campo rico en etnografías situadas que despertaron en mí el deseo de contar historias. Quizás de forma no intencionada, mi trabajo también siguió un «giro ontológico»[71] que afectó al campo mismo y desplazó el interés epistemológico o, dicho de forma más generosa, lo rematerializó. Así, aunque el pensamiento en la Parte II sigue siendo conceptual, las intervenciones están más «empíricamente»

---

[70] Joanna Latimer y Mara Miele (eds.), «Naturcultures? Science, Affect, and the Non-Human», *Theory, Culture and Society*, 30, 2013, 7-8.

[71] Javier Lezaun y Steve Woolgar (eds.), «A Turn to Ontology in Science and Technology Studies?», *Social Studies of Science*, 43 (3), 2013.

fundamentadas —como si la necesidad de tratar el cuidado desde su situacionalidad se intensificara al volverse más cargado de significado, y por tanto más cercano a ser abordado desde los «terrenos»—. Y, sin embargo, los esfuerzos de pensamiento aquí alcanzan también su punto más especulativo —como si los límites de lo que puedo pensar con (mis) nociones éticas al alcance se volvieran más agudos al confrontarme con arreglos relacionales emergentes que exigen poner el cuidado en el centro sin reinstaurar un centro humano—. ¿Qué significa pensar las agencias del cuidado en términos más que humanos? Implicarme más profundamente en el relato de historias en torno a terrenos observados e investigados desde la experiencia hace aún más complejas las tareas del pensar con cuidado. En todo caso, mi relación con estos mundos sigue estando abiertamente impulsada por el compromiso de tratar las cuestiones emergentes como cuestiones de cuidado y, por tanto, intenta contar historias involucradas, ni puramente teóricas ni meramente descriptivas, abiertas a lecturas alternativas, pero situadas.

El capítulo 4, *Alterbiopolítica*, propone una aproximación especulativa a una ética naturocultural del cuidado tal como se manifiesta en las prácticas cotidianas promovidas por el movimiento ecológico internacional conocido como permacultura. Sostengo que, para comprender el aporte específico de estas formas de implicación ética sin reducirlas a ideales de «vuelta a la naturaleza» o a una cuestión de ética de estilo de vida, es necesario desplazar las comprensiones tradicionales de lo ético. A pesar de que puede interpretarse como un uso en ocasiones poco sofisticado de conceptos familiares a la teoría ética, el capítulo se nutre de enfoques éticos postconvencionales y postestructuralistas que han expandido los márgenes del debate sobre lo ético. Estos desplazamientos permiten pensar la ética implicada en la continuación de la vida, del *bios*, no tanto como una cuestión de moralidad individual, sino como una forma de implicación personal-colectiva en lo cotidiano, centrada más en la transformación del *ethos* que en una moral normativa. Los debates sobre ética en torno a la *biopolítica* sirven aquí como punto de entrada para desplazar lo ético de su estatus como edificación de una moral superior. Pero para comprender la relevancia de una ética como la de la permacultura, enraizada en los aspectos más básicos del sostenimiento y el fomento de la vida en sus niveles más corpóreos de interdependencia naturocultural —biológica y física—, también necesitamos cuestionar el foco en la perpetuación de la vida *como* humana. Para ello, exploro maneras en que la noción de «obligación ética» desplaza su significado, pasando de compromisos éticos que surgen de principios morales —como contratos o promesas— a estar insertas en fuerzas materiales vitales implicadas en las constricciones de la continuación y el sostenimiento cotidiano de la vida. Los cuidados también plantean problemas e interrogantes. Conectar las prácticas éticas de la permacultura como acciones ecológicas cotidianas con una noción feminista de los cuidados desplaza las moralidades biopolíticas, abriendo la posibilidad de imaginar la *alterbiopolítica* como una ética de empoderamiento colectivo que sitúa el cuidado en el corazón mismo de la búsqueda de luchas cotidianas por el florecimiento esperanzado de *todos* los seres, para el *bios*, entendido como comunidad más que humana.

El capítulo final del libro, *Tiempos de suelo*, examina las transformaciones contemporáneas en las relaciones humano-suelo que ocurren en la interfaz entre las concepciones científicas del suelo y las prácticas ecológicas, y que están *re-materiando* el suelo: de sustancia inerte, utilitaria o recurso, a mundo vivo del cual los humanos también formamos parte. Se basa en una revisión de la literatura en ciencias del suelo y en la investigación sobre dominios afines en la producción de conocimiento sobre el suelo, incluida la permacultura. Mi lectura está orientada por el proyecto especulativo de identificar aquellos desplazamientos en los que se están produciendo diferencias significativas en las formas de cuidar el suelo. La relación humana dominante con el suelo ha sido la de medir su fertilidad conforme a la demanda productiva. Pero hoy, la atención pública hacia los suelos está cambiando ante la preocupación de que han sido maltratados y descuidados por el impulso productivista. Los suelos son percibidos como ecologías en peligro, que requieren cuidado urgente, y las advertencias sobre su agotamiento están marcadas por la preocupación ante un futuro sombrío que nos insta a actuar *ahora*. Este capítulo introduce un nuevo tema en el debate: el de las temporalidades del cuidado. El ritmo que exigen las relaciones ecológicas con los suelos puede entrar en tensión con las respuestas aceleradas y orientadas al futuro que caracterizan el ritmo de la innovación tecnocientífica. Aquí, buscar tiempo para el tiempo del cuidado aparece como una disrupción de las temporalidades antropocéntricas. Temporalidades contrastadas, pero interconectadas, operan en las concepciones contemporáneas del cuidado del suelo, tanto en la investigación científica como en otros ámbitos de la práctica. Surgen ecologías alternativas del cuidado, prácticas, éticas y afectivas que perturban la dirección tradicional del progreso y la velocidad de las intervenciones tecnocientíficas, productivistas y orientadas al futuro. Entre estas se encuentran las tendencias actuales en las concepciones científicas del suelo, que se alejan de la noción del suelo como recurso o receptáculo para la producción agrícola, y enfatizan su condición de mundo vivo. En este contexto, un modelo de ecología del suelo basado en «redes tróficas» se ha convertido en símbolo de una implicación encarnada, cuidadosa, con los suelos. Centrarse en la experiencia temporal del cuidado del suelo, tal como se despliega en estas concepciones, revela una diversidad de temporalidades interdependientes de seres y cosas en el corazón de las escalas de tiempo futuristas predominantes en las expectativas tecnocientíficas.

El capítulo da paso a las conclusiones del libro, con reflexiones sobre el carácter intempestivo del cuidado en las economías políticas actuales, marcadas por la tecnociencia productivista y orientada al futuro. Hacer tiempo para el cuidado aparece como un esfuerzo material para sostener compromisos éticos especulativos en mundos más que humanos atravesados por relaciones tecnocientíficas y naturoculturales. He intentado a lo largo del libro abordar las tensiones sin caer en oposiciones simplistas, densificando los significados de los cuidados como un *ethos* no inocente pero necesario, hecho de implicaciones siempre situadas. Llegando al final, la lectura mostrará, eso espero, como la noción genérica de cuidado, con la que se inicia este recorrido, ha sido expandida pero también desafiada. Sus ambivalencias se han profundizado, sin disminuir por ello el impulso de mantener las prácticas de cuidado dentro del espectro de nuestro pensamiento, cuando buscamos formas de vivir junt*s lo mejor posible. Desde la perspectiva de las relaciones humano/no-humano en la tecnociencia y las naturoculturas, las visiones no problematizadas de cuidado —ya sea como hazaña de

seres éticos superiores, como actividad productiva co-
mercializable o incluso como una moral recuperada para
ser rechazada— no solo carecerían de sentido, sino que
podrían resultar fatales. No podemos permitirnos el lujo
de ocultar las condiciones reales, más laboriosas y situadas,
en las que el cuidado ocurre y por las que sus agencias
circulan en tramas relacionales interdependientes más que
humanas. Así, a medida que el argumento de este libro
avanza, también se intensifica una sensación aguda: que
una reorganización ética de las relaciones humano–no-humano es vital, pero que lo que eso implica en términos
de obligaciones de cuidado capaces de dar lugar a formas
de coexistencia no explotadoras no puede ser imaginado
de una vez por todas. Y por eso espero que quien lea me
perdone si este libro abre más preguntas que respuestas.

PARTE I
POLÍTICA DEL CONOCIMIENTO

Importa qué pensamientos piensan pensamientos.
Importa qué conocimientos conocen conocimientos.
Importa qué relaciones relacionan relaciones.
Importa qué mundos mundializan mundos.
Importa qué historias cuentan historias.

Donna Haraway, *Seguir con el problema*

CAPÍTULO 1
Ensamblando «cosas» descuidadas

> ¿Deberíamos también los intelectuales, los académicos, estar en guerra? ¿Es realmente nuestro deber agregar ruinas frescas a las ruinas antiguas? ¿Es realmente el deber de la humanidad aumentar deconstrucción a la destrucción? ¿Más iconoclastismo al iconoclastismo? ¿Qué ha sido del espíritu crítico? ¿Se ha quedado sin fuerza?
>
> Bruno Latour, «¿Por qué se ha quedado la crítica sin energía?»

Este hermoso planeta está dolorido y, para muchas personas, siguen siendo inaccesibles unas condiciones de vida tolerables. La fortuna conjunta que formas de vida inconmensurables comparten con la tecnociencia humana ya no es noticia. Desarrollar más investigación científica y soluciones tecnológicas sigue siendo la respuesta dominante a los problemas globales y locales; ya se trate del cambio climático, la recesión económica, la crisis alimentaria, la infertilidad o el acceso a la atención sanitaria o a la información. Los estudios culturales y sociales de la ciencia y la tecnología prosperan en este entorno. Desde las infraestructuras más mundanas de la vida cotidiana, los aburridos rincones de los laboratorios, los hogares y jardines corrientes, hasta los espacios más arcanos y tecnificados del consumismo posthumano, nuestro mundo se ha vuelto un campo de investigación de redes y ecologías a través de planteamientos filosóficos constructivistas y enfoques e investigaciones empíricas de políticas ontológicas emergentes. El pensamiento y la investigación proliferan allí donde las ciencias y las tecnologías contribuyen, de múltiples formas, a trastocar las fronteras entre naturaleza y cultura, ciencia y sociedad, materia y pensamiento. En tal contexto, las políticas del conocimiento parecen pertenecer a una historia pasada de moda, a un tiempo en el que los sujetos eran sujetos y los objetos eran objetos, y la epistemología el obstinado elefante en la habitación. Un tiempo en el que las políticas del conocimiento parecían ser tan importantes que se volvían ontológicas, mutando en nuevos enfoques materialistas que fusionaban conocedores y mundos, mientras que el conocimiento, la ciencia y la tecnología se consagraban como el motor de las economías políticas: el mundo como innovación humana. El conocimiento ya no se considera un asunto humano discreto que filtra un mundo objetivo ahí afuera; está integrado en la continua reconstrucción del mundo. En este mundo de fronteras implosionadas, no hay forma de pensar sobre pasados supuestamente pre-tecnocientíficos de forma sentimental, ni de pensar epistemológicamente en línea recta. Pero mientras que las fronteras difusas profundizan los enredos y las interdependencias, la demanda ético-política persiste y quizá se intensifica para dilucidar cómo las diferentes configuraciones de las prácticas de conocimiento son consecuentes, contribuyendo a reordenamientos específicos. Incluso más que antes, el conocimiento como relación —al igual que el pensamiento, la investigación, la narración, la redacción, la contabilidad— importa en la materiación de mundos.

Este contexto se da por sentado en el proyecto de este libro, el terreno que impulsó la necesidad de prolongar los debates sobre los cuidados para pensar de forma especulativa sobre la persistencia de las políticas del conocimiento y la ética en mundos más que humanos. Motivados por la idea de que el cuidado puede abrir nuevas vías de pensamiento, este capítulo y el siguiente se preguntan qué significa fomentar un *ethos* del cuidado cuando se trabaja con relaciones sociotécnicas de lo humano y lo no humano que desafían los límites éticos tradicionales que han marcado el trabajo crítico. Esta indagación se basa en lo que se puede aprender tanto de los estudios empíricos como del pensamiento crítico sobre las prácticas de cuidados reales y su ética, para plantear una pregunta genérica, y, ojalá, generativa: ¿Cómo puede una preocupación ético-política como cuidar, afectar a la implicación de quienes se proponen observar y representar agencias, cosas y entidades tecnocientíficas de formas que no las vuelva a objetificar? ¿Puede el cuidado contar en este contexto como algo más que la promoción de un mantenimiento responsable de las tecnologías en las naturoculturas? Y, en caso afirmativo, ¿es solo un valor moral añadido al pensamiento de las cosas y de los ensamblajes sociomateriales? El conocimiento que cuida, ¿implica un movimiento ontológico y/o epistemológico? Estas preguntas nos invitan a explorar una concepción del cuidado que va más allá de una disposición moral o una actitud bienintencionada, al destacar su importancia cotidiana en las configuraciones de conocimiento dentro de mundos tecnocientíficos, es decir, en economías del conocimiento que hacen difícil reivindicar una posición inocente o externa de *observación*.

Para ello es importante recurrir al pensamiento feminista. Tanto en los debates feministas como en el activismo, la política de los cuidados sigue siendo el centro de las preocupaciones sobre las exclusiones y las críticas a las dinámicas de poder en mundos estratificados. Considerar los cuidados como una lucha hace que sea una cuestión ético-política mucho más problemática de lo que en principio podría parecer. Con esto en mente y en el corazón, quiero abordar de qué maneras el cuidado puede tener relevancia en la implicación con las «cosas» desde la perspectiva de las intervenciones críticas en la tecnociencia. Los debates sobre la política de las cosas en los estudios de ciencia, tecnología y sociedad (CTS) son un buen punto de partida para recorrer este libro por varios motivos. Primero, por el foco de este campo interdisciplinar en pensar conjuntamente las dimensiones sociales y no humanas de la ciencia y la tecnología. Segundo, porque el trabajo feminista ha marcado este esfuerzo con un compromiso hacia las políticas alternativas del conocimiento. Tercero, porque las cuestiones relativas a las implicaciones ético-políticas de los estudios CTS como campo han estado presentes a lo largo de su formación y desarrollo.

En efecto, hablando en términos más generales, la cuestión de la política del conocimiento está en el centro de los estudios sobre ciencia y tecnología, y no solo como un problema «externalista» sobre cómo la política puede afectar a la producción de conocimiento de ciencia. Es un elemento técnico intrínseco a los estudios sociales de la ciencia y la tecnología el hecho de establecerse sobre la idea de que las ciencias y las tecnologías no se utilizan o mal utilizan simplemente por intereses sociopolíticos *después* de que el trabajo técnico está estabilizado en laboratorios asépticos y «neutrales». Esta comprensión fue central en estudios seminales que continúan iniciando a estudiantes en este campo[72]. Siguiendo este temprano enfoque constructivista, se hizo

---

[72] Véase Steven Shapin y Simon Schaffer, *Leviathan and the Air-Pump. Hobbes, Boyle, and the Experimental Life*, Princeton: Princeton University Press 1985; H. M. Collins y T. J. Pinch, *The Golem. What Everyone Should Know about Science*, Cambridge: Cambridge University Press 1993; Bruno Latour, *Science in Action. How to Follow Scientists and Engineers through Society*, Cambridge: Harvard University Press 1987.

difícil separar las tecnologías de producción de significados de campo —los métodos, las teorías y las historias que contamos en nuestros actos testimoniales, como dijo Donna Haraway[73]— de sus aspectos y efectos sociopolíticos. Los primeros interrogantes, como el ampliamente difundido de Langdon Winner, «¿Tienen política los artefactos?»[74] —que se han multiplicado en una serie de exploraciones sobre el «cómo» tienen política más que «si» la tienen— no podrían ser solo una cuestión de producir representaciones más *precisas* de la tecnología mediante la inclusión de la política en los relatos y cartografías de los ensamblajes sociotécnicos y naturoculturales. En su lugar, esas preguntas también competen a la política o a nuestros modos de pensamiento y al *ethos* de nuestra investigación, lo cual, a su vez, afecta a la política que l*s pensadores atribuyen a los objetos y a los no humanos. Desde esta perspectiva, toda *Dingpolitik* —uno de los términos de Bruno Latour para nombrar la política de las cosas[75]— denota una *pensopolítica*. Las formas de conocimiento, las teorías y los conceptos, lo que Shapin y Shaffer llamaron «tecnologías literarias» incrustadas en tecnologías materiales, tienen efectos ético-políticos y afectivos en la percepción y refiguración de las cuestiones de hecho y de los ensamblajes sociotécnicos; es decir, en sus existencias material-semióticas[76]. En otras

---

[73] Donna Haraway, *Testigo_Modesto@Segundo_Milenio. HombreHembra©_Conoce_Oncoratón®. Feminismo y tecnociencia*, Barcelona: Editorial UOC 2004.

[74] Winner, *The Whale and the Reactor*.

[75] Bruno Latour, «Del Realpolitik al Dingpolitik, o de cómo hacer las cosas públicas», *Acta Sociológica*, 71, 2017, 13-50.

[76] Donna Haraway, *Mujeres, simios y cíborgs. La reinvención de la naturaleza*, Madrid: Alianza Editorial 2023; Karen Barad, *Meeting the Universe Halfway. Quantum Physics and the Entanglement of Matter and Meaning*, Durham: Duke University Press 2007.

palabras, las formas de estudiar y representar las cosas tienen efectos de creación de mundo. Los enfoques constructivistas sobre la ciencia y la naturaleza, por muy descriptivos que sean, están activamente implicados en rehacer mundos.

Al prolongar estas herencias del pensamiento constructivista, este capítulo explora cómo el cuidado puede formar parte de los relatos de las cuestiones de hecho de la ciencia y de los ensamblajes sociotecnológicos. Para ello propongo una noción de «cuestiones de cuidado» elaborada a partir del debate sobre los problemas suscitados por la idea de Bruno Latour de las «cuestiones de preocupación» y la política del conocimiento que las sostiene. Leo el gesto de Latour de renombrar las cuestiones de hecho como cuestiones de preocupación como respuesta a cuestiones estéticas, ético-políticas y afectivas que enfrenta el pensamiento constructivista y su forma particular de crítica de las cosas. La noción de Latour no solo representa una forma especialmente influyente de concebir la política del conocimiento en la tecnociencia, sino que también introduce la necesidad de cuidar de una forma particular. Lo que revela esta conversación con Latour es que las implicaciones del cuidado son más profundas de lo que permite pensar la política que gira en torno a las cuestiones de preocupación (pública). Involucrar una visión feminista del cuidado en la política de las cosas alienta tanto como problematiza la posibilidad de traducir el cuidado ético-político en formas de pensar con los no humanos.

El desgaste del constructivismo crítico

La noción de «cuestiones de preocupación» de Latour prolonga críticamente la temprana percepción de las sociologías de la ciencia y la tecnología de que los ensamblajes científicos y tecnológicos no son solo objetos, sino nudos de intereses sociales y políticos, y que, por tanto, están «construidos socialmente» en lugar de existir objetivamente como expresión de las leyes del mundo natural. Esta visión ganó en sutileza con los desplazamientos de los enfoques sociopolíticos de la ciencia y la tecnología, ya que el constructivismo pasó de ser «social» a «ontológico», abriendo así una gama de perspectivas sobre las posibilidades de una «política ontológica»[77]. Las mediaciones de agencia y materialidad dejaron de aparecer como dominadas o dirigidas por sujetos humanos/sociales, para hacerlo como co-ejecutadas por no humanos. Esta concepción afecta al modo en que concebimos el papel de los humanos, la cultura y «lo social». No se trata tanto de que los intereses «sociales» se añadan a los mundos no humanos actuando sobre el curso científicamente dirigido del desarrollo tecnológico. La intervención humana no desaparece, pero la agencia se distribuye. Los intereses y otras fuerzas animadas afectivamente —como la preocupación y el cuidado— se descentran y distribuyen en campos de materialidades generadoras de significado: de estar situados en la intencionalidad de la subjetividad humana, pasan a entenderse como íntimamente entrelazados en la continua reconstrucción material del mundo. Las implicaciones ético-políticas de los relatos dedicados a desentrañar estas agencias intrincadas

---

[77] Anne Marie Mol, «Ontological Politics. A World and Some Questions», en John Law y John Hassard (eds.), *Actor Network Theory and After*, Oxford: Blackwell 1999; Dimitris Papadopoulos, «Alter-ontologies. Toward a Constituent Politics in Technoscience», *Social Studies of Science,* 41 (2), 2011, 177-201; Dimitris Papadopoulos, «Politics of Matter. Justice and Organisation in Technoscience», *Social Epistemology,* 28 (1), 2014, 70-85.

en mundos más que humanos están bien representadas por el rebautizo de las cuestiones de hecho como «cuestiones de preocupación» por Bruno Latour[78]. La noción se popularizó como un renombramiento que podía ayudar a destacar una capacidad de respuesta ético-política comprometida en la tecnociencia de forma integrada, es decir, dentro de la propia vida de las cosas y no a través de valores normativos añadidos.

La noción de cuestiones de preocupación —en adelante CdP— es relativamente reciente, pero las preocupaciones que la animan no. Las CdP marcan una diferencia en tres conjuntos de problemas familiares en los debates filosóficos sobre la política de los estudios de ciencia y tecnología en general, y del constructivismo en particular. En primer lugar, las CdP prolongan la conciencia sobre la vivacidad de las cosas en continuidad con los esfuerzos conceptuales dirigidos a desobjetificar las cuestiones de hecho científicas[79]. El trabajo de Latour está lleno de esfuerzos diplomáticos que hacen de puente, intentando convencer a sociólogos y humanistas de que los no humanos tienen «alma» y a científicos, tecnólogos e ingenieros de que sus hechos y artefactos son formas de socialidad encarnada[80]. Una de las primeras nociones que intentó hacer esto fue su elogio del

---

[78] Bruno Latour, «¿Por qué se ha quedado la crítica sin energía? De los asuntos de hecho a las cuestiones de preocupación», *Convergencia. Revista de Ciencias Sociales,* 35, 17-49; Bruno Latour, *Reensamblar lo social. Una introducción a la teoría del actor-red,* Buenos Aires: Manantial 2008.

[79] Bruno Latour, *Nunca fuimos modernos. Ensayos de antropología simétrica,* Buenos Aires: Siglo XXI 2007; Bruno Latour, *La esperanza de Pandora. Ensayos sobre la realidad de los estudios de la ciencia,* Barcelona: Gedisa 2001.

[80] Bruno Latour, *Aramis. Or the Love of Technology*, Cambridge: Harvard University Press 1996.

«híbrido». Volviendo a *Nunca fuimos modernos*, podemos recordar la refrescante inmersión en el Imperio del Medio, un mundo de híbridos epistemológicamente desconcertantes, aunque ontológicamente sólidos; desde entidades geopolíticas globales como el agujero de la capa de ozono hasta artefactos pre-laboratoriales como la legendaria bomba de aire de Robert Boyle. Estas, sostenía Latour, habían sido maltratadas como «objetos» por las filosofías comprometidas con la «Constitución Moderna» —un conjunto de purificaciones binarias que atraviesan las complejas mediaciones humanas-no humanas que los híbridos producen (y que hacen que los híbridos se produzcan)—, dividiendo sus modos de existencia naturoculturales, real-construidos, socio-científicos y discursivo-materiales[81]. Otro mal hábito del *ethos* moderno, del impulso de descifrar las cosas, es el gusto por la disección purista, acompañado del desprecio por aquellos que no diseccionan —por ejemplo, los fetichistas o los premodernos— y, finalmente, con la *reducción* de la parte objetificada del binario a la otra —por ejemplo, la tecnología como objeto de los humanos, o viceversa—. Así, la «cuestión de hecho» aparece como una categoría epistemológica pobre nacida de esta tradición moderna que reduce la rica y recalcitrante realidad de entidades proliferantes. Pero mientras el pensamiento moderno seguía equivocándose por completo sobre lo que hace girar al mundo, en el Imperio del Medio los híbridos prosperaban indiferentes a los binarismos filosóficos erróneos: el mundo de las mediaciones es lo que *siempre* fue: nunca fuimos (realmente) modernos.

Diez años después de esta influyente intervención, Latour seguía elogiando a las sociologías y antropologías

---

[81] Latour, *Nunca fuimos modernos*.

de la ciencia que formaban el campo de los estudios de ciencia y tecnología por haber comprendido las realidades del Imperio del Medio y por su esfuerzo continuo por encontrar mejores formas de presentar las cosas de otra manera, de una manera no moderna, no humanista, es decir, poniendo en práctica una estética no objetificadora. Parte de este enfoque implica que «todos los objetos nacen siendo cosas, todos los asuntos de hecho requieren, para existir, una desconcertante variedad de *cuestiones de preocupación*»[82]. Las CdP proporcionaron una nueva herramienta conceptual para esta tarea ya explorada: la reescenificación de las cosas como vivas. Esta estética nos ayuda a resistir lo que Alfred North Whitehead llamó la «bifurcación de la naturaleza», que separa los sentimientos, los significados y similares de los hechos duros[83]. Latour recurre a Whitehead para reinstaurar el diagnóstico de un problema recalcitrante: seguimos atrapados en oposiciones binarias, en la percepción de que para dar cuenta de los fenómenos necesitamos tender puentes entre dos mundos. Y, aunque lo hagamos, seguimos tendiendo a dar a un lado el poder de *conocer,* e incluso de *hacer,* al otro: la naturaleza explica la sociedad —o viceversa—[84]. Siguiendo a Isabelle Stengers[85], Latour argumentó que estas bifurcaciones/saltos/escisiones entre los hechos naturales y las cuestiones sociales

---

[82] Latour, «¿Por qué se ha quedado la crítica sin energía?», 46.

[83] Bruno Latour, «What Is the Style of Matters of Concern? Two Lectures in Empirical Philosophy», *Spinoza Chair in Philosophy Lectures*, Universidad de Amsterdam, abril-mayo 2005, 12; Alfred North Whitehead, *El concepto de naturaleza*, traducido por Jesús Díaz, Madrid: Gredos 1968 [1920], 37-60.

[84] Latour, «What Is the Style of Matters of Concern?», 5-6.

[85] Isabell Stengers, *The Invention of Modern Science*. Minneapolis: University of Minnesota Press 2000.

presiden la empresa un tanto errónea de llamar «social» a nuestro constructivismo[86]. Necesitamos nuevos estilos de pensamiento, nuevas nociones para nombrar lo que estamos pensando, para sanar del impulso maníaco de diseccionar la juntura que percibimos. La sugerencia de Whitehead para evitar esta bifurcación es que la filosofía natural «no puede escoger y elegir», porque «*todo* lo que se percibe se halla en la naturaleza»; las moléculas de los científicos, los significados de los poetas[87]. La traducción latouriana se volvió: todo lo percibido está en la «cosa».

Ese *todo* en la «cosa» se lee aquí a través del potencial significado del concepto como «reunión» —una elección heideggeriana, pero sin mucho de su heideggerianismo—, pensada junto con otros significados destinados a nombrar los «muchos» que hacen una «cosa», como «sociedad» —inspirada en la sociología de Gabriel Tarde y de nuevo en la metafísica de Whitehead—, un «colectivo», una «asamblea» o una «asociación». De este modo, renombrarla como «cosa» pretende transmitir una percepción más viva, una comprensión y una *reescenificación* de la objetificada y mal nombrada cuestión de hecho: la estética es política. La cosa, también llamada reunión, hace patente la diversidad interna de las «cuestiones de hecho», los límites difusos de su existencia colectiva, así como las mediaciones que hacen posible que se mantenga unida y

---

[86] Latour se compromete aquí con el pensamiento de Stengers sobre un constructivismo que renunciaría a los adjetivos (sociales o filosóficos) que resultan en la institución de un marco explicativo (o mundo) que luego pretende definir los términos que mantienen unida la co-construcción que afirmamos como tal (es decir, cuando se define una construcción como «social» el marco explicativo se asigna a los científicos sociales). Véase *ibid.*

[87] Latour, «What Is the Style of Matters of Concern?», 12; Whitehead, *El concepto de naturaleza,* 40.

que construya constantemente nuevas asociaciones. Una cosa, concebida como tal, es a la vez construcción y realidad. Y si las «cosas» son cuestiones de preocupación, es también porque reúnen a un colectivo que se forma en torno a una preocupación común. Para poder pensar las cosas como tales, Latour aboga por un nuevo sentido de la «filosofía empírica», una que se aparte de la epistemología empirista «plana»[88] y que nos sitúe en el flujo de esta experiencia en movimiento. En lugar de tender puentes entre mundos, podemos «ir a la deriva» en lo que Whitehead llamó el «paso de la naturaleza» —una visión más poética del Imperio del Medio de Latour—, en las densas y turbulentas aguas de «lo que se da en la experiencia»[89]. Soltar el poder controlador de la explicación causal y binaria implica sumergirse en el mundo enmarañado de las preocupaciones. Estar en las cosas es sumergirse en reuniones inestables; en lugar de observarlos desde un puente, habitamos el reino de la política más que humana.

Y así, esta forma de reescenificar las cuestiones de hecho cobra importancia para un segundo tema que nos resulta familiar: la inclusión de las cosas en la política. Siguiendo el llamamiento de Noortje Marres a situar las «cuestiones» en el centro de la política[90], Latour afirmó:

---

[88] A través de una broma eficaz sobre el aplanamiento de John Locke de la experiencia en «la imagen del mundo», Latour comenta cómo los binarios de la epistemología empirista podrían ser el resultado de una estética de la puesta en escena plana: un empirismo «pobre» que de algún modo confundía la ontología con las emergentes prácticas de visualización renacentistas (Latour, «What Is the Style of Matters of Concern?», 23).

[89] Latour, «What Is the Style of Matters of Concern?», 4.

[90] Noortje Marres, «The Issues Deserve More Credit: Pragmatist Contributions to the Study of Public Involvement in Controversy», *Social Studies of Science,* 37 (5), 2007, 59-80.

«Una cosa es, en un sentido, un objeto allá afuera, y en otro sentido, una *situación* muy *dentro*, de cualquier forma, una *reunión* [...] la misma palabra *thing* (cosa) designa asuntos de hecho y cuestiones de preocupación»[91]. En una caracterización técnica de CdP, la noción aparece como «una herramienta descriptiva muy poderosa» en el proyecto de revitalizar las cosas despolitizadas[92] atravesando una búsqueda de relatos «representativos» legítimos —políticamente hablando— de la agencia no humana en las redes. En *Nunca fuimos modernos* y en otras intervenciones, Latour ya había celebrado cómo el enfoque antropológico de la ciencia y la tecnología, y de los mundos no humanos en general, ayudaba a que los objetos se convirtieran en «ciudadanos libres» al exponerlos como «mediadores, o sea, actores dotados de la capacidad de traducir lo que transportan, de redefinirlo, de redesplegarlo, y también de traicionarlo»[93]. Estas agencias eran invisibles para una política «humano-centrada», que las excluía y las consideraba meros objetos; amenazantes o útiles para la política humana. El blanco de esta crítica puede identificarse como una moral humanista, tradicionalmente ajena a cómo los hechos científicos y las cosas técnicas se «reúnen», y a cómo pueden transformar la composición de un mundo. En su lugar, Latour argumentó que la política orientada a las cosas les da una «voz» política. Preguntan de forma más democrática: «¿Cuántos somos?» para incluir en este «nosotros» a los no humanos, a menudo mal representados, como participantes plenos de la vida pública[94].

---

[91] Latour, «¿Por qué se ha quedado la crítica sin energía?», 27.

[92] *Ibid., 26.*

[93] Latour, *Nunca fuimos modernos,* 121.

[94] Bruno Latour, *Políticas de la naturaleza,* Barcelona: Arpa 2024.

La CdP aparece entonces como otro nombre para aquello que las sociologías, las historias y las antropologías de la ciencia contribuyeron a hacer comprensible: que las cuestiones de hecho y los ensamblajes tecnológicos siempre han sido mundos de preocupaciones entrelazadas. La CdP es entonces otra herramienta para la tarea política de representar las cosas, para el gesto estético de reescenificarlas. Entonces, ¿qué ha aportado esta nueva denominación al debate? Se consideró necesario porque, a pesar de las primeras intuiciones y de la resistencia de las cosas a los reduccionismos de todo tipo, a pesar de todo el trabajo de la teoría del actor-red y los estudios sobre ciencia y tecnología a la hora de plantear la «realidad» de las mediaciones, Latour sintió que aún no habíamos terminado. La CdP apunta a reafirmar y a expandir la conciencia sobre la contribución estética específica de los estudios CTS: la *mise en scène* de los embrollos y los «envoltorios» reales que hacen posible el trabajo de los científicos[95]. Y, sin embargo, la CdP no es solo un nuevo nombre para un viejo problema. Responde a un problema añadido: lo que yo llamo el desgaste del constructivismo crítico. Con la introducción de las preocupaciones, parece entrar en escena una pregunta cargada afectivamente como forma de fomentar un nuevo estilo de pensar en las cosas: ¿no habremos acabado, al abrir las cosas para exponer sus modos de fabricación, por diseccionarlas, desarticularlas y disminuir su realidad?

Podríamos decir simplemente que la noción de la CdP traduce la vida política de las cosas a un lenguaje compatible con las terminologías cambiantes de las democracias contemporáneas mayoritarias, que hoy en día lidian

---

[95] Latour, «What Is the Style of Matters of Concern?».

con «cuestiones» de «interés público» —y volveré sobre este problema más adelante—. Pero también va más allá. Poner énfasis en la preocupación subraya las formas problemáticas e inestables, los temblores éticos, políticos y afectivos, más o menos sutiles, por los que se construye y se mantiene unido una reunión/cosa/tema. Para mí, aunque los problemas que abarcaba la CdP eran bien conocidos, la introducción de esta noción indicaba un desplazamiento sutil, pero significativo. En contraste con el «interés» —una noción previamente predominante en la puesta en escena de las fuerzas, los deseos y la política que sostiene la «fabricación» y la «estabilización» de las cuestiones de hecho—, la preocupación altera la carga afectiva del pensamiento y la presentación de las cosas con connotaciones de inquietud, preocupación y cuidado. La cuestión que Latour enmarca como un «estilo» es también un problema de política del conocimiento: cómo presentamos las cosas importa. Sustituir los intereses por preocupaciones como fuerza de las reivindicaciones políticas y su inclusión altera de manera significativa la percepción material-semiótica de las cosas: los intereses son algo que los herederos de la política moderna agonista han aprendido a abordar con suspicacia; o que se supone que debemos preservar celosamente cuando son «nuestros». Las preocupaciones, en cambio, apelan a nuestra capacidad de *respetar* los asuntos de los demás, incluidos los que conciernen a la vida de los no humanos, si queremos construir un mundo común.

Y ese respeto está también en el corazón de un tercer impulso crucial que identifico en el centro de la propuesta de Latour para pensar las cosas como CdP: los efectos desmovilizadores del constructivismo cuando concede demasiado a la «crítica» y termina convirtiendo la intuición

de que «los hechos se construyen» en «incredulidad»[96].
Fue en una contribución humorística y enfática a *Critical
Inquiry* donde se propuso por primera vez la noción de
CdP. En ella, Latour urgía a l*s pensador*s crític*s a tratar
las «cuestiones de hecho» como «cuestiones de preocupación», apelando a un sentido de autoprotección respecto a
nuestras «propias» preocupaciones: ¿Realmente te gustaría
que tus preocupaciones fueran reducidas, deconstruidas
o desmanteladas?[97] Afirmar que las cuestiones de hecho
son cuestiones de preocupación fomenta la conciencia
sobre la vulnerabilidad de los hechos y las cosas que nos
disponemos a estudiar y criticar. Para Latour, uno de los
principales síntomas del exceso crítico es el abuso de nociones como «poder», utilizadas como explicaciones causales
«que salen de lo más profundo y oscuro» para socavar lo
que otros, generalmente otros científicos, presentan como
hechos[98]. Estas inquietudes aluden a gestos particularmente perniciosos que él califica de «barbarie crítica», en los
que es probable que caigan l*s pensador*s crític*s. Otro
gesto es el antifetichismo[99], el gesto crítico bárbaro por
excelencia —semejante a la «iconoclasia»—, por el que
la idea de que «los hechos se construyen» se convierte en
«incredulidad». Todas estas estrategias explicativas intentan
desmantelar lo «real», supuestamente oculto tras fetiches,
artificios, creencias, ideologías, discursos, estructuras sociales o cualquier otro término que la razón causal pueda
invocar como «explicaciones poderosas» que subyacen a las
construcciones que la crítica se ha propuesto desarticular.

---

[96] Bruno Latour, «¿Por qué se ha quedado la crítica sin energía?».

[97] *Ibid.,* 36-37.

[98] *Ibid.,* 23.

[99] Bruno Latour, *Petite réflexion sur le culte moderne des dieux faitiches,*
Le Plessis-Robinson: Les Empêcheurs de penser en rond 1996.

En el pensamiento de Latour[100], el rechazo a las descripciones críticas que hacen hincapié en el poder y la dominación como fuerzas sociales clave que configuran la ciencia y la tecnología —una «embriaguez de poder»[101]—. Latour también ha argumentado que estas explicaciones son técnicamente inadecuadas para los relatos basados en la teoría del actor-red —que normalmente no debería añadir explicaciones «prefabricadas» al cartografiado de cómo se despliegan los actantes y las redes—. Pero lo que me parece más interesante de la introducción de la CdP es cómo subraya aún más los efectos ético-políticos y afectivos de la intervención crítica, no solo sobre las cosas, los hechos y el mundo, sino también *sobre quienes se proponen investigarlos*. Este sentimiento está bien escenificado con la divertida figura del constructivista (social) cansado que ha aprendido la lección: hoy un «Zeus de la crítica» tragicómicamente degradado, que sabe cómo funcionan realmente las cosas, pero que reina en un desierto, solo, amado por nadie, pues ha criticado y deconstruido todo. Como tal, su locomotora «se ha quedado sin energía»[102]. Esta visión es coherente con su anterior y provocadora caracterización del espíritu moderno: aquellos que *creen* que otros *creen* —otros que, por supuesto, están equivocados, ya que creen cosas que «nosotros» ahora sabemos que no son ciertas[103]—. Este estilo polémico de pensamiento opera produciendo progresivamente rupturas radicales o revolucionarias con creencias superadas que son empujadas a un

---

[100] Latour descalificó el uso de la autoridad explicativa del «poder» (Latour, *Nunca fuimos modernos,* 182; Latour, *Reensamblar lo social,* 362).

[101] Latour, *Reensamblar lo social,* 362.

[102] Bruno Latour, «¿Por qué se ha quedado la crítica sin energía?», 36.

[103] Latour, *Nunca fuimos modernos;* véase también Isabelle Stengers, *Cosmopolitiques,* Paris: La Découverte/Les Empêcheurs de penser en rond 1997.

pasado oscuro por nuevos conocimientos más razonables[104]. Caracterizada como tal, como un particular *ethos* de la indagación, la «crítica» se convierte en una herencia transversal que afecta a todos los que descienden de la empresa científica moderna[105], más que en una propiedad exclusiva de un campo académico específico —como la teoría crítica—. Pero aquí el constructivista crítico aparece agotado y atormentado, sospechando que podría haber contribuido al desmantelamiento en curso del mundo. Ya no es una figura extraña, ni siquiera un puente, sino que está inmerso en el flujo turbulento. Es este estado de ánimo el que caracterizo como el desgaste del constructivismo crítico, provocado por la preocupación sobre los efectos y las contribuciones de las visiones constructivistas de los estudios CTS en el corazón de una cultura tecnocientífica que sigue produciendo bastante miedo.

Latour adopta el tono de un crítico preocupado en busca de una confianza renovada en la realidad de las cuestiones de hecho, todavía de buen humor, pero no tan seguro como antes, algo angustiado por las Guerras Científicas, aunque sin querer renunciar a los valiosos hallazgos de la búsqueda original del constructivismo: los hechos se construyen[106]. El

---

[104] Latour, *Nunca fuimos modernos*, 109.

[105] Isabelle Stengers, «Experimenting with Refrains: Subjectivity and the Challenge of Escaping Modern Dualism», *Subjectivity,* 22, 2008.

[106] Aunque Latour y Harry Collins presentan posturas y soluciones muy diferentes, ambos han mostrado una preocupación común por la contribución de las primeras sociologías del conocimiento científico y el constructivismo social a una desconfianza generalizada en los hechos. A diferencia de Latour, a Collins le preocupa que la «segunda ola» de estudios sobre ciencia y tecnología —en particular, el enfoque de la TAR (Teoría del Actor-Red) sobre la agencia no humana— siga socavando la ciencia. Aboga por una mayor confianza en la ciencia, no tanto sobre la base epistemológica de su superioridad, ni mucho menos sobre un argumento político de la fuerza de la ciencia, sino como una opción «moral».

camino para salir del desierto de la crítica, sugiere Latour, aparece sembrado de «dudas persistentes» y «pequeñas pistas», una de las cuales es tratar las cuestiones de hecho como cuestiones de preocupación. Es en esta intervención introspectiva, en cierto modo apasionante a pesar de su carácter irónico, donde aparece la noción de la CdP como respuesta a una preocupación por los efectos desmovilizadores —éticos y políticos— de un constructivismo que ha cedido demasiado a las tentaciones de la crítica. Si quienes estudian ciencia y tecnología no están fuera de esta cultura intelectual, tienen, para Latour, buenas posibilidades de «salir» del desierto crítico. Primero, por sus formas técnicas de trabajo: la descripción de procesos y redes desde el terreno, como «hormigas» en lugar de águilas, esquivando visiones causales grandilocuentes. Segundo, gracias a la naturaleza misma de su objeto de estudio: la ciencia y la tecnología, esas sólidas «cajas negras» que, incluso formadas como «buenas críticas», las hormigas no pudieron «arrollar»[107]. Irónicamente, la invitación a tratar las cuestiones de hecho como *frágiles* entrelazamientos de preocupaciones en las llamadas ciencias humanas y sociales se basa en los conocimientos técnicos de los académicos que se enfrentan a la *robustez* ontológica de los ensamblajes tecnocientíficos que implican agencias no humanas.

Como introduje anteriormente, leo la CdP como la representación de una visión de la política del conocimiento que Latour atribuye a los estudios sociales de la ciencia y la tecnología. En primer lugar, una estética: una forma de describir las cosas que no separa los afectos, las preocupaciones y las inquietudes de la escenificación de su existencia viva. En segundo lugar, una política de las cosas: una representación de las cosas que les da una

---

[107] Bruno Latour, «¿Por qué se ha quedado la crítica sin energía?», 39.

voz válida en la constitución de un «nosotr*s» por parte de la asamblea democrática. En tercer lugar, un *ethos* respetuoso de producción de conocimiento: una crítica que no reduzca las cosas tecnocientíficas a un efecto de las dinámicas de poder y dominación (humanas). Dar cuenta de las preocupaciones es un gesto material-semiótico, inseparablemente una pensopolítica tanto como una política de las cosas. La diferencia ético-política que introdujo la CdP pertenece a una política del conocimiento constitutiva de las cosas, no a una dimensión de la moralidad que añadiríamos a los objetos y cosas no humanas. Sin embargo, como ya he señalado, introducir la preocupación marca una diferencia con respecto a los enfoques conocidos sobre la política de las cosas, en lugar de simplemente confirmarlos. Desde una perspectiva ético-política y afectiva, estas diferencias remiten a un *ethos* de investigación y pensamiento. La evaluación de un pensamiento crítico que «se queda sin energía» y la propuesta de nombrar hechos y cosas como CdP, responden no solo a serias inquietudes sobre cómo las cosas pueden ser malentendidas, tergiversadas y maltratadas, sino también a las consecuencias de la incredulidad crítica en la ciencia en un mundo preocupante[108].

---

[108] Esta intervención se abre con la escena de los atentados del 11S en Nueva York. Latour expresó su consternación ante las teorías conspirativas que se precipitaron a desacreditar las verdaderas «causas» del atentado incluso antes de que el humo se hubiera desvanecido de las ruinas. Esta preocupación por los efectos del descrédito del conocimiento establecido sigue patente en la última y quizá más ambiciosa intervención de Latour, el libro y proyecto colectivo *An Inquiry into Modes of Existence* (Bruno Latour, *An Inquiry into Modes of Existence,* Cambridge: Harvard University Press 2013), que comienza escenificando el desafío con la ayuda de una escena en la que un científico del clima se enfrenta a los climatoescépticos no tanto llamándoles a confiar en la ciencia como, según Latour, habría sido el argumento de un científico en el pasado, sino a volver a confiar en las instituciones.

Es significativo que la noción de CdP se desarrollara por primera vez en una intervención dirigida al pensamiento crítico en general, más que a los estudios sociales críticos de la ciencia en particular. El llamamiento se enmarcaba en un ambiente posterior al 11S y expresaba preocupación por la contribución de la crítica a una atmósfera de desconfianza indiscriminada, en la que, incluso antes de que el «humo del suceso» se hubiera asentado, las «teorías de la conspiración» se apresuraban a cuestionar lo que *realmente* había ocurrido con las Torres Gemelas de Nueva York. Esta atmósfera afectó, por supuesto, a un ámbito intelectual más amplio que el de los estudios científicos y tecnológicos. Pero el llamamiento de Latour se hizo desde la perspectiva de una lección aprendida colectivamente por esta comunidad académica en particular. El constructivismo crítico apareció bajo la luz de las lecciones aprendidas por investigador*s y pensador*s que habían atravesado las Guerras de la Ciencia; y que fueron acusados de no creer en la realidad, una idea que el propio Latour pasó mucho tiempo tratando de contrarrestar[109]. En otras palabras, el Zeus de la crítica pasó, era una figura de paja en la moraleja de una fábula más que un problema real. Las contrapartes de Latour se habían movido no solo más allá de las explicaciones sociopolíticas excesivamente humanistas de los mundos materiales y tecnocientíficos, sino también más allá de las críticas suspicaces de los intereses agonísticos y las estrategias de poder. En suma, Latour estaba proponiendo a l*s pensador*s crític*s en general, todo lo que los estudios CTS, en su opinión, ya habían aprendido a hacer: respetar las cosas como CdP. Según Latour, los estudios CTS se encuentran

---

[109] Bruno Latour, *La esperanza de Pandora*.

en su mejor momento cuando exhiben formas más respetuosas y, podríamos decir, constructivas, de exponer las cuestiones de hecho como procesos de preocupaciones entrelazadas. El propósito de exponer cómo se ensamblan y construyen las cosas no es desacreditarlas ni desmantelarlas, ni tampoco socavar la realidad de las cuestiones de hecho con una sospecha crítica sobre los poderosos intereses (humanos) que podrían reflejar y transmitir. En cambio, exponer las preocupaciones que sujetan y mantienen unidas las cuestiones de hecho es enriquecer y afirmar la realidad contribuyendo a nuevas articulaciones.

Interludio: siguiendo el poder

Podría decirse que Latour intervino aquí en una cuestión clásica: ¿cómo se involucran las personas críticas, en particular las investigadoras, las pensadoras y las teóricas, en la creación del mundo? Las CdP enfatizan una dimensión ético-política de ese problema: el respeto por las preocupaciones encarnadas en las cosas que estaban presentes implica prestar atención a los efectos de nuestros relatos sobre la vida de las cosas. En otras palabras, si mostrar los entrelazamientos de preocupaciones en el corazón de los ensamblajes humanos / no humanos incrementa la percepción afectiva de los mundos y las vidas que estudiamos más allá de cartografías de intereses y compromisos prácticos, escenificar un hecho científico o un ensamblaje sociotécnico, o cualquier otra configuración humana-no humana como una CdP, es una intervención ético-política en su devenir, en su materiación.

Y, sin embargo, algo perturbaba mi percepción de esta llamada a cuidar de las preocupaciones en las cosas, de las cosas como preocupaciones. Un malestar con la crítica de la crítica: en un mundo profundamente turbulento y fuertemente estratificado, ¿no seguimos necesitando enfoques que revelen las relaciones de poder y opresión en el ensamblaje de preocupaciones? De hecho, más allá de exponer la trayectoria de un pensador en particular con la política de la preocupación, parece que esta crítica de la crítica está impregnada de una reticencia más general y persistente —otra herencia de la ciencia moderna en la que académic*s, investigador*s y estudios*s seguimos formándonos, pese a la politización del conocimiento— a considerar (nuestra) intervención e implicación, es decir, nuestro compromiso ético-político y nuestras obligaciones, como parte esencial de la política de producción de conocimiento. Así que tuve que preguntarme si la redistribución simétrica de la agencia afectiva, en las complejas relacionalidades entre humanos y no humanos, en estas políticas de las cosas podría reforzar esa reticencia.

Pensar con «cuestiones de cuidado» es una forma de abordar esta pregunta, al ofrecer tanto un contraste como una prolongación a la política de relaciones humanas / no humanas que representa la CdP. Las cuestiones de cuidado se inspiran en el pensamiento feminista sobre los cuidados y sobre la política del conocimiento. No podía evitar leer la afirmación de las preocupaciones como un efecto retardado de las preocupaciones que las pensadoras feministas habían mantenido vivas —por supuesto, no solo, pero sí de manera significativa— mientras otros estaban ocupados jugando a ser mini-Zeus críticos. Especulando, con diversión más que con ironía, me tienta ver en esta mayor conciencia sobre las preocupaciones un compromiso tardío con los problemas formulados en la célebre intervención de

Haraway sobre los «conocimientos situados»[110], donde articulaba preocupaciones de feministas comprometidas con la crítica del conocimiento y de la ciencia, una contribución reconocida por relatos generales de la historia de este campo[111] y retomada a lo largo de frecuentes replanteamientos de sus significados[112]. En un texto que influyó fuertemente en generaciones posteriores de académicas feministas en CTS y otros campos, Haraway también advertía del peligro de confiar demasiado en teorías explicativas totalizantes, así como en el cinismo corrosivo resultante de mezclar la crítica deconstructiva con constructivismo social. Entre ellas incluía aquellas búsquedas que pretendían desenmascarar la verdad sobre cómo «se produce realmente el conocimiento científico», con explicaciones particularmente orientadas al poder del éxito científico y tecnológico. Con ello se refería también a la importancia que la teoría del actor-red otorgaba al poder, aunque en forma de preservación de intereses, competencia y políticas agonísticas, como luchas por esclarecer «la» cuestión de hecho. Si bien este trabajo pudo haber producido buenos relatos sobre «cómo se produce realmente el conocimiento científico», las humildes hormigas, tan comprometidas con seguir *tan bien* las redes tecnocientíficas, acabaron contando la misma historia, reproduciendo así un

---

[110] Donna Haraway, «Conocimientos situados. La cuestión de la ciencia en el feminismo y el privilegio de la perspectiva parcial», en *Mujeres, simios y cíborgs. La reinvención de la naturaleza,* Madrid: Alianza 2023, 289-318.

[111] David J. Hess, *Science Studies. An Advanced Introduction.* Nueva York: New York University Press 1997; Sergio Sismondo, *Introduction to Science and Technology Studies.* Malden: Wiley-Blackwell 2010.

[112] Mayberry, Maralee, Banu Subramaniam, y Lisa Weasel (eds.), *Feminist Science Studies. A New Generation.* Nueva York: Routledge 2001; Wenda K. Bauchspies y María Puig de la Bellacasa (eds.), «Retooling Subjectivities. Exploring the Possible with Feminist Science and Technology Studies», *Subjectivity,* 28, 2009.

ethos de batallas de intereses agonísticos en torno al saber[113]. En su descripción de un conocimiento desde ninguna parte, el truco de la vista-del-ojo-de-dios, también podemos reconocer a un Zeus de la distancia crítica, no involucrado ni afectado por las guerras que causa o describe. Sin embargo, esto implica que adoptar el método de «seguir las redes» —la perspectiva de la hormiga en lugar de la del águila— no escapó a los dilemas de estar implicada en una política del conocimiento. Aquí, el «conocimiento situado» no significaba simplemente que el conocimiento es social, sino también que «nuestro» conocimiento está intrínsecamente situado política y éticamente por sus propósitos y posicionamientos, es decir, por sus puntos de vista[114]. Ignorar esto, como las académicas feministas habían constatado dolorosamente, era, en palabras de Latour, una manera de disminuir la realidad al borrar o apropiarse de agencias alternativas «desde abajo»[115]. En otras palabras, tener en cuenta las preocupaciones —tanto las que estudiamos como las que tenemos— contribuye a una mejor situacionalidad. Pero desde una perspectiva feminista, no podemos enseñar al estudiantado que, en la tarea de representar las redes, «puede olvidarse sin problema esta oposición entre "punto de vista" y "visión desde ningún lugar"»[116].

Quizá reconocer estas dimensiones añadidas a la política de cuidar las cosas sea la razón por la que Latour

[113] Donna Haraway «Conocimientos situados», 290; véase también Donna Haraway «Never Modern, Never Been, Never Ever. Some Thoughts about Never-Never Land in Science Studies», *4S Meeting*, 1994.

[114] Sandra Harding, *Whose Science? Whose Knowledge? Thinking from Women's Lives*, Ithaca: Cornell University Press 1991.

[115] Sandra Harding, *Sciences from Below. Feminisms, Postcolonialities, and Modernities,* Durham: Duke University Press 2008.

[116] Bruno Latour, *Reensamblar lo social,* 210.

recurrió a Donna Haraway para confirmar que las CdP necesitan «protección» y «cuidados»[117]. Con esta concepción de la política del conocimiento en mente, la atención a las preocupaciones puede entenderse como una modificación de la tonalidad afectiva en la puesta en escena de las cosas, abriendo caminos para pensar cuidando y para pensar el cuidado. Así que, a pesar de haber nacido del malestar respecto a esta crítica de la crítica, la noción de cuestiones de cuidado también prolonga las CdP. La atención a las preocupaciones nos acerca a plantear la necesidad de una práctica del cuidado como algo que podemos hacer como pensador*s y productor*s de conocimiento, fomentando también una mayor conciencia sobre lo que nos importa y sobre cómo esto contribuye a la materiación del mundo. Y, como intento mostrar en este libro, podemos hacerlo en el corazón de las agencias distribuidas en mundos más que humanos, permaneciendo receptiv*s a las obligaciones materiales mientras evitamos el moralismo y las explicaciones humanistas reductoras.

Incluyendo el cuidado en nuestras preocupaciones

Un enfoque que afirme evitar una aproximación moralista a la política del conocimiento que cuida requiere cierta sutileza. Un análisis detallado sobre cómo la noción de preocupación se relaciona con el cuidado es un intento de ofrecer una vía para empezar a preguntarnos, con tacto, qué puede significar el cuidado para el pensamiento de las cosas, es decir, para los objetos «desobjetificados» de

---

[117] Latour, «¿Por qué se ha quedado la crítica sin energía?» 26.

la ciencia y la tecnología. Si escenificar cosas y hechos como CdP añade modalidades afectivas de relación con su realidad, ¿cómo afecta el cuidado a las CdP?

Preocupación[118] y cuidado tienen significados cercanos; ambos proceden del latín *cura*, «curar». Pero también expresan cualidades diferentes. Por eso, aunque el cuidado sea sumamente importante, no reemplaza a la preocupación en el corazón de la política de las cosas, sino que aporta otra cosa. He subrayado la capacidad de la palabra «preocupación» para desplazar la noción de «interés» hacia connotaciones afectivas más cargadas afectivamente, especialmente la de problema, inquietud y cuidado. Como estados afectivos, preocupación y cuidado están relacionados. Pero el cuidado tiene connotaciones afectivas y éticas más fuertes. Podemos pensar en la diferencia entre afirmar «me preocupa» y «me importa [cuido]»[119]. El primero denota preocupación y reflexión sobre un asunto, así como, aunque no necesariamente, el hecho de pertenecer al colectivo de los preocupados, «afectados» por él; el segundo añade un fuerte sentido de apego y compromiso con algo. Además, la cualidad del «cuidado/importa» se torna más fácilmente en verbo: cuidar. Uno puede preocuparse, pero «cuidar» contiene una noción de hacer de la que carece la preocupación. Esto se debe a que entender el cuidado como algo que hacemos lo materializa como una práctica ética y políticamente cargada, que ha estado al frente de la preocupación feminista por las agencias desvalorizadas

---

[118] En el original, la autora se refiere a *concern* (preocupación) y *care* (cuidado) (N. de las T.).

[119] Del original «*I care*». En inglés, el verbo «*care*» es utilizado tanto para la implicación afectiva («me importa» *[i care])* como para referirse al acto de cuidar. Decidimos incluirlo aquí para conservar del original esta acepción afectiva («lo que importa») ligada al acto de cuidar (N. de las T.).

y las exclusiones. Según esta visión, cuidar une un estado afectivo, un hacer vital material y una obligación ético-política —el entrelazamiento de estas dimensiones y las consecuencias para la ética se desarrollan con más profundidad en el capítulo 4—.

Como hacer material y concreto, el cuidado, para funcionar, para ser considerado adecuado o bueno, es siempre específico. Como Anne Marie Mol señala, «en la lógica del cuidado, la definición de "bueno", "peor" y "mejor" no precede a la práctica, sino que forma parte de ella»[120], y puede reconocerse en edificios, hábitos y máquinas. Por eso, el significado de «cuidar» puede ir en distintas direcciones, marcadas por su relación con un abanico de prácticas materiales de concreción histórica. Incluso entre quienes están de acuerdo en que «cuidar» es vital en los mundos de la naturocultura y la tecnociencia, y que quieren incorporarlo a nuestras preocupaciones en la representación de las cosas, cuidar no necesariamente tiene las mismas connotaciones. Pero la noción de cuidado también está marcada por la política de género y raza; evoca ciertos trabajos asociados al trabajo feminizado y sus complejidades éticas. Debido a estas connotaciones cargadas, si las «cuestiones de preocupación» pueden funcionar como una noción genérica para la política de las cosas —es decir, todo podría ser potencialmente pensado como una cuestión de preocupación—, las «cuestiones de cuidado» tal vez no. Esto no quiere decir que el pensamiento feminista deba reclamar una propiedad exclusiva en torno a la noción de cuidado, sino que el cuidado no es una noción neutral, ni lo es una lectura feminista de la misma.

Los matices sobre la no neutralidad del cuidado pueden abordarse comentando la invitación particular de Latour a

---

[120] Mol, *The Logic of Care*, 75.

cuidar en los universos tecnocientíficos. En un diálogo divertido pero serio, en el que él mismo aparece hablando con un ecologista preocupado y enfadado con quienes conducen vehículos utilitarios deportivos (SUV), Latour afirma que necesitamos cuidar nuestras tecnologías, incluso aquellas que vemos como perniciosas, como *frankensteinianas;* los SUV, en su ejemplo[121]. Latour sostiene que no es una tecnología lo que es no-ética si fracasa o se vuelve monstruosa, sino el hecho de dejar de cuidarla, abandonarla como hizo el Dr. Frankenstein con su creación. En este sentido, podemos recordar la inspiradora «cientificción» de Latour sobre *Aramis* —un prometedor sistema de transporte en París—, donde narra los problemas colectivos que condujeron al abandono del proyecto[122]. Esta versión del cuidado hacia la tecnología transmite bien el doble significado del cuidado como trabajo cotidiano de mantenimiento que conlleva una obligación ética: debemos cuidar las cosas para seguir siendo responsables de sus devenires.

Los estudios recientes que ponen en primer plano la importancia de la reparación y el mantenimiento de las infraestructuras tecnológicas como prácticas de cuidado apoyan y amplían esta perspectiva, marcando una gran diferencia en cómo se conciben los objetos, los dispositivos y las infraestructuras tecnológicas y las agencias, más o menos invisibles, involucradas en su continuidad[123].

---

[121] Bruno Latour, «Victor Frankenstein's Real Sin», *Domus*, febrero, 2005, 878; véase también Bruno Latour, «"It's development, stupid!" or, How to Modernize Modernization», http://www.bruno-latour.fr.

[122] Latour, *Aramis.*

[123] Susan Leigh Star, «The Ethnography of Infrastructure», *American Behavioral Scientist*, 43 (3), 1999, 377-391; Susan Leigh Star y Geoffrey C. Bowker, «Enacting Silence: Residual Categories as a Challenge for Ethics, Information Systems, and Communication», *Ethics and Information Technology*, 9 (4), 2007, 273-280.

Este enfoque cambia la mirada sobre la «robustez» de los ensamblajes sociotécnicos, sobre redes sólidas y prósperas, o cajas negras, al centrarse en la necesidad constante de reparación y mantenimiento[124], y en los riesgos de su condición «vulnerable»[125]. Aquí el cuidado se aborda como una miríada de agencias y procesos laborales, incluidas las interacciones e intervenciones bioquímicas implicadas en la conservación de materiales y objetos expuestos al paso del tiempo y al deterioro[126], sin las cuales el mundo de las tecnologías materiales, aparentemente impasible, no funcionaría. Estos enfoques contribuyen a pensar las agencias sociotécnicas a través de una noción de cuidado que, como propuso Anne Marie Mol, «no se opone a la tecnología, sino que la incluye», así como una noción de tecnología «que no es transparente y predecible, sino que debe ser tratada con cuidado»[127]. Desestabilizar y desplazar la idea de que el cuidado es «otra» cosa distinta de la tecnología abre las relaciones más que humanas en la tecnociencia a una investigación sobre los significados del cuidado. Aunque aquí no haya necesariamente un sentido ético-político explícito del cuidado, hay una eticidad en juego en la reafirmación de agencias que en

---

[124] Steven Jackson, «Rethinking Repair» en Tarleton Gillespie, Pablo Boczkowski, y Kirsten Foot (eds.) *Media Technologies. Essays on Communication, Materiality, and Society*, Cambridge: MIT Press 2014; Steven J. Jackson y Laewoo Kang, «Breakdown, Obsolescence, and Reuse: HCI and the Art of Repair», *Proceedings of the SIGCHI Conference on Human Factors in Computing Systems*, Nueva York: ACM 2014, 449-458.

[125] Jerome Denis y David Pontille, «Material Ordering and the Care of Things», *Science, Technology & Human Values,* 40 (3), 2015, 338-367.

[126] Fernando Domínguez Rubio, «On the Discrepancy between Objects and Things: An Ecological Approach», *Journal of Material Culture,* 21 (1), 2016, 59-86.

[127] Mol, *The Logic of Care,* 5.

su mayoría habían sido ignoradas en las descripciones de la tecnología. No obstante, mantener juntas las distintas dimensiones del cuidado plantea una cuestión adicional respecto al cuidado como sostenimiento responsable cotidiano: su contribución a los mejores mundos posibles. Afirmar que el cuidado es necesario para mantener las tecnologías, incluso aquellas que no son necesariamente deseables o que incluso son dañinas, para que sigan funcionando bien, abre nuevos interrogantes ético-políticos, tales como: ¿qué mundos están siendo mantenidos y a costa de qué otros?

El significado ético-político de promover el cuidado de la tecnología apunta hacia un segundo argumento correlativo que Latour opone al ecologista enfadado: que en lugar de limitarnos a criticar los SUV, si realmente queremos marcar una diferencia respecto a su uso, también tenemos que comprometernos con las preocupaciones que movilizan a quienes los defienden. Esto significa que, para cuidar eficazmente de una cosa, no podemos excluir de la composición de su ecología política a quienes no están de acuerdo con nosotr*s, pero que, sin embargo, están preocupados por esa cosa y en las cuestiones que hacen que importe. Esta visión del cuidado está animada por el propósito de tratar las cosas como CdP: para comprometernos adecuadamente con el devenir de una cosa, deberíamos esforzarnos por contar e incluir *todas* las preocupaciones ligadas a ella, a todas las personas que cuidan de ella. Si aislamos a los usuarios de SUV demonizándolos, no solo objetivamos y reducimos este ensamblaje socio-material, separando los elementos que componen la cosa-SUV — máquina, productores y usuarios—, sino que también nos volvemos irresponsables: relegados a representar un objeto amenazante, ayudamos a construir los SUV como monstruos destructivos en lugar de atender a su posible transformación. Aquí, el cuidado se moviliza para servir a un propósito de reunión: mantener unida una cosa y las comunidades implicadas. Esta visión «inclusiva» tiene antecedentes políticos en las democracias inclusivas[128]. Pero, sobre todo, esta forma de abogar por el cuidado complementa el respeto por las cosas como CdP con un hacer específico: la responsabilidad práctica de cuidar de los frágiles ensamblajes que las cosas constituyen.

Esta reescenificación del «problema de los SUV» es una fábula política más que una discusión detallada sobre los argumentos a favor y en contra de su uso en las ciudades, y mi propia interpretación se compromete en los mismos términos. Me interesa cómo esta forma de presentar el cuidado va más allá de entenderlo como mantenimiento responsable de la tecnología. Muestra una versión ecuménica de la «cosmopolítica» de las cosas y de la ecología política. Como he dicho antes, las cosas son intrínsecamente políticas a su manera de cosa [*thingy way*]. Cuando eran híbridas, en *Nunca fuimos modernos,* el *«tiers état»* [tercer estado] era la figuración política de un colectivo mal representado. En aquella época, las cosas habitaban y creaban mundos en el Imperio del Medio, pero se les negaba la agencia, objetificadas como *siervas* para ser usadas y/o abusadas por los humanos / la sociedad. Curiosamente, esta narrativa invocaba una historia política poderosa y afectivamente cargada: la Revolución Francesa de 1789 —el «origen» de la modernidad política— para, precisamente, subvertir el pensamiento binario de la constitución moderna y liberar este otro *tiers état:*

---

[128] Papadopoulos, «Alter-ontologies. Toward a Constituent Politics in Technoscience».

[la bomba de vacío, el laboratorio] dejan de ser simples intermediarios más o menos fieles. Se convierten en mediadores, o sea, actores dotados de la capacidad de traducir lo que transportan, de redefinirlo, de redesplegarlo, y también de traicionarlo. Los siervos han vuelto a ser ciudadanos libres.[129]

La caracterización posterior más viva y cotidiana de los híbridos como cosas / reuniones / cuestiones de preocupación da cuenta de estas agencias entrelazadas más que humanas liberadas por los constructivistas. De forma crucial, su liberación también tuvo que desafiar los hábitos del pensamiento humanista: «Los humanistas ven la impostura de tratar a los humanos como objetos, pero de lo que no se dan cuenta es de que también hay una impostura en tratar a los objetos como objetos»[130]. Para convertirse en ciudadanos libres, primero tienen que ser reconocidos como agentes: precisamente al hacer esto, quienes que estudiaban CTS jugaron un papel político como representantes o liberadores de las cosas.

Este papel político puede ser crucial para el colectivo democrático, especialmente porque las cuestiones de hecho objetificadas pueden utilizarse para zanjar controversias en torno a cuestiones políticas aún no resueltas. Pero, como nos dice Latour, si algo se ha convertido en un «objeto», es decir, en algo objetificado, es «simplemente una reunión que ha fallado; un hecho que no ha sido ensamblado con un proceso determinado»[131]. Ese debido proceso es, podríamos decir, la cuestión de la política cuando se concibe como una política de las cosas;

---

[129] Latour, *Nunca fuimos modernos*, 121.
[130] Latour, «What Is the Style of Matters of Concern?», 6.
[131] Latour, «¿Por qué se ha quedado la crítica sin energía?», 44.

dingpolitik[132]. En una recapitulación posterior, *dingpolitik* designa los múltiples modos negociados a través de las cuales las cosas llegan a importar[133], a convertirse en «cuestiones» y a contar como tales[134]. La política aparece como un proceso de inclusiones progresivas a través de diferentes etapas mediante las cuales las «cuestiones» se procesan y asimilan en el cosmos de una sociedad democrática. Funciona del siguiente modo: una nueva entidad no humana produce una conexión y obliga a ampliar o a redefinir un «cosmograma»; genera una cuestión, un problema y un «público» preocupado e inquieto. La maquinaria del gobierno intenta «convertir el problema del público en una cuestión claramente articulada de bien común o de la voluntad común» y eventualmente «falla en hacerlo». En esta maquinaria colectiva, algunas cuestiones son «metabolizadas» y «absorbidas por la tradición normal de la democracia deliberativa», y pueden eventualmente dejar de ser políticas y entrar en el ámbito de la rutina diaria y de la administración[135]. Crucialmente, este ciclo no cierra necesariamente una cuestión, sino que resuelve de una vez por todas qué es una cosa, ontológicamente hablando. Algunas cuestiones, con suerte, funcionan sin problemas —por ejemplo, el sistema de alcantarillado de París— y no necesitan ser políticas. Como diría Marres:

---

[132] Latour, «Del Realpolitik al Dingpolitik, o de cómo hacer las cosas públicas».

[133] Del original *«comes to matter»*. Los distintos significados en inglés para *«matter»* hacen que el significado se extienda entre materia, asunto o cuestión en su relación con el cuidado y aquello que llega a importar (N. de las T.).

[134] Bruno Latour, «Turning Around Politics. A Note on Gerard de Vries's Paper», *Social Studies of Science,* 37 (5), 2007, 811-820.

[135] *Ibid.*, 817-818.

si no hay cuestión, no hay política[136]. Pero este no es el caso de muchos otros, como los SUV u otras tecnologías controvertidas —Latour también pone el ejemplo de las políticas de género, que parecían normalizadas hasta que fueron desnaturalizadas, como señala, por «académicas feministas»—. Y aquí Latour invoca la noción de cosmo-política de Isabelle Stengers[137] para designar el proceso de las diferentes etapas de la política en la constitución de una asamblea democrática a-moderna, inclusiva de las cosas. Latour admite, sin embargo, que es el momento de irrupción de una entidad desafiante, que obliga a redefinir cuál es la cosa, la «cuestión» en juego que mejor invoca el momento cosmopolítico: es decir, cuando una reunión se pone a prueba sobre *lo que cuenta como su mundo* (cosmos). De hecho, para Stengers, esto desencadena no solo procesos de inclusión/exclusión, sino una preocupación más *cósmica,* una duda, una pregunta permanente que desafía al colectivo al tener siempre abierta una incógnita: *¿cuántos somos «nosotr*s»?*

Pero también podemos recordar aquí que la propuesta cosmopolítica de Stengers incluye significativamente a quienes participan en la redefinición de las cuestiones: los que ella llama los «idiotas» —aquellos que no quieren ser «incluidos» o que ni siquiera piden la atención de una determinada asamblea, que no quieren hacerse públicos o no pueden «contribuir» porque sienten que «hay algo más importante» que el asunto en cuestión, aunque ese asunto pueda afectar también a sus vidas. Esto bien puede

---

[136] Marres, «The Issues Deserve More Credit: Pragmatist Contributions to the Study of Public Involvement in Controversy».

[137] Isabelle Stengers, «La propuesta cosmopolítica», *Pléyade,* diciembre, 14, 2014, 17-41; Latour, «Turning Around Politics. A Note on Gerard de Vries's Paper».

incluir a «víctimas» que no tienen poder para representarse a sí mismas, así como a grupos radicales y otras figuras no queridas que generan profundas disrupciones, que están en contra o que podrían quedar fuera del ciclo de la política representativa, del ciclo de la inclusión en una «cuestión». Sin llegar a afectarnos por quienes aún no están necesariamente en la cuestión, acabamos con una cosmopolítica purificada, una nivelación de preocupaciones no tan lejana del engañoso homónimo «pacificador» kantiano. Que este tipo de detección de preocupaciones indiferentes o insensibles en una reunión no sea tarea fácil, sobre todo si no queremos convertirnos en meros «portavoces» de quienes no lo han pedido, no impide que los representantes de las cosas intenten aprender de estos rechazos y borramientos, para pensar con cuidado qué puede estar fallando en el tratamiento de una cuestión. En cualquier caso, para este propósito ético-político, necesitaríamos un desplazamiento de la versión latouriana de la cosmopolítica, posiblemente menos interesada que la de Stengers en las luchas de puntos de vista minoritarios y oposicionales.

Obviamente, el objetivo de la defensa cosmopolítica del cuidado que hace Latour en este contexto no es expresar una preocupación particular por el mantenimiento y el desarrollo de los SUV. Más allá de su papel como detector específico de preocupaciones, simplemente cumplen un papel en una fábula política sobre el problema más amplio de cómo hacer *dingpolitik*. Este modo de representar las preocupaciones no parece tener un interés específico con respecto al uso de los SUV. Pero, entonces, ¿por qué se escenifica al ecologista que se opone a esta tecnología como un moralista casi paralizado por la ira? Tal vez la respuesta a esta pregunta resida en el punto de partida de esta defensa específica del cuidado, que también plantea dos problemas relacionados que Latour ha abordado en otros lugares. En primer lugar, la preocupación de que la ecología política en la tecnociencia pueda seguir siendo una cuestión marginada, descuidada como el problema de un grupo de activistas enfadad*s en lugar de un problema importante a tener en cuenta por las democracias participativas contemporáneas[138] y, por tanto, un imperativo para comprometerse con la política dominante en lugar de con los «márgenes». En segundo lugar, una preocupación por los efectos perniciosos que, sobre una asamblea, pueden tener quienes se oponen radicalmente a los poderosos intereses que sostienen ciertas tecnologías, hasta el punto de desvincularse de ellas; como ocurre, en este caso, con la industria automovilística. Es cuando estas oposiciones se vuelven «fundamentalistas» cuando se hace más difícil, si no imposible, darles voz —a quienes odian los SUV, por ejemplo— en una asamblea de democracia representativa[139]. Por último, se podría argumentar que esta forma de enmarcar el argumento del cuidado en la tecnociencia, al igual que el respeto por las preocupaciones, es una respuesta a la política agonística de intereses incompatibles y relaciones de poder asociadas a las descripciones críticas (sociales) constructivistas de la tecnociencia. Leído en la estela de la continua crítica de Latour a la crítica, esta forma de cuidar se presenta como una obligación del activismo (medioambiental) de reemplazar el exceso de crítica y la sospecha desacreditadora hacia los intereses sociopolíticos

---

[138] Latour, *Políticas de la naturaleza*.

[139] Latour, «Del Realpolitik al Dingpolitik, o de cómo hacer las cosas públicas».

detrás de las cosas por una articulación equilibrada de las preocupaciones implicadas.

Ciertamente, si pensamos desde la perspectiva de estos problemas, parece crucial promover el cuidado no solo de la tecnología, sino también de todo el colectivo afectado, incluyendo quienes «cuidan» de los SUV. Mi problema aquí es cómo se escenifica la cuestión y, en particular, cómo los argumentos del cuidado se movilizan para proteger la «cuestión SUV» de su objetificación por un participante crítico; un ecologista enfadado y bastante irrespetuoso. El respeto por las preocupaciones y el llamamiento al cuidado se convierten en argumentos para moderar una posición crítica, el tipo de postura que tiende a producir divergencias y saberes oposicionales basados en apegos a visiones particulares y que, de hecho, a veces presenta (sus) posiciones como no negociables; lo que Latour ha denominado a veces «fundamentalismo». Así pues, este diálogo muestra desconfianza hacia las formas minoritarias y radicales de politizar las cosas —en este caso, l*s ecologistas—, que tienden a centrarse en exponer las relaciones de poder y exclusión en lugar de simplemente reclamar su inclusión en la asamblea dominante para reformarla desde dentro.

Pausando: Preocupaciones fuera de lugar

Parece que, al hacer preguntas fuera de lugar, he acabado desplazando las preocupaciones de las CdP. Ahora estamos, claramente, en un terreno de divergencia. Pero ¿por qué exigirle a una construcción (filosófica) que responda preguntas que no pretendió responder en primer lugar? En realidad, en términos de política del conocimiento, el problema que realmente preocupa a Latour desde hace tiempo[140] es, de algún modo, más amplio y metodológico: la «incorporación» demasiado entusiasta de explicaciones «causales» prefabricadas —como las estructuras de poder— a descripciones «locales» de una red desde el terreno —la vista de hormiga—. Sin embargo, esta crítica termina utilizándose para desacreditar argumentos que expresan puntos de vista críticos minoritarios, en otros lugares desestimados como un «elogio de los márgenes», obsesionados con el poder del «centro» o, peor aún, asociados con llamamientos a salvar el «ser» de la tecnología[141]. Este tipo de juicios contribuye a formar una visión reductora del constructivismo crítico, expulsando todo un conjunto de preocupaciones de la política de las cosas. Pero ¿no son necesarias también estas cuestiones críticas en el corazón de una investigación sobre ciencia y tecnología? ¿Y no podrían relacionarse con una forma de constructivismo crítico no-Zeus, una que precisamente acogiera con satisfacción una mayor conciencia sobre preocupaciones ético-políticas y afectivas excluidas? En cualquier caso, estas voces son necesarias para sostener una visión feminista del cuidado que pueda representar las preocupaciones en torno a formas persistentes de exclusión, poder y dominación a las que también contribuyen las ciencias y las tecnologías. En resumen, para promover el cuidado en nuestro mundo, no podemos desechar los posicionamientos críticos junto al agua sucia de la crítica corrosiva.

Quienes *se preocupan* por las experiencias marginalizadas, por la aniquilación silenciosa de los «otros no

---

140 Latour, *Aramis. Or the Love of Technology,* 19.
141 Latour, *Nunca fuimos modernos,* 178-181.

queridos», como dicen Deborah Bird Rose y Thom Van Dooren al hablar de las vidas ignoradas que sufren extinciones silenciosas[142], pueden hacer posible otros relatos de la vida y del trabajo de las cosas mediadoras. ¿No podríamos darles un papel en la reescenificación de las mediaciones que sostienen las cosas, incluso cuando no sean fácilmente *detectables* (en el terreno) porque han sido olvidadas o borradas? Para quienes se preocupan por estas cuestiones y dedican esfuerzos a hacer que l*s demás se preocupen, la sensibilización y el respeto cívico de las voces de preocupación pueden no ser suficientes; tal vez necesitemos añadir una capa de cuidados a las preocupaciones de las CdP.

Irónicamente, algunos de los problemas que las CdP buscan abordar no son ajenos a cuestiones feministas dentro de las bifurcaciones modernas fuertemente generizadas de la naturaleza, divisiones segregadoras de seres generizados que los primeros estudios feministas de la ciencia se esforzaron mucho en detectar[143]. Un sentido de familiaridad, incluso de solidaridad, podría emerger entre las cosas híbridas del Imperio del Medio al convocar las memorias y las luchas de entidades naturoculturales feminizadas y objetificadas cuyos cuerpos se han dividido por binarios, un argumento que también sostiene

---

[142] Deborah Bird Rose y Thom Van Dooren (eds.), «Unloved Others. Death of the Disregarded in the Time of Extinctions», *Australian Humanities Review,* 50, Mayo, 2011.

[143] Ruth Bleier, *Science and Gender. A Critique of Biology and Its Theories on Women*, Nueva York: Pergamon Press 1984; Anne Fausto Sterling, *Myths of Gender. Biological Theories about Women and Men*, Nueva York: Basic Books 1992; Anne Fausto Sterling, «On Teaching through the Millennium», *Signs. Journal of Women in Culture and Society,* 25 (4), 2000, 1253-1256; Evelyn Keller, *Reflections on Gender and Science*, New Haven: Yale University Press 1985.

Haraway[144], así como Nina Lykke[145]. Sin embargo, para dar cuenta de estas preocupaciones sobre la objetificación de las «otras» oprimidas, necesitamos preocuparnos por las dinámicas monótonas y letales de poder y de dominación, y expandir el significado del cuidado dentro de una política del conocimiento. Los relatos feministas sobre lucha de clases, postcoloniales y decoloniales, *queer*, antirracistas y anticapacitistas en torno a *aquello que es dado en la experiencia* en ámbitos de mediación también tienen mucho que decir sobre los efectos de la purificación moderna[146]. No se trata tanto de una obsesión por reducir la realidad al poder y la dominación; se trata también de añadir capas a la realidad, en términos de Latour: más realidad mediante una mayor articulación. Y esto a menudo implica disputar cómo se cuentan las historias en ausencia de estas otras voces. Por ejemplo, un relato feminista, anticlasista y antirracista de la liberación de los objetos —siervos que vuelven a ser cosas— señalaría que, antes de la Revolución Francesa de 1789, los «siervos» —como marginalizados y domésticos— ni siquiera se consideraban parte del *tiers état*: la figura política temprana de Latour para el Imperio del Medio que busca liberar. Solo contaban como *tiers état* los hombres que tenían tierras o «bienes». En efecto, se les consideraba inferiores a la nobleza o al clero y seguían estando infrarrepresentados antes de la revolución, pero no tanto

---

[144] Haraway «Never Modern, Never Been, Never Ever: Some Thoughts about Never-Never Land in Science Studies».

[145] Nina Lykke, «Between Monsters, Goddesses, and Cyborgs», en Nina Lykke y Rosi Braidotti (eds.), *Between Monsters, Goddesses, and Cyborgs. Feminist Confrontations with Science, Medicine, and Cyberspace*, Londres: ZED Books 1996.

[146] Harding, *Sciences from Below*.

como l*s proletari*s, las mujeres y las personas de color —que trabajaban para los propietarios—. Excluid*s del *tiers état*, permanecieron fuera de la representación democrática hasta mucho después de aquella revolución.

Como dice Haraway, importa qué historias cuentan historias. Una puesta en escena de la liberación de los objetos como *tiers état* reproduce la trama: moviliza un colectivo encarnado y políticamente cargado como el de los siervos objetificados para hacer la revolución *ding*, olvidando que l*s sierv*s reales nunca obtuvieron la «ciudadanía libre» y que este preciado estatus sigue siendo hoy una herramienta de exclusión. Desde una perspectiva que tenga en cuenta estos problemas, la herencia problemática del humanismo moderno no es solo la exclusión de objetos convertidos en siervos, sino una disposición excluyente en la que el calificativo «humano» sirve como medida de objetificación, naturalización, animalización, o como quiera que llamemos a las cosas escandalosas que cualquier «nosotr*s» —«nosotr*s» humanos o «ciudadan*s libres»— hacemos a los que se constituyen como «otr*s». Hay venenos de los que no podemos simplemente deshacernos como si «nunca hubieran existido»[147], ni podemos lavarlos con el agua de la política humanista. Olvidar estas historias es reproducir la política humanista[148]. Una rehabilitación posthumanista de las *cosas* necesita recordar la constelación más amplia a la que se refiere esta palabra, pensar esta reunión desde la perspectiva de procesos tales como los que pensadores poscoloniales como Aimé

---

[147] Haraway, «Never Modern, Never Been, Never Ever: Some Thoughts about Never-Never Land in Science Studies».

[148] Dimitris Papadopoulos, *Experimental Politics. Technoscience and More Than Social Movements*, Durham: Duke University Press 2017.

Césaire[149] llaman «cosificación» y Achille Mbembé, «el cuerpo-cosa»[150]. ¿Qué significaría para una *dingpolitik* escribir la historia con estos otros hacedores de mediación, estos otros agentes de hibridez? ¿Qué pasa con los seres sirvientes «objetificados» oprimidos, sufrientes e infelices? Es muy posible que estos no quieran ser cosas, ni cuestiones para otros, por muy respetable que sea el lugar que este nombre les da como agencias en las redes democratizadas. Trabajar por un cambio de percepción que haga que los objetos vuelvan a ser «cosas» podría requerir no solo un reclamo —¡los objetos vuelven a ser cosas!—, sino una *reapropiación*. Una reapropiación en el sentido introducido anteriormente, que no expurga las historias de las luchas minoritarias contra la cosificación, sino que piensa con ellas para problematizar las dinámicas opresivas implicadas en hacer que un ser se considere una cuestión de preocupación y, por tanto, merezca atención (investigadora) y cuidado.

Una vez más, se puede argumentar que esta forma de engrosar la escenificación de las realidades de las cosas no es simplemente una cuestión de preocupación de una crítica del humanismo, cuya principal preocupación es incluir a los no humanos en la agenda parlamentaria de la política civil. Entonces, ¿por qué volver sobre esta historia del origen de la liberación de las cosas? Quizá solo para recordarnos cómo una pregunta aparentemente inclusiva como «¿cuántos somos?» deja intacto el problema de cómo contar con aquellas agencias que no encajan o que ni siquiera pueden ser escuchadas, sin transformar la política. Propongo

---

[149] Aimé Césaire, *Discurso sobre el colonialismo,* Barcelona: Verso 2024.
[150] Achille Mbembe, *On the Postcolony*, Berkeley: University of California Press 2001, 27.

modestamente un pensar con cuidado que contribuya a este esfuerzo, a lo que Dimitris Papadopoulos llama un «posthumanismo insurgente»[151] que no solo incluye a nuevos actores, sino que también interrumpe profundamente y se esfuerza por transformar las condiciones de lo que cuenta como agencia política.

Para empezar, trabajar con una noción feminista del cuidado añadiría capas de preocupación a la puesta en escena de la «cuestión SUV» —preocupaciones que no son necesariamente incompatibles con la moderación de las CdP en la política de las cosas, pero que representan y promueven apegos adicionales, además de crear divergencias—. El cuidado suena cargado para quienes están en sintonía con lo feminista, no solo por las prácticas materiales que implica, sino también porque tienden a plantear preguntas críticas como quién hará algo, cómo y para quién, así como si algo se ha desvalorizado, por qué y cómo. El cuidado suscita inquietud y preocupación por quienes pueden verse perjudicados por un ensamblaje, pero que tal vez no puedan expresar su preocupación ni su necesidad de cuidado: por ejemplo, los árboles y las flores, los bebés en cochecitos cuyas narices pasean a la altura de los tubos de escape de los SUV, o voces menos escuchadas: los ciclistas o las personas mayores. Estos oídos escucharían e incluso ofrecerían simpatía por la rabia y la frustración de ecologistas que intentan hacer valer estas experiencias frente a redes sólidas y exitosas. Un relato situado en este sentido de cuidado podría señalar que no somos «tod*s» nosotr*s quienes creamos los SUV y que, por tanto, no hay un «nosotr*s» neutral al que responsabilizar del abandono de esta tecnología a la monstruosidad. Finalmente, ese relato

---

[151] Papadopoulos, «Insurgent Posthumanism».

también incluiría de algún modo en la puesta en escena de la cuestión las propias preocupaciones y cuidados de la investigación sobre los SUV y su impacto ecológico amplio: ¿qué estamos *promoviendo* como digno de cuidado? En otras palabras, si a alguien, desde su condición investigadora, le preocupan los SUV como algo que requiere cuidados, podría escenificarlos de forma que otr*s se preocupen por su existencia: esa es la contribución de nuestro conocimiento a la producción de un posicionamiento oposicional[152]. En suma, este relato intervendría en cómo se percibe una cuestión de hecho/preocupación, cómo se prolonga; cómo llega a importar en el continuo ontológico sociotécnico y naturocultural al que (nuestro) conocimiento contribuye y del que se apropia, la materiación de la tecnociencia. Planteando preguntas similares, los compromisos feministas y de otros enfoques críticos con la ciencia y la tecnología intervienen en expandir el significado del cuidado. Esto no significa que solo la investigación feminista sostenga estas preocupaciones, sino que ofrece recursos importantes para explorar cómo pensar con cuidado puede afectar los problemas mencionados: la escenificación de la vida de las cosas objetificadas, su representación ético-política y los efectos afectivos desmovilizadores de la crítica corrosiva.

Los haceres borrados de las cosas

Pensar con las cuestiones de cuidado desde una perspectiva especulativa está concebido como un gesto esperanzador, uno que podría suscitar formas de pensar

---

[152] Sandra Harding, *The Feminist Standpoint Theory Reader. Intellectual and Political Controversies*, Nueva York: Routledge 2004.

cuidadosas, exponerlas para que se prolonguen; un propósito que sigue moviéndose en el espacio-tiempo de la escritura de este libro. Y, sin embargo, la noción surgió para mí inicialmente como un intento de mostrar cómo la incorporación del cuidado afecta a la vida animada de las cosas. Para ello, me he inspirado en la forma en que el cuidado está presente en los estudios CTS, incluso cuando no parece ser el foco. El cuidado es una antigua preocupación del pensamiento feminista, al igual que los seres objetificados y los efectos material-semióticos de nuestras políticas del conocimiento. El interés feminista por el cuidado ha puesto de relieve la especificidad del cuidado como un hacer desvalorizado, a menudo dado por sentado o incluso vuelto invisible. Estoy pensando, por ejemplo, en la perspectiva de Lucy Suchman sobre los proyectos para desarrollar interfaces «inteligentes» en «tecnologías asistentes» en software. Ella muestra cómo la búsqueda de una «agencia maquínica autónoma» y del artefacto que «hable por sí mismo» contribuye al borrado de la «artefactualidad». En general, lo que desaparece es «el trabajo humano» implicado «en la producción tecnológica, la implementación [y] el mantenimiento». El análisis de Suchman se centra sobre todo en los diseños que refuerzan relegar a las sombras lo que se considera «doméstico», reescenificando binarismos tradicionales sobre la percepción de las agencias mediadoras —vida de arriba / vida de abajo—. Muestra cómo estas tecnologías priorizan las necesidades de la «economía de servicios», reforzando el «ideal del trabajador independiente, automotivado y emprendedor»[153]. Las interfaces inteligentes

---

[153] Lucy Suchman, *Human-Machine Reconfigurations. Plans and Situated Actions*, Cambridge: Cambridge University Press 2007, 219.

de asistencia se desarrollan principalmente de forma que respaldan este ideal al encarnar un «trabajador lo suficientemente visible», que «llega a conocernos íntimamente», para desempeñar mejor el trabajo «superfluo», de modo que podamos centrarnos en lo que realmente cuenta: la «ajetreada vida laboral». Tales diseños reafirman un mundo donde las fragilidades de los asistentes no deben notarse: «La prueba de fuego de un buen agente es su capacidad para ser autónomo, por un lado, y justo lo que queremos, por otro. En resumen, queremos que nuestras máquinas servidoras nos sorprendan, pero no que nos disgusten»[154].

Por un lado, esta escenificación de la vivacidad encapsulada en un ensamblaje sociotécnico da mejor cuenta de lo que es la «tecnología asistente», mostrando cómo reactualiza las distribuciones clásicas de la domesticidad. Suchman busca agencias mediadoras que no aparecerían fácilmente en descripciones centradas en el éxito de la tecnología. Por otro lado, sin contradicción, se trata de un relato que expresa una atención psicopolítica, una «estética» de la puesta en escena de las cuestiones de hecho, una política de la representación de las cosas: «Nuestra tarea es ampliar el marco, hacer un zoom metafórico hacia una visión más amplia que a la vez reconozca la magia de los efectos creados mientras explicita los trabajos ocultos y las contingencias rebeldes que exceden sus límites»[155]. Sin embargo, ¿de qué manera damos cuenta de efectos que van más allá de las preocupaciones explícitamente recogidas de los asistentes, usuarios y creadores inteligentes? El trabajo de Suchman plantea preguntas adicionales

---

[154] *Ibid.*, 217-220.
[155] *Ibid.*, 281.

como: «¿Qué tipo de relaciones sociales se asumen como deseables [...]? ¿De quiénes se representan los intereses y de quiénes se borran los trabajos?»[156]. En otras palabras, no se trata tanto de preguntar «¿cuántos somos?», sino quiénes/qué no se cuentan o no están ensamblados y por qué, así como de representar la cuestión con el apoyo de capas añadidas de preocupaciones.

Representar las cuestiones de hecho y los ensamblajes sociotécnicos como cuestiones de cuidado (CdC) es una forma de intervención. Y también lo es mi lectura de cómo el relato de Suchman convierte una cuestión sociotécnica en una cuestión de cuidado. En primer lugar, prestar atención a cómo el diseño tecnológico puede reforzar los binarismos que desvalorizan el trabajo doméstico/superfluo contribuye a enriquecer y ampliar la investigación sobre el cuidado como un significante «sociológico» dentro del ámbito de las cosas, en continuidad con los enfoques feministas de las tecnologías «domésticas» y su papel en la perpetuación de las divisiones del trabajo[157]. Este gesto implica demostrar que la cuestión de los trabajos cotidianos desvalorizados, cruciales para que podamos pasar el día, no debería tratarse solo como una dimensión social o centrada en lo humano. Expone estas agencias mediadoras como no evidentes, como mediaciones no naturalmente «reproductivas», sino como *haceres* generativos que sostienen las relaciones vivibles en ensamblajes tecnocientíficos y expanden el trabajo feminista que ha enfatizado cómo las agencias de cuidado no están reservadas a una práctica, ocupación o «expresión» particular

---

[156] *Ibid.*, 224.

[157] Judy Wajcman, «Reflections on Gender and Technology Studies: In What State Is the Art?», *Social Studies of Science,* 30 (3), 2000, 447-464.

y son prescindibles en otros ámbitos. Como dice Silvia López Gil, el cuidado incluye tareas materiales y afectivas relacionadas con la comunicación, la producción de sociabilidad y la capacidad de afecto «sin las cuales nuestras vidas no funcionan» y cuya complejidad las hace difíciles de valorar, reducir a un horario o encerrar en tareas fijas que «empiezan aquí y terminan allá»[158].

Cuidados hasta el final

Volviendo a la noción genérica del cuidado como «todo lo que hacemos para mantener, continuar y reparar "nuestro mundo" para que podamos vivir en él lo mejor posible. Ese mundo incluye nuestros cuerpos, a nosotr*s mism*s y nuestro entorno, todo lo que intentamos entretejer en una compleja red que sostiene la vida»[159]. En el mundo tal y como lo conocemos, esto implica tareas que mejoran la vida en interdependencia, pero que a menudo se consideran insignificantes e improductivas, por muy vitales que sean para las relaciones vivibles. Y puesto que los haceres del cuidado no se limitan a una esfera sociotécnica —por ejemplo, a ámbitos como la atención sanitaria o el mantenimiento responsable de la tecnología—, requieren que estemos atentos, como en el relato de Suchman, a lo que excede del marco. Potencialmente, las cuestiones de cuidados pueden encontrarse en cualquier contexto: exhibirlas puede ser aún más necesario cuando el cuidado parece estar fuera de lugar, ausente, como en los planes de diseño técnico.

---

[158] Silvia López Gil, «Las lógicas del cuidado», *Diagonal,* 50, 2007.
[159] Tronto, *Moral Boundaries*, 103.

Correlativamente, Suchman muestra cómo las tecnologías de asistencia ratifican ciertas tareas cotidianas como superfluas mientras que refuerzan la valoración superior de la «agencia autónoma». Se refiere a cómo determinadas formas de diseño evocan la imagen de la esclavitud: como en un hábil (auto)borrado, «eso» debe hacer las mediaciones pero sin dejarnos ver lo vital que es ese trabajo, lo mucho que dependemos de él. Esto remite a las habilidades especiales de intimidad con las necesidades especiales del amo que Patricia Hill Collins mostró que se requerían de la cuidadora doméstica negra, esclavizada o descendiente de esclavos[160]. La insistencia feminista en la ubicuidad de los cuidados pone de manifiesto una cuestión ético-política y afectiva crucial: el cuidado constituye un terreno vital indispensable para la «sostenibilidad de la vida» cotidiana[161] y para la supervivencia y el «florecimiento» de todo en este planeta[162]. Es vital: tod*s necesitamos este trabajo, pero predominantemente seguimos valorando más la capacidad de ser autosuficientes, autónom*s e independientes del resto[163]. Obviamente, no se trata de una visión acrítica de la tecnología. Marca la diferencia para un debate sobre la persistencia de modos de servidumbre en los mundos tecnocientíficos. Suchman transforma el ensamblaje sociotécnico en una cuestión

---

[160] Patricia Hill Collins, «Learning from the Outsider Within: The Sociological Significance of Black Feminist Thought», *Social Problems,* 33 (6), 1986, S14-S32.

[161] Cristina Carrasco, «La sostenibilidad de la vida humana. ¿Un asunto de mujeres?», *Mientras tanto,* 82, 2001, 43-70.

[162] Chris J. Cuomo, *Feminism and Ecological Communities. An Ethic of Flourishing*, Nueva York: Routledge 1997.

[163] Eva Feder Kittay y Ellen K. Feder, *The Subject of Care. Feminist Perspectives on Dependency*, Lanham: Rowman & Littlefield 2002; López Gil «Las lógicas del cuidado».

de cuidado porque *promueve* interés y preocupación por cómo una asociación humano-máquina particular podría implicar aún más a los humanos en el descuido de las relaciones de cuidado.

Este trabajo también muestra que convertir una cosa en una cuestión de cuidado no tiene por qué implicar una narrativa de dominación de la tecnología sobre lo humano, ni recurrir a explicaciones prefabricadas que culpen a poderes opresivos, sino más bien observar cómo un ensamblaje sociotécnico puede reforzar relaciones asimétricas que degradan aún más los cuidados o promueven formas de negligencia, al reensamblar agencias humanas / no humanas. Encuentro otro ejemplo inspirador en el análisis de Kalindi Vora sobre las tecnologías de la información transnacionales que permiten externalizar el trabajo afectivo a centros de llamadas con sede en India, donde la gente trabaja toda la noche en «atención al cliente» para las personas ocupadas del Atlántico Norte que siguen con su día a día[164]. Su enfoque crítico de estas redistribuciones del trabajo a través de las nuevas tecnologías amplía el debate sobre el cuidado a un ensamblaje tecnocientífico y, de nuevo, no denota tanto una obsesión por el poder y la dominación como una preocupación por los múltiples lugares de impotencia —y las estrategias de resistencia o afrontamiento— que atrapan a otros más o menos invisibles al otro lado de las líneas de telecomunicación. Invisibilizar o externalizar los cuidados no significa hacerlos desaparecer. La circulación desigual de los cuidados está bien documentada por

---

[164] Kalindi Vora, «The Commodification of Affect in Indian Call Centers», en Eileen Boris and Parrenas Rhacel (eds.), *Intimate Labors. Interdisciplinary Perspectives on Care, Sex and Domestic Work*, Stanford: Stanford University Press 2009.

la investigación feminista que se ocupa de investigar el trabajo de cuidados asalariado contemporáneo, realizado mayoritariamente por mujeres migrantes sin ciudadanía legal ni visibilidad pública[165] que se unen a una categoría ya desestimada de trabajadoras no queridas, ya sea remuneradas[166] o no. Estas, a su vez, como muestra el colectivo feminista Precarias a la Deriva[167], tendrán que desarrollar redes clandestinas de cuidados, a menudo «ilegales», para sobrevivir al vaciamiento de sus propias condiciones de vida a causa de la carga de cuidados que llevan para otras personas con muy poco reconocimiento.

Hay una conexión entre las contribuciones que expanden los significados del cuidado más allá de lo sociológico y la dimensión crítica que esta ampliación suele conllevar. Cabe preguntarse por qué la investigación sobre los cuidados debe considerarse política. En el mundo tal y como lo conocemos, prestar atención al cuidado como un hacer necesario sigue dirigiendo la atención hacia las cosas descuidadas y los haceres desvalorizados que las más marginadas llevan a cabo en todos los contextos—no necesariamente mujeres— y hacia las lógicas de dominación

---

[165] Aurora Álvarez Veinguer, «Habitando espacios de frontera: Más allá de la victimización y la idealización de las mujeres migrantes», en E. Imaz (ed.), *La materialidad de la identidad,* Donostia: Hariadna 2008, 199-219.

[166] Mignon Duffy, *Making Care Count. A Century of Gender, Race, and Paid Care Work*, New Brunswick: Rutgers University Press 2011; Mignon Duffy, Amy Armenia y Clare L. Stacey, (eds.), *Caring on the Clock. The Complexities and Contradictions of Paid Care Work*, New Brunswick: Rutgers University Press 2015.

[167] Precarias a la Deriva, «Una huelga de mucho cuidado. Cuatro hipótesis», *transversal,* 02/2005, https://transversal.at/transversal/0704/precarias-a-la-deriva-2/es; véase también Hywel Bishop, «The Politics of Care and Transnational Mobility», School of Social Sciences, Cardiff University 2010.

que se reproducen o intensifican en nombre del cuidado. Cuidar, desde esta perspectiva, es un hacer que la mayoría de las veces implica asimetría: a alguien se le paga por hacer el cuidado que otros pueden pagar para olvidarse de cuánto lo necesitan; alguien está en condiciones de cuidar a alguien que necesita cuidados. Representar las cosas como CdC es un movimiento estético y político en el modo de representar las cosas que problematiza el descuido de las relacionalidades del cuidado en un ensamblaje. Aquí, el significado del cuidado para los productores de conocimiento podría implicar un intento modesto de compartir la carga de los mundos estratificados[168]. Este compromiso es el significado político de representar las CdC.

Compromisos especulativos

Evidentemente, asociar una noción como la de «cuestiones de cuidado» a una visión sociopolítica de este tipo es una pensopolítica; una intervención. Aunque representar un ensamblaje sociotécnico como una cuestión de cuidado no solo puede proporcionar un relato más completo de una cosa, sino que también otorga un significado ético-político a determinadas prácticas sociomateriales, al generar atención y cuidado por cuestiones infravaloradas y descuidadas. Ciertamente, otras preocupaciones podrían hacer que tales cuestiones parecieran irrelevantes: ¿Por qué deberían importarnos estos borramientos? ¿Qué hay de malo en dejar las tareas tediosas del cuidado doméstico

---

[168] Para el significado del cuidado como compartir una carga, véase Tronto, *Moral Boundaries,* 104-105.

en manos de una tecnología «asistente» para que podamos dedicar nuestra atención a las cosas importantes? No se trata de eso. Puede que no haya nada «malo»; por supuesto, otros mundos también son posibles y, de hecho, dominantes. Pero invocar el cuidado convoca inevitablemente a colectividades a las que les afecta que la tecnología restablezca la interdependencia como algo prescindible, o que prometedores dispositivos que ahorran trabajo desplacen la mano de obra humana a algún lugar invisible, en un mundo en el que la mayoría de l*s «otr*s» que trabajan no han sido sustituid*s por máquinas digitales inteligentes, donde su ensamblaje con estas otras cosas intensifica la objetificación.

Representar cuestiones de hecho y ensamblajes sociotécnicos como CdC es, por tanto, intervenir en la *articulación* de cuestiones ética y políticamente exigentes. Esto añade una tercera dimensión a la política que las CdC tratan de transmitir: no solo exponer o revelar los trabajos «invisibles» del cuidado de forma crítica, sino también generar cuidado. Como mostré al hablar de la obra de Suchman, en los mundos tecnocientíficos fuertemente estratificados, las preocupaciones «borradas» no se vuelven visibles simplemente siguiendo las preocupaciones y las participantes articuladas y ensambladas que componen una cosa. Generar cuidado puede significar tener en cuenta a participantes y cuestiones que no han conseguido o que no es probable que consigan ser reconocidas, o incluso que no desean expresar sus preocupaciones, o cuyas voces son poco o nada perceptibles, como agencias de una política que permanece «imperceptible»[169]. Podemos pensar

---

[169] Dimitris Papadopoulos, Niamh Stephenson, y Vassilis Tsianos, *Escape Routes. Control and Subversion in the Twenty-First Century*, Londres: Pluto Press 2008; véase también el capítulo 3 de este libro.

en cómo los procesos legítimos de reconocimiento de las preocupaciones expresadas son coherentes con las formas predominantes de comprensión política y representación democrática, centradas en facilitar la «articulación» adecuada del «discurso». Como sostiene Iris Marion Young en su análisis de los procesos de inclusión en la democracia, expresar preocupaciones o reivindicaciones con «articulación» —lo que a menudo significa implícitamente comunicarse con un discurso desapasionado, formal y general— es una forma dominante de reconocimiento y participación encarnada[170]. Alexa Schriempf refuerza este argumento desde la perspectiva de personas sordas y otras que deben enfrentarse a poderosas barreras de comunicación. «Articulación» significa poder hablar con una voz normalizada o adoptar tecnologías no inocentes que permitan acceder al mundo de lo articulado[171]. Desafiando la primacía del habla en las versiones predominantes de la cosmopolítica, Matthew Watson propone un *ethos* de escucha atenta en la ciencia y la producción de conocimiento como forma de habilitar el «habla para las cosas epistémicas subalternas»: «El yo científico surge como un *mediador que escucha y da voz* a una cosa epistémica, produciendo nuevas formas de cohabitación cosmopolítica»[172]. Escuchar, como hablar, no es neutral. Escuchar con cuidado es un proceso activo de intervención en el recuento de quién y qué es ratificado como implicado;

---

[170] Iris Marion Young, *Inclusion and Democracy*, Oxford: Oxford University Press 2000, 38-39.

[171] Alexa Schriempf, «Hearing Deafness: Subjectness, Articulateness, and Communicability», *Subjectivity,* 28, 2009.

[172] Matthew C. Watson, «Listening in the Pakal Controversy. A Matter of Care in Ancient Mays Studies», *Social Studies of Science*, 44 (6), 2014, 935-936.

afecta a la representación de las cosas, añadiendo mediación a las mediaciones. Los llamamientos a una forma más radicalmente democrática de escuchar a las cosas descuidadas que hablan «desde abajo»[173] podría reconectar la política del cuidado con más de treinta años de debates en los estudios feministas sobre la ciencia, cristalizando en el argumento asociado a la «teoría del punto de vista», según el cual, pensar desde experiencias marginalizadas como políticas —es decir, como problemáticas— tiene el potencial de transformar el conocimiento[174].

Tales perspectivas traen consigo sus propias dificultades —véase el capítulo 2 para un debate detallado—. Una especialmente importante para pensar las cuestiones del cuidado en mundos más que humanos es el encuadre de esta atención como un gesto «epistémico» normativo. Esta visión requiere ciertos ajustes dentro de una comprensión de la tecnociencia en la que conocedores y objetos implosionan, donde el conocimiento no es solo «conocimiento», sino también prácticas y configuraciones sociomateriales. Una concepción materialista del cuidado necesita mantenerse cercana a las implicaciones del cuidado cuando se da voz a cosas marginalizadas en la escenificación de mediaciones tecnocientíficas, no solo como una forma de resistirse a idealizar el cuidado como una disposición moral, sino también como una postura epistémica normativa desconectada de los haceres materiales que conforman la trama del cuidado en la tecnociencia. Cuando Hilary Rose se inspiró en las luchas antimilitaristas de las mujeres y en los colectivos de trabajador*s científic*s para exigir más

---

[173] Harding, *Sciences from Below*.
[174] Harding, *Whose Science? Whose Knowledge? Thinking from Women's Lives*.

atención a las preocupaciones y los afectos expresados por las voces oposicionales, se comprometió con el cuidado tal como está integrado en las tensas prácticas materiales por la supervivencia terrestre. Así, aunque Rose enmarcó su gesto como una «epistemología feminista» para las ciencias naturales, el énfasis en el cuidado subvierte y rematerializa las preguntas epistemológicas: «mano, cerebro y corazón» deben trabajar juntos por las ciencias y las tecnologías alternativas[175]. Aquí, el cuidado representa y hace visibles, inseparablemente, prácticas encarnadas, marginalizadas y descuidadas, así como un compromiso ético-político con las voces oposicionales implicadas en la producción sociomaterial de la tecnociencia.

Además, muchos debates sobre la producción de posicionamientos ético-políticos han girado en torno a si estos deben considerarse como un camino «epistemológico», o incluso «metodológico», para incluir otras voces que podrían hacer el conocimiento más preciso[176]. Pero de la misma forma en que el cuidado como trabajo-afecto-política no encaja bien en la ética normativa, también interrumpe las normas epistemológicas. Primero, porque generar posicionamientos cuidadosos implica mucho más que producir conocimiento más preciso, es un esfuerzo colectivo por el cual la relevancia cotidiana va más allá de la validación científica. Reducir el pensar con cuidado a una postura epistemológica limitaría sus obligaciones a una «teoría» del (buen) conocimiento y de la ciencia. Pero los posicionamientos cuidadosos no emergen por exhortación normativa. Se puede decir que los posicionamientos

[175] Rose, «Hand, Brain and Heart: A Feminist Epistemology for the Natural Sciences», véase también Rose, *Love, Power and Knowledge*.
[176] Para una recopilación de estos debates, véase Harding, *The Feminist Standpoint Theory Reader*.

manifiestan visiones que han *devenido* posibles gracias a formas colectivas de aprender a preocuparse por algunas cuestiones más que por otras, en lugar de seguir un ideal normativo. Los posicionamientos se constituyen a través de una transformación de los hábitos de percepción, pensamiento y acción, que ocurre mediante el apego a determinadas preocupaciones, intereses y compromisos. Esta es una razón importante que sitúa el conocimiento que dichos posicionamientos influyen. Además, los posicionamientos ético-políticos también intentan añadir algo al mundo, algo que, esperamos, pueda conectarse con los encuentros que estudiamos para marcar una diferencia. Esto implica no solo detectar lo que está ahí, dado en una reunión-cosa, sino también pensar lo que no está y lo que *podría estar*. Por todas estas razones, los posicionamientos, incluso cuando desarrollan tendencias normativas, no son fijos ni esencialistas[177], sino que dependen de las configuraciones materiales y de nuestra participación en (re)crearlos. Del mismo modo, un *ethos* del cuidado en la política del conocimiento no puede reducirse a la aplicación de una teoría del buen cuidado; debe ser continuamente impugnado y repensado.

---

[177] Latour ha sugerido en otro lugar la irrelevancia de la noción de «punto de vista» como esencialista: «Los puntos de vista nunca están quietos» (Bruno Latour, «A Well-Articulated Primatology. Reflections of a Fellow Traveller», en Shirley C. Strum and Linda Marie Fedigan (eds.), *Primate Encounters. Models of Science, Gender, and Society*, Chicago: University of Chicago Press 2000, 380). Esta crítica ignora las complejas formas en que el concepto de punto de vista ha sido discutido por las teóricas feministas como una noción no esencialista, siempre en movimiento, contingente. El esencialismo potencial de los puntos de vista es una de las principales discusiones pendientes dentro del pensamiento feminista de los puntos de vista. Para una antología de treinta años de debates sobre el tema, véase Harding, *The Feminist Standpoint Theory Reader*.

Ahora bien, volviendo a la crítica de Latour al constructivismo crítico, podríamos preguntarnos si esta política del conocimiento no sería simplemente un intento de encajar los relatos sobre las cosas en explicaciones humanistas «prefabricadas». Podemos preguntarnos si una pensopolítica del cuidado apunta simplemente a detectar la explotación, la exclusión y la injusticia en la tecnociencia. Estas cuestiones no son ajenas a los escollos que Haraway detectó en el (de)constructivismo crítico: las consecuencias de las visiones explicativas totalizantes, así como la indulgencia en un cinismo corrosivo respecto a la omnipresencia de las relaciones de poder. Tomar en serio este matiz del espíritu crítico implica visualizar un compromiso con el cuidado de cuestiones marginalizadas u olvidadas que no se reduzca al desmontaje desconfiado. El desgaste ético-político y la impotencia que genera la autosuficiencia moral de estar «en el lado correcto» solo pueden agravarse si los compromisos contra formas de poder y dominación en la ciencia y la tecnología se limitan a lo que Latour considera (des)articulaciones simplistas del mundo. Convocar preocupaciones que no están presentes no consiste simplemente en añadir explicaciones «prefabricadas» para justificar su ausencia; por ejemplo, capitalismo, género, raza. Fomentar el cuidado no debería convertirse en una postura moral acusatoria —¡si tan solo *les* importara!—, ni tampoco la política del conocimiento que cuida puede disfrazarse de moralismo con ropajes de precisión epistemológica: demuestra que te importa y tu conocimiento será «más verdadero».

Pensar las cuestiones de hecho como cuestiones de cuidado no requiere traducirse en una visión explicativa cerrada ni en una postura normativa —moral o epistemológica—. Más bien, sugiero que puede tratarse de un compromiso especulativo para pensar cómo las cosas podrían ser distintas si generaran cuidados. Un compromiso, porque está vinculado a visiones situadas y posicionadas sobre lo que podría ser un mundo habitable y cuidadoso, pero especulativo porque no deja que una situación o una posición —ni siquiera una conciencia aguda de dominaciones omnipresentes— defina de antemano lo que es o podría ser. También en este caso, lo que puede significar el cuidado en cada situación no puede resolverse con fórmulas prefabricadas. Podría decirse que introducir el cuidado en la política del conocimiento también requiere posicionamientos críticos que sean cuidadosos. Un hermoso ejemplo de ello es cómo Leigh Star y Geoffrey Bowker transformaron una pregunta desconfiada y desmitificadora como el hobbesiano *cui bono* en una detección crítica sutil de las consecuencias de categorizar ciertas experiencias en los acuerdos tecnocientíficos como «residuales»[178]. Desde el principio, Leigh Star nos enseñó formas de preguntar *cui bono* que no nos lanzan a una cruzada para desenmascarar convenciones e intereses que sostienen exclusiones en las cosas. Esto no solo nos invita a preguntarnos «¿para quién?», sino también «¿a quién le importa?», «¿para qué?», «¿por qué "nos" importa?» y sobre todo «¿cómo *cuidar?*» Y lo que es más importante, estas preguntas pueden dejar abierta la detección de acuerdos relacionales del cuidado específicos en cada situación, en lugar de presuponer que hay una sola forma de cuidar. Como tales, no totalizan, sino que interrumpen totalizaciones. Un compromiso para mostrar

---

[178] Susan Leigh Star, *Ecologies of Knowledge. Work and Politics in Science and Technology*, Albany: State University of New York Press 1995; Geoffrey C. Bowker y Susan Leigh Star, *Sorting Things Out. Classification and Its Consequences,* Cambridge: MIT Press 1999.

cómo las formas de dominación afectan a la construcción de las cosas y llevan a exclusiones no está necesariamente dirigido a desarticular el mundo, ni a negar la realidad de los hechos o la materialidad de las tecnologías, ni siquiera a reinstaurar preguntas humanistas en el *centro* de los acuerdos más que humanos. Más bien, es una manera específica de añadir realidad, un impulso a implicarse más con su devenir material-semiótico: el hacer que importen y la continua materiación de las cosas.

Estas políticas del conocimiento no son, en absoluto, una actitud complaciente hacia el cuidado. Por el contrario, conectan el cuidado con la conciencia de la opresión y con compromisos hacia experiencias olvidadas que generan posicionamientos oposicionales. Un relato de una cosa producido con y para el cuidado puede, de hecho, generar divergencia y conflicto al criticar la manera en que se ha ensamblado un problema. Puede dar lugar a visiones que «cortan» de forma distinta la forma de una cosa, cuestionando la extensión de una red[179]; incluso puede abogar por cortar ciertos componentes en una cuestión de preocupación. La sensibilidad crítica desempeña un papel aquí, pero no en el sentido del águila ilustrada que desvela los poderes ocultos como causas reales de las cosas, ni en el sentido de la distancia crítica de un aspirante escéptico a Zeus. Un corte no genera necesariamente escepticismo o desconfianza; en realidad, puede generar más «interés». No un interés en un sentido parroquial o agonista, sino más bien en el sentido pensado por Isabelle Stengers[180]: algo es interesante si se sitúa entre —*inter-esse*— no para dividir,

---

[179] Barad, *Meeting the Universe Halfway*; Suchman, *Human-Machine Reconfigurations*.
[180] Isabelle Stengers, *L'invention des Sciences Modernes*, París: La Découverte 1993, 108.

sino para relacionar. De este modo, la importancia de los posicionamientos comprometidos con el cuidado no se limita a su crítica del poder, sino también a la recreación de relación a través de esa crítica. Desde la perspectiva que aquí se propone, situar el cuidado en el corazón del constructivismo (crítico), también llamado política ontológica, nos recuerda que, para los seres dependientes, para que algo sea habitable, un corte crítico sobre una cosa, un desprendimiento de una parte de un ensamblaje a menudo conlleva una re-vinculación. No solo podemos cortar de cierta manera porque estamos apegados a ciertas cosas más que a otras —porque algunas cosas nos importan más que otras—, sino también para producir un relato cuidadoso. Los cortes críticos no se limitan a exponer o generar conflicto, sino que también fomentan relaciones cuidadosas. Y, en tecnociencia, profundizando en la definición genérica de Tronto y Fischer, esto significa relaciones que mantienen y reparan un mundo para que humanos y *no humanos* puedan vivir en él lo mejor posible en una compleja trama que sostiene la vida.

Conocimiento afectuoso

Representar las cosas como cuestiones de preocupación fue una respuesta a la bifurcación de la naturaleza, a la escisión entre significados y materia, entre lo social y lo natural en la vida de las cosas. De manera similar, las cuestiones de cuidado responden a una «bifurcación de la conciencia»[181]: la separación entre los compromisos afectivos y la experiencia de quien investiga. ¿Hay algo de vergonzoso en

---

[181] Smith, *The Everyday World as Problematic.*

exponer lo que nos importa? ¿No solo políticamente vergonzoso, sino también afectivamente? Parece que, cuanto más nos acercamos a los mundos de la ciencia y la tecnología, al mundo de la «materia», más nos enfrentamos a algo como lo que Leigh Star denominó un «muro trascendental de la vergüenza». Un muro que ella encontraba particularmente alto «cuando intentamos hablar de nuestras vidas tecnológicas de manera filosófica, incluyendo la experiencia, el sufrimiento o la exclusión». Lo sentimos, decía Star, cuando «somos silenciadas con vergüenza, ya sea dentro de la academia o en los pantanos de la convención»[182]. ¿Es el cuidado demasiado sentimental para el imaginario de las redes tecnocientíficas? ¿Demasiado sospechoso de una naturalización del sentimiento que parece contradecir los entrelazamientos naturoculturales de la tecnociencia? Sin olvidar esta cuestión, es útil recordar que, históricamente, las «tecnologías literarias»[183] utilizadas en los relatos de las «cuestiones de hecho» científicas están destinadas a sanear las cosas como cuestiones de hecho. Estas purificaciones y los silencios que producen no solo se aplican al disparate especulativo, a lo político, lo personal, lo trivial o lo doméstico, sino también a los efectos vergonzosos, ridiculizados en contextos académicos. La investigación feminista se ha enfrentado a menudo a hábitos de larga data y a sus efectos en la forma en que se presenta la ciencia y la tecnología. Hacer que los compromisos afectivos formen parte explícita de la representación de las cosas interrumpe estos hábitos de pensamiento.

---

[182] Susan Leigh Star, «Interview», en Jan Kyrre-Berg Olsen y Evan Selinger (eds.), *Philosophy of Technology*, Nueva York: Automatic Press 2007.

[183] Shapin y Schaffer, *Leviathan and the Air-Pump*; Haraway, *Testigo_Modesto@Segundo_Milenio*.

Esta es otra dimensión del cuidado tradicionalmente descuidada en la representación de las cosas: su significado de conexión afectuosa, a menudo amorosa. Una fuente constante de inspiración para reintegrar la afectividad en nuestro vínculo con la tecnociencia y las naturoculturas ha sido, para mí, el trabajo de la antropóloga de la ciencia Natasha Myers. Pienso en como trae a escena el apego corporal de los biólogos moleculares hacia sus «objetos». Myers muestra el trabajo afectivo y el cuidado crucial que implica «dar vida» a los modelos moleculares[184]. Lo que expone es que, para que estas «cosas» existan, se requiere un cuidado activo y afecto, no después de que estén ahí como hechos, sino durante todo el proceso de revelarlas como co-generadoras. Atendiendo a esta experiencia concreta de relación naturaleza-cultura, Myers altera la visión de que los científicos manipulan objetos de forma desapasionada. Prolongando la célebre expresión de Evelyn Fox Keller —un sentimiento por el organismo—, Myers[185] observa que «tienen un sentido de la molécula». Estas «representaciones» de la ciencia molecular están lejos de ser una observación distante del encuentro humano-molécula, y también lejos de un simple mapa de actores y preocupaciones existentes. He disfrutado viendo a Myers presentar aspectos de este trabajo en contextos académicos. Bailarina además de investigadora, reinterpreta los gestos del apego corporal con los que los científicos escenifican las formas virtuales de sus moléculas. Su escritura misma

[184] Natasha Myers, *Rendering Life Molecular. Modeling Proteins and Making Scientists in the Twenty-First Century Life Sciences*, Durham: Duke University Press 2015.
[185] Natasha Myers, «Molecular Embodiments and the Body-Work of Modelling in Protein Crystallography», *Social Studies of Science,* 32 (2), 2008, 165.

parece navegar a través de la entrega encarnada del cuidado. En una línea más reciente de su investigación, centrada en cientìfic*s y otr*s practicantes que investigan la sensibilidad de las plantas, Myers promueve implicarse en ecologías afectivas con las plantas, en las que el cuidado se convierte en un hilo relacional básico, transmitido por el amor y la pasión que exhibe la persona observadora de las cosas a través de su propio cuerpo, inmerso, cultivando la afectividad. A través de modos involucrados de conocer y escribir, Myers no solo transforma nuestra percepción de los vínculos entre l*s cientìfic*s y sus materias, las plantas, sino que también nos invita a convertirnos en otro tipo de investigador*s: «Aquí te invito a cultivar tu planta interior. No se trata de un ejercicio de antropomorfismo; de representar a las plantas a imagen de lo humano. Se trata, más bien, de una oportunidad para vegetalizar tu cuerpo, que ya es más que humano. Para despertar la planta latente en ti, tendrás que interesarte e implicarte en las cosas que les importan a las plantas»[186].

Veo esta conmovedora invitación como una forma de transformar los arreglos relacionales más que humanos en cuestiones de cuidado, de verse inevitablemente afectad*s por ellos y de transformar su potencial para afectar a otr*s. Este significado del cuidado, traducido en una forma de elaborar conocimiento sobre ciencia y tecnología, trata de encontrar formas de re-afectar un mundo objetivado. En última instancia, como lo expresa Vinciane Despret[187]

---

[186] Natasga Myers, «Sensing Botanical Sensoria. A Kriya for Cultivating Your Inner Plant», Centre for Imaginative Ethnography, http://imaginativeethnography.org/imaginings/affect/sensing-botanical-sensoria.

[187] Vinciane Despret, «El cuerpo de nuestros desvelos. Figuras de la antropo-zoogénesis», en Tomás Sánchez Criado (ed.), Tecnogénesis. La construcción técnica de las ecologías humanas. Volumen 1, Madrid: AIBR 2008, 259.

en su hermoso texto «El cuerpo de nuestros desvelos», «des-apasionar» el conocimiento no nos da un mundo más objetivo; solo nos da un mundo «sin nosotr*s» y, por tanto, sin «ellos». Aquí se refiere a las observaciones científicas que trabajan con animales: el «nosotr*s» es lo humano —en el papel científico—, el «ellos» es el animal. Comentando los experimentos de Konrad Lorenz sobre el apego de las aves, afirma que la pasión implicada en estas relaciones no es un «suplemento parasitario a una dulce historia de amor», sino un «esfuerzo por interesarse en la multitud de problemas que se le presentan» a otros, interesados en lo que significa «cuidar». Despret muestra también cómo quienes se ven a sí mism*s como cuidador*s, y no solo como científic*s, les afecta quienes cuidan. Muestra las formas en que los otr*s cuidan. Esto, en sí mismo, es un relato implicado con el que nos invita a prestar atención a las dimensiones cuidadosas del conocer. Pero llamar la atención del cuidado como forma de afectividad en la creación de conocimiento no debe entenderse como una apelación a una especie de amor no mediado. Como muestra Thom Van Dooren[188], las formas particulares de Lorenz de cuidar de forma afectuosa tuvieron consecuencias para las aves, que desarrollaron apego hacia el experimentador, a la que llegaron a reconocer como figura de cuidador principal —es decir, como madre sustituta o como compañero—, consecuencias que eran a menudo dramáticas, al hacer imposible una nueva vinculación con otras aves. Señala que es evidente que Lorenz cuidaba de sus aves, asumiendo roles parentales o de compañero, alimentándolas «diligentemente» e incluso dejando que se alimentaran de su propia mano con

---

[188] Van Dooren, *Flight Ways*.

gusanos. Y, sin embargo, «todo ese cuidado no puede sustraerse del marco más amplio de coerción, cautiverio y violencia en el que se produjo»[189]. Al interrogar más a fondo y al sugerir que «tal vez no fue tan bueno para los gansos», Van Dooren se compromete con una visión no idealizada del cuidado. Por muy bienintencionado que sea hacia las cosas en juego, por muy interesante que sea el tipo de conocimiento que posibilita, el cuidado es una práctica con consecuencias, que tanto hace relacionalidades como las deshace. ¿Para qué mundos se está cuidando? Esta ampliación de los marcos no otorga la última palabra privilegiada al marco más amplio, pero al comprometerse con una especulación ética sobre el cuidado, se trata de una implicación ética y política en la continua materiación del cuidado.

Al observar estos distintos ejemplos de políticas del cuidado en prácticas de conocimiento dentro de relaciones más que humanas, la pregunta que surge es: ¿podemos pensar nuestra transformación de las cuestiones de hecho en cuestiones de cuidado como el hacer de cuidador*s de un tipo específico? ¿Podríamos, como proponen Ruth Muller y Martha Kenney[190], valorar las metodologías de investigación por los enredos relacionales de cuidado que producen? Al hablar de su trabajo de entrevistas con científicas posdoctorales sobre las presiones, restricciones y ansiedades que soportan, descubrieron que su trabajo «no solo producía datos, sino que también interfería con la cultura competitiva, acelerada y orientada a métricas de las ciencias de la vida de

---

[189] *Ibid.*, 105.
[190] Ruth Muller y Martha Kenney, «Agential Conversations. Interviewing Postdoctoral Life Scientists and the Politics of Mundane Research Practices», *Science as Culture,* 23 (4), 2014, 537-559.

formas potencialmente prometedoras». Su actitud hacia sus «sujetos» de investigación se tornó solidaria —siendo ellas mismas estudiantes posdoctorales— y disfrutaron de la creación y prolongación de un campo de relaciones de cuidado que trascendía las diferencias disciplinarias. Aquí, la posibilidad del cuidado hacía posible tanto la agencia de los «objetos» de investigación como la de las investigadoras. Pero ¿podemos pensar estas formas de recrear el mejor cuidado posible cuando los «sujetos de la investigación» no son humanos? ¿Y qué ocurre cuando las personas investigadoras, teóricas y académicas no están en contacto encarnado con sus sujetos? Las relaciones de cuidado pueden tener distintos significados, pero en todos ellos también nos implicamos con cuestiones de hecho y de preocupación. Las formas de conocer/cuidar re-afectan a los mundos objetificados, re-escenifican las cosas de manera que generan posibilidad para otras formas de relacionarse y vivir, conectan cosas que no estaban destinadas a conectarse a través de la bifurcación de la conciencia y, en última instancia, transforman la percepción ético-política y afectiva de las cosas mediante la implicación en la materiación de mundos.

Este libro comenzó con una exploración sobre cómo una preocupación ético-política como el cuidado podría afectar la forma en que observamos y presentamos las cosas. Me preguntaba si el cuidado en la tecnociencia y las naturoculturas podía significar algo más que el mantenimiento responsable de la tecnología, y aun así no convertirse en un valor moral simplemente añadido al pensamiento sobre las cosas. Estas preguntas pertenecen a los problemas de la política del conocimiento entendida no como una práctica separada de los mundos materiales en construcción. Las formas de estudiar y representar cuestiones de hecho y ensamblajes sociotécnicos tienen efectos de creación de mundos más allá de la existencia humana. La intuición de que las cosas son cuestiones de preocupación señala la relevancia ético-política de los enfoques constructivistas más allá del constructivismo social y de la ética humanista. También nos acerca a incluir la importancia del cuidado en la vida de las cosas, incluidos los apegos afectivos que conlleva. Sin embargo, el cuidado posee un filo crítico que una política basada únicamente en reunir preocupaciones tiende a descuidar. Intento transmitir esto con una noción de cuestiones de cuidado, inspirada en las contribuciones feministas a problemas similares a los que Latour identificó en la presentación estética, ético-política y afectiva de la vida de las cosas. Pero las cuestiones de cuidado buscan añadir algo a las cuestiones de hecho/preocupación con la intención no solo de respetarlas, sino de implicarse más a fondo en su devenir. Representa una versión del trabajo «crítico» que va más allá del ensamblaje de preocupaciones, estando al mismo tiempo alerta ante los escollos de las explicaciones prefabricadas, las obsesiones con el poder y la superposición de normas morales o epistemológicas.

El pensamiento feminista sobre el cuidado desestabiliza tanto como enriquece la percepción de las cuestiones de hecho objetificadas. He reunido en este primer capítulo trabajos que manifiestan un *ethos* del cuidado en la implicación con ensamblajes científicos y tecnológicos. En este contexto, cuidar es tanto un hacer como un compromiso ético-político que afecta al modo en que producimos conocimiento sobre las cosas. Va más allá de una disposición moral o de un deseo bienintencionado, para transformar cómo experimentamos y percibimos las cosas que estudiamos. Aquí, el cuidado representa tanto las labores necesarias, aunque a menudo desatendidas, del sostenimiento cotidiano de la vida, como un compromiso ético-político con las cosas desatendidas, y la reformulación afectiva de las relaciones con nuestros objetos. Todas estas dimensiones del cuidado pueden integrarse en los haceres cotidianos del conocimiento en y sobre la tecnociencia.

Pero la noción de «cuestiones de cuidado» es una propuesta para pensar-con: en lugar de indicar un método para «desvelar» qué son cuestiones de hecho, sugiere que nos comprometamos con ellas para que generen más relacionalidades cuidadosas. Así, no es tanto una noción que explique la construcción de las cosas como una que aborda cómo participamos en sus posibles devenires. Cuidar, aquí, es una modalidad afectiva especulativa que anima a intervenir en lo que las cosas podrían ser. La dimensión constructivista remite a Isabelle Stengers[191] en términos de implicarse en la «construcción de una respuesta a un problema». En respuesta al desgaste del constructivismo crítico, me preguntaba si el constructivismo podría contribuir, al escenificar cuidadosamente cómo las cosas se sostienen juntas, a las mejores relacionalidades cuidadosas posibles y a las condiciones de vida en un mundo dolorido. Pero, en última instancia, lo que se percibe como un «problema» está siempre situado, es una intervención parcial. Las motivaciones iniciales de este libro han sido provocadas por intervenciones feministas en la tecnociencia que no ven el cuidado como una opción, sino como una necesidad vital de todos los seres, que nada se sostiene sin relaciones de cuidado.

---

[191] Stengers, «Devenir philosophe».

Esta visión está imbrincada en las experiencias situacionales de la práctica, en la situacionalidad de lo concreto y lo particular. Y, sin embargo, incorporar una forma especulativa de pensar los modos en que el cuidado importa en situaciones concretas de cuidado, que fundamentan nuestras intervenciones, podría sonar contraintuitivo. ¿Cómo se relaciona lo concreto con lo especulativo? Lo que esto significa es que estoy explorando una noción genérica del cuidado sin pretender cristalizarla en un concepto coherente, en una sensación reconfortante de que las preocupaciones sobre la tecnociencia se resolverían; si tan solo cuidáramos *realmente bien* con un conocimiento preciso de cada situación concreta. Dado que el cuidado rehúye la categorización fácil, porque una forma de cuidar aquí podría matar allá, necesitaremos preguntarnos «¿cómo cuidar?» en cada situación, sin otorgar a una forma de cuidado un rol de «modelo» para las demás. Esto también significa que, como hacer, considero el cuidado más como un *ethos* transformador que como una ética normativa. Esta visión sigue estando en sintonía con formas de conocer sobre el terreno, involucradas con efectos y consecuencias, con una eticidad implicada en ensamblajes sociotécnicos de forma mundana, ordinaria y pragmática. Pero formular la necesidad del cuidado como una cuestión abierta con el potencial de transformar un terreno desde dentro, añade una obligación al *ethos* ontológico constructivista más allá del poder de la crítica: cultivar un compromiso especulativo con los mundos vivos. Como *ethos* transformador, el cuidado es una tecnología viva con implicaciones materiales vitales; para los mundos humanos y no humanos. El resto de este libro se ocupa de enriquecer especulativamente esta visión del cuidado para comprometerse con prácticas de pensamiento y conocimiento transformadoras en mundos más que humanos. Apunta a provocar la pregunta de cómo cuidar de formas que desafíen situaciones y abran posibilidades, en lugar de cerrar o vigilar espacios de pensamiento y práctica.

CAPÍTULO 2
Pensar con cuidado

La realidad es un verbo activo.

Donna Haraway, *Manifiesto de las especies de compañía*

El escepticismo corrosivo no puede ser partero de nuevas historias.

Donna Haraway, *En el principio fue la palabra*

Los epígrafes anteriores revelan que este capítulo se despliega como una lectura íntima de la ontología relacional de Donna Haraway, en la que «los seres no preexisten a sus relaciones», a fin de explorar cómo los estilos de pensamiento y las tecnologías de la escritura pueden contribuir a las relaciones de cuidado en los mundos en movimiento[192]. En particular, es la postura de Haraway sobre el carácter situado del saber[193] lo que leo especulativamente como un modo de pensar con cuidado. Que el conocimiento sea situado significa que conocer y pensar son inconcebibles sin la infinidad de relaciones que hacen posibles los mundos con los que pensamos. La premisa con la que comienzo este capítulo es, entonces, bastante simple: *las relaciones entre pensar y conocer requieren cuidados y afectan nuestra manera de cuidar.* En sintonía con un enfoque no normativo del cuidado como ética especulativa, los fundamentos de esta premisa son ontológicos más que morales o epistemológicos: no solo las relaciones implican cuidado, el cuidado es relacional *per se.*

---

[192] Del original «*moving worlds*». Mundos en movimiento, pero que también mueven, conmueven (N. de las T.).

[193] Haraway, «Conocimientos situados»; Haraway, *Testigo_Modesto@Segundo_Milenio.*

Cuidar y relacionarse comparten resonancias ontológicas. Una vez más, la definición genérica de «cuidado» que da Tronto lo dice bien: el cuidado incluye *«todo lo que hacemos* para sostener, continuar y reparar "nuestro mundo" [...] que procuramos *entramar en una compleja red de sustento de la vida»*[194]. Esta perspectiva del cuidado presupone la heterogeneidad como fundamento ontológico de la existencia de todo aquello con lo que se relacionan los seres humanos: una miríada de haceres —de todo lo que hacemos— y de entidades ontológicas que componen un mundo: seres, cuerpos, ambientes. Nos habla del cuidado como una amplia gama de *acciones* necesarias para crear, consolidar y sostener la vida, y conservar su diversidad. Esto también significa entender a los organismos humanos como inmersos en mundos hechos de formas y procesos de vida y de materia, heterogéneos pero interdependientes, y que cuidar o no cuidar de algo o de alguien inevitablemente hace y deshace las relaciones. Su significado ontológico brinda al cuidado la peculiar importancia de ser una necesidad no normativa. La ética feminista del cuidado sostiene que valorar el cuidado es reconocer la inevitable interdependencia como esencial en la existencia de seres dependientes y vulnerables[195]. La interdependencia no es un contrato ni un ideal moral, sino una condición. Por lo tanto, el cuidado es inherente a la continuidad de la vida para muchos seres vivos en entramados más que humanos, no es algo forzado sobre ellos por un orden moral, y no supone necesariamente una obligación retributiva.

---

[194] Tronto, *Moral boundaries,* 103.
[195] Kittay y Feder, *The Subject of Care; Daniel Engster, The Heart of Justice. Care Ethics and Political Theory,* Oxford: Oxford University Press 2005.

Por supuesto, no todas las relaciones son de cuidados, pero muy pocas podrían subsistir sin algún tipo de cuidado. Incluso cuando no está asegurado por las personas o cosas perceptiblemente involucradas en una forma específica de relación, es necesario que alguien o algo se encargue del cuidado en algún lugar o momento para poder subsistir. Incluso el descuido, la ausencia biocida de cuidado, nos lo revela como algo ineludible: cuando se prescinde del cuidado advertimos las consecuencias del descuido. Pero, si bien el cuidado es necesario, no está dado. Hablar del cuidado como *obligación* (no moralista) lo desnaturaliza: para que la vida exista, es necesario fomentarla de algún modo. El hecho de que requiera hacer algo demuestra no solo que, por su propia naturaleza, implica labores de conservación y reparación mundanas que exigen una acción —aunque no necesariamente una intención, como argumentaré más adelante—, sino que el grado de habitabilidad de un mundo más que humano —el grado de vivir «lo mejor posible»— bien podría depender de lo que se logre cuidar. Defender la necesidad vital del cuidado significa defender relaciones sostenibles y fructíferas, no meramente de supervivencia o instrumentales. Mantener unida una visión tríptica de la práctica del cuidado/afectividad/ética y política ayuda a resistir para fundamentar el cuidado como un hacer cotidiano ético-afectivo vital para enfrentarse a los problemas insoslayables de las existencias interdependientes.

La ontología relacional de Haraway ha servido de inspiración para este viaje hacia el cuidado[196] antes de que el

---

[196] Puig de la Bellacasa, *Think We Must. Feminist Politics and the Construction of Knowledge;* María Puig de la Bellacasa, *Les savoirs situés de Sandra Harding et Donna Haraway, Science et épistémologies féministes,* Paris: L'Harmattan 2014.

tema del cuidado apareciera explícitamente en su obra[197]. En primer lugar, porque para Haraway el conocimiento y la ciencia son prácticas relacionales con importantes consecuencias materiales en la configuración de mundos posibles. Mi afirmación de que el cuidado es importante en las políticas del conocimiento —como contribución a la materialidad de los mundos— se sustenta en la llamada de Haraway a prestar atención al funcionamiento y las consecuencias de nuestras «tecnologías semióticas», es decir, a las prácticas y técnicas de fabricación de significados con signos, palabras, ideas, descripciones y teorías[198]. Siguiendo a Katie King en el reconocimiento de la fuerza de los aparatos literarios, Haraway nos mostró cómo los «cuerpos» como objetos de conocimiento son también «actores semiótico-materiales»[199]. Otra fuente de inspiración importante son sus políticas situadas de resistencia a la normatividad, tanto moral como epistemológica. Estas nociones son especialmente cruciales para el pensamiento que interviene en los mundos más que humanos de la tecnociencia y las naturoculturas, con sus fronteras rotas y mundos implosionados en los que el conocimiento y la ontología colapsan. Leer especulativamente a Haraway es una inspiración para pensar con cuidado en sus formas transformadoras, no inocentes y disruptivas.

[197] Donna Haraway, *When Species Meet,* Minneapolis: University of Minnesota Press 2007.
[198] Haraway, «Conocimientos situados», 296.
[199] *Ibid.,* 316.

Pensar-con

Pensar con Haraway es pensar con muchas personas, seres y cosas; es pensar en un mundo habitado. En realidad, podríamos decir que para Haraway pensar *es* pensar-con. Esta particularidad también puede leerse ontológicamente: «¡Ser much*s o no ser!», podría decir un Hamlet harawayano. Veamos los varios significados que una palabra como «biología» puede adoptar en su obra: un nudo de relaciones entre materias vivas y modos sociales de existencia, oficios, prácticas e historias de amor; una gama de conexiones situadas «epistemológicas, semióticas, técnicas, políticas y materiales»[200]; un discurso omnipresente; una labor de educación cívica[201]; asimismo, una metáfora, pero también mucho «más que una metáfora»[202]. Los objetos y los cuerpos de la biología contemporánea se conciben como instancias de parentesco en construcción. Esta intuición se acompaña de una resistencia al reduccionismo: un cuestionamiento constante de lo que es «uno». La curiosidad por las heterogeneidades conectadas que componen una entidad, un cuerpo, un mundo, que desafía las fronteras: «¿Por qué nuestros cuerpos deberían terminarse en la piel?»[203]. El pensar de Haraway con mundos densamente poblados es un reconocimiento de la multiplicidad, pero también un esfuerzo por fomentar

---

[200] Donna Haraway, «Morphing in the Order. Flexible Strategies, Feminist Science Studies, and Primate Revisions», en Shirley C. Strum and Linda Marie Fedigan (eds.), *Primate Encounters. Models of Science, Gender, and Society,* Chicago: University of Chicago Press 2000, 403.

[201] Haraway, *Testigo_Modesto@Segundo_Milenio,* 62-63.

[202] Donna Haraway y Thyrza Nichols Goodeve, *Como una hoja. Una conversación con Thyrza Goodeve,* traducido por Matilde Pérez, Madrid: Continta me tienes 2018, 104-105.

[203] Haraway, *Manifiesto cíborg,* Madrid: Kaótica Libros 2020, 107.

verdaderamente la multiplicidad, por crear «difracción»: una política de generación de diferencias en lugar de un mero «reflejo» de la igualdad, y de responsabilización por las diferencias que intentamos establecer, en lugar de mantener una forma de «reflexividad» moderada[204].

La forma en que Haraway escribe es una tecnología semiótica de estas inquietudes: la escritura conectiva, que reúne mundos, contribuye a este impulso generativo. En estos incesantes movimientos de creación de redes, la ontología está continuamente en construcción, en devenir. Para Haraway, «la realidad es un verbo activo». Esto no significa que no haya límites o estabilidad, sino que «los seres no preexisten a sus relaciones»[205]. Tal afirmación conecta bien con el trabajo en el que, pensando con Susan Leigh Star, Haraway ayudó a redefinir los «objetos» de la ciencia como «fronterizos»[206]. Esto también atañe a las comunidades y los colectivos. Por ejemplo, para responder a la pregunta de qué implica un «nosotras» feminista, deberíamos tener en cuenta que el feminismo no preexiste a sus relaciones. Las ontologías y las identidades se ven

---

[204] Haraway y Goodeve, *Como una hoja,* 123-131; Barad, *Meeting the Universe Halfway,* 71-94. La noción de «difracción» también responde a los debates en ECT y más ampliamente en las ciencias sociales sobre cómo la «reflexividad», o reflexión, puede fomentar prácticas de conocimiento conscientes y responsables.

[205] Donna Haraway, *Manifiesto de las especies de compañía,* traducido por Isabel Mellén, Vitoria-Gasteiz/Buenos Aires: Sans Soleil 2016, 17.

[206] Haraway, *Testigo_Modesto@Segundo_Milenio,* 32. Y esta afirmación también puede leerse a través de las primeras intervenciones ontológicas marxistas-feministas como la de Nancy Hartsock, en la que el mundo se produce en las interacciones del trabajo (agencia) y la naturaleza (materialidad). De hecho, algunos de los primeros trabajos de Haraway continúan los proyectos socialistas-feministas (véase Haraway, *Manifiesto cíborg),* y al desarrollar su singular pensamiento sobre las «naturoculturas», Hartsock sigue formando parte de esta red de pensar-con.

afectadas por políticas y posicionamientos colectivos que confrontan y cuestionan constantemente las barreras y los márgenes de los mundos existentes (por ejemplo, el supuesto «mujer»). Esta forma de pensar sobre la creación de otras relaciones, otras posibilidades de existencia —es decir, otros seres— está ligada a la preocupación por las consecuencias de las relaciones. Por qué y cómo nos relacionamos afecta a las posturas y a las ecologías relacionales. No anhelamos realidades fijas que vigilen los resultados de los encuentros para confirmar su correspondencia con «órdenes» preexistentes.

Un modo de pensar relacional, que aquí llamo «pensar-con», crea nuevos patrones a partir de multiplicidades previas, interviniendo mediante la adición de capas de significado en lugar de limitarse a deconstruir o ajustarse a categorías preestablecidas. La obra de Haraway me recuerda a menudo a la llamada de Gilles Deleuze y Félix Guattari: «no basta con decir ¡Viva lo múltiple! [...] Lo múltiple *hay que hacerlo*»[207]. El modo en que Haraway piensa con much*s la ha llevado a sostener múltiples posiciones, a veces divergentes, alterando las categorías preexistentes. Por ejemplo, en el momento de mayor revuelo en torno a su obra, ella desconcertó los intentos de clasificarla como «posmoderna» afirmando que «una gran parte de mi corazón reside en la anticuada ciencia para el pueblo»[208]. Esta resistencia

---

[207] Gilles Deleuze y Félix Guattari, *Mil Mesetas. Capitalismo y esquizofrenia*, traducido por José Vázquez Pérez y Umbelina Larraceleta, Valencia: Pretextos 2008 [1980], 12. En los *Diálogos* de Deleuze y Parnet (Gilles Deleuze y Claire Parnet, *Diálogos*, traducido por José Vázquez Pérez, Valencia: Pretextos 2013 [1977], 21), la fórmula vuelve como: «gritar "viva lo múltiple" no supone ni muchísimo menos hacerlo, hay que hacerlo».
[208] Constance Penley, Andrew Ross, y Donna Haraway, «Cyborgs at Large. An Interview with Donna Haraway», *Social Text*, 25/26, 1990, 9.

al encorsetamiento conceptual no carece de finalidad política. Para dar cuenta de muchas discusiones feministas es necesario traspasar las divisiones teóricas y académicas. En palabras de Haraway, «no es mi problema, ni el suyo, el suponer que Hartsock, Harding, Collins, Star, Bhavnani, Tsing, Haraway, Sandoval, hooks y Butler no tienen que estar de acuerdo en torno al postmodernismo, los puntos de vista, los estudios de la ciencia o la teoría feminista»[209]. Al rechazar la seducción de la desarticulación de la red y, sobre todo, al desentenderse del intento de una nueva rearticulación, Haraway identifica el problema «como el coste innecesario, aunque común, de taxonomizar todas las posturas sin tener en cuenta los contextos de su desarrollo, o de rechazar la relectura y el solapamiento para crear nuevos patrones a partir de disputas anteriores»[210]. Dividir y oponer redes de pensamiento que comparten una historia tiene su costo. Las lecturas de las posturas conflictivas en las redes de pensamiento feminista en los escritos de Haraway no depuran lo que está en juego en «bandos» claros; esto incluye fomentar los esfuerzos por cuidarse mutuamente a través de los conflictos en lugar de simplemente reforzar rupturas y escisiones.

Pero el mayor desorden de categorías al que el pensamiento de Haraway ha arrastrado a sus lectores posiblemente sea el de incitarnos a ampliar nuestro sentido ontológico y político del parentesco y la alianza, a atrevernos con ejercicios de transgresión de categorías, de redefinición de límites que ponen a prueba el alcance de las visiones humanistas del cuidado y, por lo tanto, trastocan las articulaciones existentes de las preocupaciones.

---

[209] Haraway, *Testigo_Modesto@Segundo_Milenio,* 333-334.
[210] *Ibid.*

Este trabajo nos da la bienvenida a una «colección de figuraciones», un «zoo teórico-crítico», donde «no todos los habitantes son animales»[211]. Los parentescos y las alianzas se convierten en nexos transformadores, fusionando vínculos heredados y construidos. Este nunca fue un gesto evidente; llevó consigo una búsqueda especulativa que amplió los límites de lo aceptable. Las reuniones promiscuas pueden provocar malestar. Por eso he visto a feministas preocupadas irritarse cuando Haraway sugirió en su influyente *Manifiesto cíborg* que conectemos con nuestras máquinas. Por otro lado, muchas feministas posmodernas hubieran preferido desligar al célebre cíborg de los afectos supuestamente esencialistas, realistas, de segunda ola, espirituales o de cualquier otro término que suene fuera de lugar en el ciber-entusiasmo. Obsérvese cómo la muy citada frase final de su célebre *Manifiesto cíborg,* «prefiero ser un cíborg que una diosa», ha sido sistemáticamente aislada de las palabras anteriores, que afirman que ambas figuras están «unidas por la danza en espiral», un ritual característico del activismo espiritual neopagano en el que la figura de la diosa es fundamental[212]. Y, aun así, la unión de estos mundos tiene un significado crucial para imaginar especulativamente relaciones éticas que abarquen lo «otro que humano» en el centro de ontologías más que humanas. Atreviéndose a conectar, releer y superponer, Thom Van Dooren comenta de modo vibrante sobre la compatibilidad de los compromisos paganos «con un mundo dinámico y animista» con:

---

[211] Haraway y Goodeve, *Como una hoja,* 153-154.

[212] Starhawk, *La danza en espiral,* Barcelona: Ediciones Obelisco 2012.

el compromiso de Haraway con un mundo dinámico de agencia activa en el que cada cosa participa, cada cosa actúa, en un proceso continuo de creación del mundo, un proceso en el que los diversos actantes son literal y físicamente el mundo, además de involucrarse activamente en los procesos y negociaciones en los que el mundo adopta la forma específica que adopta... (Una) visión del mundo que reconoce que los otros no humanos —muchos de los cuales suelen ser considerados "objetos inanimados"— están dotados de significado, poder y capacidad de acción propios[213].

El cíborg es un ejemplo famoso de los intentos de fomentar relaciones que puedan generar malestar. Depurarlas es una forma de vigilar las posibilidades del cuidado especulativo. Aún recuerdo cuando Haraway sorprendió a la expectante audiencia de una conferencia feminista a finales de los noventa articulando su discurso de apertura en torno a historias sobre los cuidados a su perra Cayenne. Más adelante hablaré de cómo el intento de escindir estas enmarañadas redes de cuidado evoca la bifurcación de la conciencia esbozada en el capítulo anterior como esterilización del afecto en la escritura académica, y a su vez descuida aprendizajes importantes que complejizan los afectos y las responsabilidades del cuidado en la vida cotidiana. Por el momento, lo que intento suscitar es el estilo de pensar-con que, de modo desafiante y reconfortante, dificulta el sostenimiento de tales escisiones.

Pensar con compromisos —de los que he delineado como patrones la política de solidaridades entre divergencias y la expansión del sentido de parentesco y alianza

---

[213] Thom Van Dooren, «"I would rather be a god/dess than a cyborg". A Pagan Encounter with Donna Haraway», *Pomegranate,* 7 (1), 2007, 42-58.

más allá de la humanidad— viene acompañado de una densidad atípica en la escritura de Haraway. Largas enumeraciones muestran los múltiples mundos que describe y genera. Un exceso de estratificaciones podría ser un punto débil ligado a la fuerza singular que asocio al pensar con. Comprometerse con los mundos heredados añadiendo capas en lugar de la desarticulación analítica se traduce en un esfuerzo por «volver a describir algo de manera que sea más sólido de lo que en un principio parece»[214]. «Y» es la palabra predominante de la escritura-con, más que «o», «sea que», o «en lugar de». La escritura situada, involucrada y fundamentada incomoda a la lectura superficial o a la generalización de las afirmaciones, especialmente cuando está deliberadamente plagada de obstáculos contra los reduccionismos, contra la disección de las redes de relaciones que componen un mundo. No existe una lectura única de Haraway porque no escribe sobre mundos únicos[215]. Esto exige a los lectores ser conscientes de las múltiples herencias y estar abiertos a seguir líneas de conexiones sorprendentes. Requiere un esfuerzo para percibir cómo se sitúa cada una de sus historias en mundos superpoblados, e invita a abandonar el intento de controlar sistemáticamente una totalidad. Se producen efectos extraños para l*s lector*s no familiarizad*s con los entornos en los que nos sumerge este pensamiento: algunas personas se asombran e inspiran, otras pueden sentirse irritadas por el fluir de diversas historias y nociones y criticar su escritura por ser oscura.

---

[214] Haraway y Goodeve, *Como una hoja*, 131.

[215] Parafraseando a Audre Lorde: «Las luchas unidimensionales no existen porque no vivimos vidas unidimensionales» (Audre Lorde, *La hermana, la extranjera*, Madrid: Editorial Horas y Horas 2003, 157).

Este estilo también invita a pensar-con de forma comprometida con un colectivo de creador*s de conocimientos, por muy imprecisos que sean sus límites y complejas sus formas. Aparece aquí un significado específico de pensar con cuidado, que complica aún más la reafectación del conocimiento que abordé en el capítulo anterior: la incrustación del pensamiento en los mundos que nos importan. En la obra de Haraway, este compromiso se inscribe de forma bastante obvia a través de una alegre política de citas que da crédito a muchas de las ideas, nociones o afectos que nutren su pensamiento: compañer*s investigador*s y estudiantes, amig*s, humanos y no humanos, seres y fuerzas, grupos de afinidad/activistas, ya sea dentro o fuera de los ámbitos académicos o «intelectuales». A menudo nos introduce en reuniones espesas por medio de un acontecimiento específico, cuando/donde/cómo un encuentro le sirvió, la cambió, le enseñó algo. Reconocer la pertenencia de una pensadora singular a una red más que humana no es menospreciar las contribuciones idiosincrásicas y distintivas a las inteligencias colectivas. Por el contrario, leer estas formas como modos de pensar con cuidado es afirmar el valor de un estilo distintivo de pensamiento y escritura conectados, que desafía el previsible aislamiento académico de l*s autor*s consagrad*s por la forma en que recoge y honra explícitamente las redes colectivas con las que se piensa, en lugar de utilizar el pensamiento de otr*s como un «fondo» sobre el cual destacar el propio.

No se trata aquí de ser hagiográficos —indicando restos en la obra de Haraway de, por ejemplo, formas alternativas del feminismo de la segunda ola de organizar el trabajo intelectual que rechazaban la autoría individual— sino de leer este estilo de un modo especulativo que potencie el carácter subversivo del pensar con cuidado. Las instituciones académicas no valoran realmente la escritura-con ecléctica, sobre todo cuando hace estallar la categoría de «pares» disciplinados al incluir afectos rebeldes. Aquí también está en juego una resistencia a los colectivos preestablecidos. Como dice Rolland Munro[216], lo que se enmascara en la «"convención" de publicar por la que los académicos ponen sus propios nombres a las obras» es hasta qué punto es «el producto de una colectividad más amplia». Y l*s autor*s no son los únicos elementos instrumentales involucrados en este encubrimiento. Lo mismo ocurre con las universidades. Cosificadas, separadas unas de otras para poder ser «comparables» y entrar en competencia, las instituciones académicas utilizan complejos procesos de atribución y reordenación para desvincular el trabajo de sus emplead*s de las elaboradas redes intelectuales que las sustentan, desalentando las colaboraciones dentro de un mismo departamento, por ejemplo, para poder distinguir las contribuciones cuantificables en unidades de trabajo individuales. Solo entonces el pensamiento y el conocimiento pueden convertirse en la propiedad contable e individualizada de una institución. Para poder proyectarse en futuros presuntamente gestionables —por ejemplo, la asignación de recursos—, es necesario «estandarizar» los desordenados lazos relacionales que conforman nuestros presentes[217]. ¿Qué consecuencias tienen estos procesos de ordenamiento en los modos de pensamiento? ¿Qué delicados hilos del entramado interdependiente del pensamiento y la vida son silenciados y borrados?

---

[216] Rolland Munro, «Partial Organization. Marilyn Strathern and the Elicitation of Relations», en Campbell Jones y Rolland Munro (eds.), *Contemporary Organization Theory,* Oxford: Blackwell 2005, 250.

[217] Star, «Power, Technologies, and the Phenomenology of Conventions».

Con esto no se pretende idealizar la escritura que escenifica lo colectivo ni sugerir que una cita cuidadosa basta.
Pero la búsqueda de formas de inscribir lo colectivo quizá
merezca más atención por su potencial para contrarrestar
la sequía que implica aislar el trabajo académico. Sería
tristemente insuficiente reducir estos gestos a la honesti-
dad intelectual básica, la cortesía académica o las lealtades
(políticas). Lo que encuentro convincente en fomentar
un estilo de escritura-con como pauta del pensar con
cuidado no es tanto a quién o qué pretende incluir y representar en un texto, sino lo que genera: de qué modo
crea de hecho un colectivo y puebla un mundo. En lugar
de reforzar el yo de la figura de un pensador solitario, la
voz en este tipo de textos sigue diciendo: No estoy sola.
Hay much*s, much*s otr*s. Pensar-con fortalece el trabajo del pensamiento: apoya la singularidad mediante las
contingencias situadas de las que se nutre y fomenta el
potencial contagioso con su alcance, su reconocimiento de
interdependencias siempre más que únicas. Escribir-con
es una tecnología práctica que se revela a la vez descriptiva
(inscribe) y especulativa (conecta). Construye relación y
comunidad, es decir, posibilidad. Esta forma de relacionarse no habla de crear «uniones» o «yuxtaposiciones».
Sus caminos transitan las relaciones como «nada que esté
ni en una ni en otra, [...] sino algo que está entre las dos,
fuera de las dos»[218].

Este enfoque también implica resistirse a una forma
de pensamiento académico basada en posicionar teorías y
autor*s en un campo señalando lo que «a ell*s» les falta
y que «nosotr*s» venimos a rellenar —un enfoque romp-
ecabezas del conocimiento crítico—. Puede distanciar a

---

[218] Deleuze y Parnet, *Diálogos,* 11.

quienes buscan en un texto «datos» nuevos para completar una representación (objetiva) de una problemática, o concluir sobre ideas que permitan ser saldadas. Más aún, dificulta la expectativa de una «visión crítica» que rompa con el pasado ofreciendo un modelo novedoso que surge de un trasfondo obsoleto. Pero quizá la idea más cuestionada por las relaciones de conocimiento que promueven vínculos de cuidado sea que los lazos afectivos con las comunidades se consideren inapropiados en los textos académicos, se juzguen empáticamente acríticos o incluso autocomplacientes. El juicio escéptico puede ser especialmente severo hacia trabajos dedicados a promover el compromiso con una determinada «comunidad interpretativa», con lo que Joan Haran denomina «redes dialógicas» que «limitan el juego de la lectura» y buscan un terreno común para la esperanza en formas concretas de «praxis» situada[219]. De hecho, buena parte del problema con las nociones de «compromiso» es el desafío que inspiran en el trabajo dedicado a impulsar visiones específicas versus un propósito general de descripción social. Se trata de un desafío permanente para la investigación relacionada con el feminismo desde la segunda ola: lo «políticamente comprometido» con una comunidad se identifica como «tendencioso». Para muchas feministas, desarmar esta simplificación fue «fundamental para una ciencia democrática y creíble»[220] y una motivación importante para el desarrollo de una «epistemología» feminista, especialmente de la «teoría del punto de vista» como estrategia de legitimación del conocimiento producido

---

[219] Joan Haran, «Redefining Hope as Praxis», *Journal for Cultural Research,* 14 (3), 2010, 393-408.

[220] Haraway, *Testigo_Modesto@Segundo_Milenio,* 312.

desde la base de los movimientos de resistencia[221]. Más adelante volveré sobre ese debate en particular, por ahora quiero seguir articulando el potencial disruptivo y creativo de pensar con cuidado como una forma de superar las divisiones existentes.

Disentir-desde-adentro

El cuidado que implica la construcción del conocimiento tiene algo de «trabajo del amor»[222]. El amor también se involucra en obligarnos a pensar con y para aquello que nos importa. Pero apelar al amor es especialmente delicado: las idealizaciones silencian no solo las maldades realizadas en nombre del amor, sino también el trabajo que cuesta mantenerlo. Precisamente por esto, es importante tener en cuenta que la construcción del conocimiento orientada por el cuidado, entendido como el trabajo del amor y el apego, no es incompatible con el conflicto, que el cuidado no consiste en suavizar las asperezas de la vida, ni el amor debería distraernos de los órdenes morales que justifican la apropiación en su nombre[223]. Una visión no idealizada de los asuntos de construcción del conocimiento, basada en vínculos comprometidos, necesita mantener vivo el enfoque feminista, de múltiples capas y no inocente, del lado amoroso del cuidado.

La relacionalidad lo es todo, pero esto no implica un mundo sin conflictos ni desacuerdos. Una ontología basada en la relacionalidad y la interdependencia tiene que

---

[221] Sandra Harding, *Ciencia y feminismo,* Madrid: Ediciones Morata 2016.

[222] Kittay, *Love's Labour;* Kittay y Feder, *The Subject of Care.*

[223] bell hooks, *Todo sobre el amor,* Barcelona: Paidós 2021.

reconocer no solo, como he dicho antes, la heterogeneidad esencial, sino también que los «cortes» crean heterogeneidad. Por ejemplo, centrarse intensa y apegadamente en un objeto de amor también crea patrones de identidad que reordenan las relaciones mediante la exclusión de algun*s. En otras palabras, donde hay relación, tiene que haber cuidado, pero nuestros cuidados también conllevan desconexión. No es posible que nos preocupemos por todo, no todo cuenta, no todo es relevante en un mundo, del mismo modo que no hay vida sin muerte. Sin embargo, quiero sugerir que pensar con cuidado nos obliga a pensar desde la perspectiva de cómo los cortes fomentan relaciones, en lugar de como desconectan mundos. Esto permite observar los «cortes» desde la perspectiva de cómo recrean, o son creados por «conexiones parciales»[224]. Es decir, podemos llamar la atención sobre cómo los «nuevos» patrones son herederos de un entramado de relacionalidades que contribuyeron a hacerlos posibles. El carácter conectivo del pensamiento, que parte de y con las comunidades que cuidamos, funciona como un corte crítico y, sin embargo, como se afirmó en el capítulo anterior, también crea especulativamente «interés» al situar el entre *(inter-esse),* no para dividir, sino para relacionar[225].

Afirmar que los seres no preexisten a sus relaciones significa que nuestras relaciones tienen consecuencias. La multiplicación a través de la conexión, más que a través de taxonomías distintivas, es coherente con una política (del conocimiento) no tan impulsada por la deconstrucción de lo dado como por «la construcción apasionada, las

---

[224] Marilyn Strathern, *Partial Connections,* California: AltaMira Press 2005.

[225] Stengers, *L'invention des Sciences Modernes,* 108.

conexiones entrelazadas»[226]. Siguiendo con los intentos de un constructivismo del cuidado, es clave comprometerse con «un mejor relato del mundo», en lugar de limitarse a mostrar «la contingencia histórica radical y los modos de construcción de todo»[227]. Pero si pensar con pertenece a la comunidad y la crea al inscribir el pensamiento y el conocimiento en los mundos que nos importan, se trata, sin embargo, de marcar la diferencia y no de confirmar un *statu quo*. Al asociar el pensar-con a relaciones que suponen una diferencia, estoy enfatizando las prolongaciones y las interdependencias novedosas más que los contrastes y las contradicciones. Aun así, pensar con cuidado, para mí, se deriva de la conciencia de los esfuerzos necesarios para cultivar la relacionalidad en la diversidad, lo que significa, también, una construcción colectiva y responsable del conocimiento que no niegue la disidencia o la impureza de las coaliciones. Nos habla de formas de cuidar las relaciones inevitablemente espinosas que fomentan un pensar-con enriquecedor, colectivo e interdependiente, aunque no sin fisuras. Con este espíritu, propongo un relato de dos intervenciones significativas tomadas de la obra de Haraway como ejemplos concretos de compromiso con las articulaciones de un «nosotros» solidario, que transmite aprendizajes de conflictos complejos que son vitales para el pensar-con.

El primer relato se remonta a *Manifiesto cíborg,* como una intervención contra las unidades «orgánicas». Esta manifestación escrita de la inestabilidad de la historia feminista muestra cómo pensar-con puede ser inspirador y fortalecedor, pero, principalmente, nada fácil. Contribuyó

---

[226] Haraway, «Conocimientos situados», 303.
[227] *Ibid.,* 295-296.

a revelar conflictos en el feminismo tanto como propuso narrativas alternativas de construcción de solidaridad. Resaltó cómo las trayectorias y las posiciones pueden conectarse y transformarse mutuamente sin necesidad de borrar sus divergencias. Una urgencia compartida se manifestó en el llamado: «La necesidad de unidad de la gente que intenta resistir la intensificación del dominio a nivel mundial nunca ha sido tan aguda como lo es ahora»[228]. La propuesta consistía en evitar los modelos de solidaridad y resistencia a la dominación que pretenden que nos apoyemos en vínculos evidentes o predeterminados y abrirnos a alianzas inesperadas, «no naturales»: políticas de coalición cibernética. La intervención se inspiró en una amplia gama de trabajos y activismos feministas, pero más concretamente en los conocimientos y posiciones concebidos dentro de los feminismos negros y otras posturas basadas en «conciencias de oposición» -—en palabras de Chela Sandoval[229]— que generaron un malestar radical respecto a cómo el «nosotras» feminista blanco, privilegiado y heterosexual ocultaba significados múltiples y situados de la «experiencia de las mujeres».

El manifiesto, argumentaba Haraway, intentaba provocar el humor en el centro de algo tan serio como son los sueños de unidad política[230]. Pero me parece importante señalar que la risa procedía del interior, del compromiso con los problemas de una comunidad. Esto es

---

[228] Haraway, *Manifiesto cíborg*, 29.

[229] Chela Sandoval, «U.S. Third World Women. The Theory and Method of Oppositional Consciousness in the Postmodern World», *GENDERS*, 10, 1991, 1-24; Chela Sandoval, «New Sciences. Cyborg Feminism and the Methodology of the Oppressed», en Chris Hables Gray (eds.), *The Cyborg Handbook*, Nueva York: Routledge 1995.

[230] Haraway, *Manifiesto cíborg*, 13-14.

muy diferente de la risita irónica de la crítica destructiva: «Me río, luego existo [...] implicándome. Me río, luego soy responsable y explicable»[231]. Reírse con, no reírse de, proviene del pensamiento arraigado en las comunidades que nos importan, y es un ejemplo de una forma de pensar con cuidado que propongo denominar *disentir-desde-adentro*. Y lo que quizá sea más importante, este modo de involucrarse no solo atañe a las visiones que nos comprometemos a impulsar. Reconocer la *pertenencia* a los mundos con los que estamos implicados, aunque sea de forma crítica, es relacionarse con «los complejos estratos de la propia posición histórica colectiva dentro de los aparatos de producción de conocimiento»[232]. Esta postura nace dentro de complejos debates feministas sobre las posibilidades de la objetividad e invita a l*s conocedor*s a no pretender estar libres de la «contaminación» de nuestra mirada[233]. Y aunque el ejemplo anterior se refiere a *disentir-desde-adentro* de un colectivo, poner a prueba los límites de un «nosotr*s», de lo que consideramos «nuestro mundo», requiere también estar abiert*s a aceptar que el propio pensamiento es heredero incluso de los hilos de pensamiento a los que nos oponemos y de mundos que preferiríamos no apoyar, como cuando

---

[231] Haraway, *Testigo_Modesto@Segundo_Milenio,* 212.

[232] *Ibid,* 312.

[233] Estas conversaciones no conciernen solo a dos autoras, pero el diálogo entre Haraway y Sandra Harding es especialmente significativo en este sentido. Por ejemplo, el pensamiento de Haraway sobre los «conocimientos situados» se elabora dentro de un debate sobre el encuadre de Harding de la «cuestión de la ciencia en el feminismo», mientras que la noción de «objetividad fuerte» de Harding se concibe dentro de un debate filosófico sobre los «conocimientos situados». He explorado la relación entre estas dos pensadoras en Puig de la Bellacasa, «Think We Must» y en Puig de la Bellacasa, *Les savoirs situés de Sandra Harding et Donna Haraway.*

Haraway se describe a sí misma como hija de la revolución industrial. Negarse a borrar de uno mismo apegos y herencias supone reconocer la implicación, una forma de pensar en interdependencia que problematiza aún más la reverencia a la distancia crítica y su correspondiente valoración de un escepticismo «sano».

La criticalidad me lleva a un segundo ejemplo, quizá el más destacado, de otra alianza «antinatural» con la que el trabajo de Haraway estuvo intensamente implicado desde finales de los ochenta y hasta bien entrados los noventa: la frágil alianza entre lo que Sandra Harding describió sagazmente como la «cuestión de las mujeres en la ciencia» —refiriéndose a la posición de las mujeres que practican la ciencia— y la «cuestión de la ciencia en el feminismo» —el enfoque crítico feminista de la ciencia como práctica en sí misma[234]—. El espinoso trasfondo de esta alianza fue descrito por Londa Schiebinger al reflexionar sobre la brecha entre los estudios sociales de la ciencia y las ciencias que se proponían estudiar: «La colaboración se hizo aún más difícil cuando [...] ciertas facciones empezaron a practicar un constructivismo destemplado al punto en que la desconfianza de los científicos hacia los académicos que examinaban sus disciplinas escaló hasta las "guerras de la ciencia"». Schiebinger señala que muchas investigadoras feministas desarrollaron un rechazo tanto del «constructivismo reduccionista» como del «objetivismo irreflexivo». La visión crítica de que los «datos» o hechos científicos conllevan ambigüedad debido a factores sociopolíticos

---

[234] Harding, *Whose Science? Whose Knowledge? Thinking from Women's Lives*, Ithaca: Cornell University Press 1991; Harding, *Ciencia y feminismo*; Keller, *Reflections on Gender and Science*; véase también Hilary Rose, *Love, Power, and Knowledge. Towards a Feminist Transformation of the Sciences*, Cambridge: Polity Press 1994.

se equilibró con el respeto a las lealtades a las «restricciones empíricas», típicas de las tradiciones científicas modernas[235]. Retomando el hastío del constructivismo crítico tras las guerras de la ciencia tratado en el capítulo anterior, no sostengo que las feministas hayan sido las únicas involucradas en la búsqueda de formas más cuidadosas de enfoques constructivistas críticos de la ciencia. Pero también han tenido razones particulares para dicho cuidado que evidencian las dificultades de pensar-con y disentir-desde-adentro en lugar de las disputas sobre cuál podría ser la mejor epistemología normativa para explicar los fundamentos sociales de la práctica científica. En efecto, ¿cómo podrían tener lugar una conversación y una alianza fértiles entre las críticas radicales de la ciencia y l*s científic*s en ejercicio cuando las críticas se plantan en una posición de «distancia» crítica? ¿Cómo podría funcionar la solidaridad con las mujeres científicas si los científicos sociales afirman que «ser ajenos» en su campo les permite conocer mejor el trabajo de los practicantes «nativos», es decir, iluminarlos sobre los fundamentos «sociales» de su llamada ciencia natural[236]?

Teniendo en cuenta estos debates, resulta especialmente conmovedora una anécdota sobre ciertas recepciones de *Visiones primates*[237] de Haraway. La autora veía este libro como un acto de amor y de preocupación apasionada por la primatología como terreno de encuentro entre intereses de múltiples capas. Aunque comienza con una cita

---

[235] Londa Schiebinger, «Gender and Science», *Signs. Journal of Women in Culture and Society,* 28 (3), 2003, 860.

[236] Hilary Rose, «My Enemy's Enemy Is —Only Perhaps— My Friend», *Social Text,* 14 (46/57), 1996, 61-80.

[237] Donna Haraway, *Visiones primates. Género, raza y naturaleza en la ciencia moderna,* Buenos Aires: Hekht 2023.

de Eugene Marais: «Porque así deben empezar todas las cosas, con un acto de amor», el libro no alberga ilusiones inocentes sobre el amor devorador de los humanos por otros no humanos, incluidos los estragos del amor epistémico en las empresas coloniales destinadas a investigar y cazar presas exóticas no humanas y humanas. Pero el libro tampoco aborda este amor con cinismo. No obstante, algunos aspectos de las descripciones de Haraway enfadaron a l*s primatólog*s por cómo se retrataba su práctica. Más de diez años después, al comentar las reacciones adversas a su libro por parte de primatólogas feministas, Haraway piensa que su compromiso etnográfico debería haber sido «más denso», habiendo estado más «sobre el terreno», y dice: «Habría pasado más tiempo desarrollando mi propio sistema retórico e invitando a los primatólogos a intervenir en el libro, apaciguándolos. Demostrándoles mejor que conozco la forma en que piensan y que me importa. Para muchos primatólogos resultó un libro muy duro. Se sintieron atacados y excluidos»[238]. Esto es muy diferente a afirmar que la extrañeza etnográfica es una vía hacia una descripción mejor y más precisa. Leo estas experiencias como si hablaran a través del malestar declarado por Haraway no solo con el constructivismo social y los enfoques deconstructivistas de la ciencia, sino también con el realismo filosófico abstracto y las descripciones críticas desde cualquier perspectiva ajena a la práctica de asuntos científicos[239]. Sigo aquí a Hilary Rose, quien, en su trabajo sobre las relaciones de amor, poder y conocimiento en los estudios científicos feministas, ve las posturas «ambas/y» que Haraway ha adoptado en los debates

---

[238] Haraway y Goodeve, *Como una hoja,* 79.

[239] Haraway, «Conocimientos situados».

epistemológicos feministas como un afluente de una «estrecha observación/participación de y en este destacado grupo de primatólogas [...] feministas»[240].

Y entonces me pregunto, ¿es clave pensar desde una cierta cercanía en las relaciones de intervulnerabilidad para crear conciencia sobre las consecuencias de producir conocimiento? ¿Para darnos cuenta de que aquellos a quienes nos ponemos a estudiar y observar no están ahí solo para pensar-con, sino también para «vivir con»? Recurro a esta formulación del otro manifiesto de Haraway: *Manifiesto de las especies de compañía*. Al explorar el «mosaico» de la relacionalidad afectiva en el amor humano-perro, en la creación de la «alteridad significativa», afirma: «Los perros, en su complejidad histórica, son aquí lo más importante. Los perros no son un pretexto para otros temas [...] Los perros no están supliendo una teoría; *no están aquí solo para pensar con ellos. Están aquí para vivir con ellos»*[241]. Esta aseveración sobre el amor entre especies es un reconocimiento tajante de la interdependencia que inserta el pensar con cuidado en las consecuencias materiales relacionales.

El amor interespecie aporta capas adicionales al concepto de modos de cuidado más que humanos. El cuidado es necesario en los procesos en los que humanos y no humanos se entrenan mutuamente para vivir, trabajar y jugar juntos a fin de construir una relación de «alteridad significativa». Las historias de Haraway sobre las relaciones de los perros con los humanos muestran que una relación llevadera requiere un cuidado especial, sobre todo cuando uno de los seres implicados depende en

---

[240] Rose, *Love, Power, and Knowledge,* 93.

[241] Haraway, *Manifiesto de las especies de compañía,* 16.

gran medida del otro para sobrevivir[242]. «Cuidar» de un no-humano de modo que no sea cosificado se presenta como un proceso particularmente no inocente, que implica «las agencias inarmónicas y las formas de vivir que son responsables tanto de sus disparatadas historias heredadas, como de sus apena posible pero absolutamente necesaria coyuntura de futuros»[243]. El cuidado aparece como un hacer necesario para los vínculos significativos dentro de las relaciones asimétricas que atraviesan las naturoculturas, y como una obligación creada por los «necesarios futuros conjuntos». Las relaciones de «alteridad significativa» son algo más que acomodarse a la «diferencia», coexistir o tolerar. Pensar con seres no humanos debería ser siempre un vivir-con, consciente de las relaciones problemáticas y buscando una alteridad significativa que transforme a los involucrados y a los mundos en los que vivimos.

Cuando hablo de vivir-con y disentir-desde-adentro a la vez, pretendo señalar una forma de vivir a la par de los efectos del propio pensamiento. Los conflictos transforman, y siguen transformando, los significados de los colectivos (feministas) en muchos lugares; desafían nuestra imaginación política. Leer los momentos de disentir-desde-adentro como instancias de pensar con cuidado subraya las dificultades de cuidar las relaciones involucradas en la creación de conocimientos. Sin embargo, cuidar de los efectos de nuestro pensamiento —incluso en mundos que preferiríamos no apoyar— también puede hacernos más vulnerables. Reconocer la vulnerabilidad como postura ética podría ser el precio ineludible del compromiso y la implicación: si el cuidado *mueve* las redes relacionales,

---

[242] Haraway, *When Species Meet*.
[243] Haraway, *Manifiesto de las especies de compañía,* 19-20.

incluso creando cortes críticos, l*s involucrad*s en el cuidado también se verán afectados. Enfatizar las condiciones del vivir-con ubica al cuidado bajo el signo de la heterogeneidad ontológica y la vulnerabilidad frente a la especie del otro, y añade preguntas del tipo: ¿cómo construimos relaciones de cuidado reconociendo posiciones divergentes? ¿Cómo viven aquellos a quienes estudiamos la forma en que pensamos con ellos? ¿Cuáles son los efectos de las prácticas de conocimiento para la alteridad significativa otra-que-humana? Las respuestas a estas preguntas relacionales son siempre específicas, situadas «en un trabajo de base, vulnerable»[244]: «No hay manera de crear un argumento *general* fuera del trabajo inacabable de articular los mundos parciales de conocimiento *situado*»[245]. Sin embargo, podemos encontrar experiencias e historias útiles para aprender sobre los riesgos de, por ejemplo, cuidar a un «otro» de manera bienintencionada. Por lo tanto, termino este capítulo con una lectura de las tensiones que han dirigido las visiones feministas del conocimiento situado que se disponen a cuidar de l*s marginad*s, proponiendo el *pensar-para* como una característica adicional del pensar con cuidado.

Pensar-para

Leer el conocimiento a través del cuidado amplía en parte el argumento en torno al cual Sandra Harding[246] recogió la noción de «teoría feminista del punto de vista», es

---

[244] *Ibid.,* 19.
[245] Haraway, *Testigo_Modesto@Segundo_Milenio,* 228.
[246] Harding, *Whose Science?*

decir, que el conocimiento comprometido con «*pensar desde*» las experiencias marginadas podría ser un mejor conocimiento, que ayudaría a cultivar epistemologías alternativas que desdibujen los dualismos dominantes[247]. Este principio ha sido discutido exhaustivamente en relación con las reconstrucciones feministas de experiencias de mujeres a través de luchas de oposición[248], pero aboga más genéricamente por un compromiso para valorar el conocimiento generado a través de cualquier contexto de subyugación. Un punto de vista puede entenderse como una visión de oposición alternativa, concebida colectivamente en el proceso de abordar situaciones que marginan y oprimen formas específicas de vivir y conocer. No puedo discutir aquí las ricas y complejas genealogías y debates sobre los significados e (im)posibilidades de esta idea[249]. Mi esperanza es contribuir a su prolongación leyéndola

---

[247] Nancy Hartsock, «The Feminist Standpoint: Toward a Specifically Feminist Historical Materialism» en Nancy Hartsock (eds.), *Money, Sex, and Power: Toward a Feminist Historical Materialism,* Nueva York: Longman 1983, 231-51.

[248] Harding, *The Feminist Standpoint Theory Reader.*

[249] Véase *ibid.* para una antología de estos debates. «Pensar desde» es un cruce ilegítimo entre la crítica de la epistemología tradicional —como teoría que define y justifica los fundamentos legítimos del conocimiento— y las intervenciones políticas feministas. Como tal, ver la teoría feminista del punto de vista como mera teoría epistemológica, método o búsqueda de la «verdad», pierde la originalidad de esta conexión de conocimientos teóricos y política práctica colectiva. Véanse, en este sentido, los esclarecedores debates en torno a «Truth or Method» de Susan Hekman («True or Method. Feminist Standpoint Theory Revisited», *Signs. Journal of Women in Culture and Society,* 22 (2), 1997, 341-365) recogidos en Harding, *The Feminist Standpoint Theory Reader.* Véanse también Sarah Bracke y Maria Puig de la Bellacasa, «Building Standpoints», *Tijdschrift vor Genderstudies,* 2, 2004, 18-29; «The Arena of Knowledge. Antigone and Feminist Standpoint Theory» en Rosemarie Buikema e Iris van der Tuin (eds.), *Doing Gender in Media, Art, and Culture,* Nueva York: Routledge 2007, 39-53.

como una forma de pensar con cuidado que puede ser relevante para las relaciones más que humanas.

Puede decirse que el punto de vista como política del conocimiento representa un intento de las personas que trabajan en ámbitos académicos/intelectuales de utilizar su espacio de trabajo cotidiano como lugar de transformación a través de su forma de investigar y producir conocimiento. Pensado inicialmente como un argumento epistemológico para las productoras de conocimiento que pertenecen a co-munidades en lucha —por ejemplo, las mujeres feministas negras[250]—, la teoría del punto de vista también abogó por pensar desde las experiencias marginales por parte de quienes no pertenecen necesariamente a los «márgenes» en los que se viven esas experiencias; esto es, construir a partir del conocimiento creado en las luchas contra condiciones opresivas. Es en este aspecto en el que me centro aquí. En palabras de Haraway: «Creo que aprender a pensar y anhelar la libertad reproductiva desde el punto de vista analítico e imaginativo de las "mujeres afroamericanas en situación de pobreza" —una categoría discursiva vivida ferozmente a la que no tengo acceso "personal"— ilumina las condiciones generales de dicha libertad»[251]. Se trata de un conocimiento que se alía con «los proyectos y las nece-sidades de aquell*s que nunca ocuparían, o que no podrían ocupar, el lugar principal en los "laboratorios" del hombre de ciencia común y creíble»[252]. Este compromiso intenta conectar mundos que no se conectan fácilmente, haciendo que el conocimiento resulte *interesante* en el sentido antes subrayado de crear una relación intermedia.

---

[250] Collins, «Learning from the Outsider Within».

[251] Haraway, *Testigo_Modesto@Segundo_Milenio,* 199.

[252] Haraway y Goodeve, *Como una hoja,* 178-179.

Y, sin embargo, esta forma específica de «pensar desde» podría denominarse una forma de *pensar-para,* ya que permite reconocer sus riesgos específicos, como creernos portavoces, utilizar a los «otros» marginados como argumentos o caer en la fascinación por las experiencias inspiradoras de «los marginales» o los oprimidos. La reformulación también hace hincapié en el trabajo que conlleva este tipo de solidaridad: al igual que el «cuidar de» de Tronto, distingue el compromiso práctico y concreto de hacer algo del esfuerzo más autocentrado, aunque también agotador, de «preocuparse por». Una vez más, la esencia del hacer está en *cómo* cuidamos más que en la intención o disposición de cuidar. Preocuparse demasiado puede consumirnos. Las mujeres en especial saben que el cuidado puede devorar sus vidas y asfixiar otras posibles habilidades. Y el cuidado también puede ahogar las sutilezas de la atención que requieren las diferentes necesidades de un «otro», necesarias para una relacionalidad cuidadosa. Por lo tanto, cabe decir que también puede consumir a quien recibe los cuidados, llevándonos a apropiarnos de los destinatarios de «nuestros» cuidados en lugar de relacionarnos con ellos. Esto resulta en otra razón por la que crear nuevos modelos de pensar-con requiere un cuidado especial de nuestras tecnologías semióticas. Pensar y conocer, al igual que nombrar, tienen «el poder de objetivar, de totalizar»[253]. En otras palabras, el pensamiento impulsado por el amor y el cuidado debería ser particularmente consciente de los peligros de la apropiación. De hecho, el riesgo de la apropiación podría ser peor para el pensamiento comprometido, porque, en este caso, nombrar al

---

[253] Donna Haraway, «En el principio era el verbo. Génesis de la teoría biológica», en *Mujeres, simios y cíborgs. La reinvención de la naturaleza,* Madrid: Alianza 2023, 131.

«otro» no puede hacerse desde una «confortadora fricción de la distancia crítica»[254]. Los colectivos en lucha pueden rechazar el «hablar por» ellos (académico) como usurpación. Apropiarse de la experiencia de un «otro» nos impide crear una alteridad significativa, es decir, afirmar a aquellos con los que construimos una relación. Por último, si pensar con cuidado exige reconocer la vulnerabilidad, esto implica que, como se ha planteado antes en el caso de las primatólogas enfadadas, nuestros «sujetos de estudio», nuestros receptores de cuidados, son capaces de responder. El modo de cuidar requerirá un enfoque diferente en las distintas situaciones de pensar-para. Algunos «otros» oprimidos sí necesitan testigos solidarios que actúen como sus portavoces, por ejemplo, los animales torturados en un mundo dominado por los humanos. Cuidar de los «oprimidos» no es un compromiso evidente. Las dudas de Haraway sobre la teoría del punto de vista apuntaban en esta dirección: *«cómo* ver desde abajo es un problema que requiere al menos tanta pericia con los cuerpos y el lenguaje, con las mediaciones de la visión, como con las visualizaciones tecnocientíficas "más elevadas"»[255].

En su disentir-desde-adentro de la prolongación del trabajo de Nancy Hartsock y Sandra Harding, Haraway afirmó que un punto de vista no es una «apelación empirista a, o por, "los oprimidos", sino una herramienta cognitiva, psicológica y política para un conocimiento más adecuado». El punto de vista se refiere aquí a una visión que es el «fruto siempre preñado pero necesario de la práctica de la conciencia oposicionista y diferencial»[256].

---

[254] Haraway, *Manifiesto cíborg,* 23-24.

[255] Haraway, «Conocimientos situados», 302.

[256] Haraway, *Testigo_Modesto@Segundo_Milenio,* 229; Bracke y Puig de la Bellacasa, *«The Arena of Knowledge».*

Insistir en la *práctica* nos devuelve al aspecto activo del cuidado en el propósito de pensar con los demás. Es decir, ver el cuidado como un compromiso práctico cotidiano, como algo que *hacemos* que afecta al significado de pensar-para. Como mujer privilegiada que participa en conversaciones sobre la naturaleza del conocimiento en los estudios feministas sobre ciencia y tecnología, puedo reconocer sinceramente hasta qué punto el trabajo se nutre de los riesgos que asumen las mujeres científicas para expresarse y, al mismo tiempo, fracasar al unirme a ellas en cuestiones del tipo: ¿cómo abrimos realmente el espacio de la ciencia? ¿Cómo puedo actuar solidariamente dentro de las relaciones de poder desiguales que mantienen a las mujeres de grupos subrepresentados apartadas de los lugares en los que estoy autorizada a trabajar? Podemos intentar pensar desde, pensar para e incluso pensar con, pero vivir con requiere más que eso. Intentar multiplicar las formas de «acceso», no solo pensar-para l*s etern*s ausentes. No confundir el cuidado con la mera empatía, ni con convertirse en portavoces de l*s excluid*s. Por lo tanto, crear conocimiento situado puede significar a veces que pensar *desde* y *para* determinadas luchas *nos* exige trabajar por el cambio *desde donde estamos,* en lugar de basarnos en las situaciones de otr*s para construir una teoría y continuar con nuestras conversaciones.

Una contribución crucial de la teoría del punto de vista a una versión no inocente del pensamiento del cuidado es que demostró que desestimar el trabajo del cuidado contribuye a construir versiones desvinculadas de la realidad que enmascaran las «mediaciones» que sostienen y conectan nuestros mundos, nuestros haceres, nuestros saberes. Vale la pena reconsiderar un aspecto cuyo posterior encuadre en un debate epistemológico a menudo oculta: desde el principio, las «experiencias marginadas» en las que estas teorías basaban sus visiones de las mediaciones estaban fuertemente conectadas con la esfera del cuidado. Dorothy Smith describió los detalles materiales domésticos cotidianos que una socióloga ignora para poder escribir sobre lo social que hay *afuera,* mientras se sienta en una oficina universitaria en la que una trabajadora nocturna invisible ha vaciado el cesto de basura y limpiado el suelo. Una escisión que fundamenta lo que ella denomina una bifurcación de la conciencia[257]. Hilary Rose arrojó luz sobre el trabajo de las «pequeñas manos» invisibles en los laboratorios, en su mayoría femeninas, que en realidad son las que hacen las ciencias, y pidió reponer el corazón a nuestros relatos sobre cómo funciona la ciencia —el mundo olvidado del amor y el cuidado, ausente de la mayoría de los análisis marxistas del trabajo[258]—; Patricia Hill Collins recordó el trabajo de la mujer negra que cuidaba a los hijos de los propietarios de esclavos[259]. Perspectivas a las que podríamos añadir las descripciones actuales del trabajo invisible de l*s migrantes, a menudo separad*s de las familias a las que mantienen mientras limpian las casas y cuidan de l*s hij*s de quienes tienen trabajos mejor pagados o sudan en gimnasios para cumplir con las exigencias del autocuidado: todas ellas figuras de una «cadena de cuidados» globalizada[260]. «Cuidar» nos remite aquí a esas capas de trabajo que *nos hacen sobrellevar el día,* un espacio material en el que muchas personas están atrapadas. Al reclamarlo

[257] Dorothy E. Smith, *The Everyday World as Problematic. A Feminist Sociology,* Boston: Northeastern University Press 1987.

[258] Rose, «Hand, Braind and Heart»; Rose, *Love, Power and Knowledge.*

[259] Collins, «Learning from the Outsider Within».

[260] Precarias a la Deriva, *A la deriva.*

como fuente de conocimiento, las teóricas del punto de vista rechazaban la limpieza epistémica que elimina estas mediaciones: una voluntad de trascendencia que borra las relaciones reales cotidianas para higienizar la producción de conocimiento, algo que Nancy Hartsock[261] denominó la producción de «masculinidad abstracta». Pensar los cuerpos laborales mediadores como políticos —es decir, problemáticos— es lo que los feminismos del punto de vista teorizaron como una producción de posiciones para construir otros modos posibles de conocimiento.

La postura de Haraway contra los «dualismos políticos y ontológicos» puede leerse como una continuación de estas conversaciones. La afirmación del potencial político de valorar las mediaciones pegajosas como dispositivo de pensamiento se prolonga a través de un rechazo genérico de la *pureza:* «La cuestión es marcar una diferencia en el mundo, arriesgarnos por unos estilos de vida y no por otros. Para ello, se debe estar en la acción, ser finita y sucia, y no limpia y trascendente»[262]. Antes he hablado de cómo las redes de pensar-con también promulgan conexiones impuras. Este es el significado del pensamiento no inocente, de «seguir con el problema»[263], no de la crítica que nos sitúa en el lado «correcto». El potencial disruptivo de pensar con cuidado, para mantenernos cerca de las acciones terrenales que fomentan la red de la vida, se mantiene activo en estos esfuerzos. El cuidado sigue siendo un terreno propicio para estas reafirmaciones. Pienso en la enérgica respuesta de Haraway en *When Species Meet,* donde se enfrenta a los fascinantes efectos

---

[261] Hartsock, «The Feminist Standpoint».

[262] Haraway, *Testigo_Modesto@Segundo_Milenio,* 55.

[263] Haraway, *Seguir con el problema.*

del «devenir-animal» de Deleuze y Guattari al abrazar la figura del lobo —la manada, la multitud de *afectos* desindividualizados, la puerta a lo salvaje— en oposición al perro domesticado como el foco de un *afecto* mezquino, sentimental, familiar y regresivo, representado en el perro de una anciana. Haraway rechaza tajantemente «una filosofía de lo sublime, no de lo terrenal, no del barro» que manifiesta «desprecio por lo doméstico y lo ordinario». Lo que le llama la atención a Haraway en el desprecio por el «pequeño gato o perro propiedad de una anciana que lo honra y lo aprecia» es el «desdén por lo cotidiano, lo ordinario, lo afectivo»[264]; una «muestra de misoginia, miedo a envejecer, falta de curiosidad sobre los animales y horror a lo común de la carne»[265]. Un pensar con cuidado más que humano apreciaría todas las reflexiones sobre las relaciones alternativas en los mundos de la cotidianidad doméstica y trivial, lo difícil y lo lúdico, lo alegre y lo doloroso de las mediaciones del afecto del cuidado, involucradas crucialmente en las experiencias cotidianas de la intimidad interespecie en los mundos contemporáneos naturoculturales. No pretende separar estos mundos de las esferas del imponente pensamiento posthumano, sino que considera tanto a la cotidianidad continua, como al valor del pensamiento, como rupturas extraordinarias con lo convencional.

El trabajo de Haraway para mantener unidas las contradicciones y complejidades en lugar de depurarlas es un valioso recurso para quienes buscan continuar con los compromisos feministas en los cuidados disruptivos. Esto se mantiene en su trabajo más reciente sobre las

---

[264] Haraway, *When Species Meet,* 29.
[265] *Ibid.,* 30.

relaciones interespecie. Con este *ethos* de pensamiento, Haraway explora los dilemas del cuidado en un mundo naturocultural mostrando cómo la integración del cuidado en futuros más que humanos bien podría implicar la acogida de vínculos inesperados que pueden parecer repulsivos[266]. La relevancia del pensamiento de Haraway para trabajar con las impurezas particulares del cuidado en las naturoculturas me atrapó por primera vez cuando planteó la convincente pregunta: «¿Cuál es mi familia en este mundo?»[267]. La pregunta era requerida por una criatura ciborgiana particularmente inquietante: una roedora transgénica, Oncoratona®, producida para servir a la investigación sobre el cáncer de mama. Cuidar de esta ratona es una experiencia inusual, al menos de la forma en que Haraway contó su historia, alejada de cualquier tentación de sentimentalismo. Nombrada a la vez «ella» y «eso», sus engañosas fronteras son impuras, vivía en laboratorios, pero no era un dispositivo mecánico, sufría, pero no era «solo» un efecto colateral del entorno experimental: había nacido, sido producida y patentada en serie para sufrir. Al morir o sobrevivir, la Oncoratona® debía *demostrar* qué tipo de ser es el cáncer. Pero al reflexionar sobre la vida de la Oncoratona® desde una perspectiva feminista, al plantear preguntas especulativamente comprometidas como para quién vive y muere la Oncoratona®, el testimonio de Haraway, ilustrado con el eficaz retrato de Lynn Randolph de una ratona mártir desnuda con una corona de espinas y bajo constante observación en un laboratorio *peep-show,* también «probaba» algo inesperado: nuestra hermana ratona estaba hecha para desempeñar un papel

---

[266] *Ibid.*

[267] Haraway, *Testigo_Modesto@Segundo_Milenio,* 32-33, 69.

en el conglomerado de intereses industriales, médicos y económicos que constituyen el «complejo del cáncer»[268]. *Vis à vis* tales seres y tal tipo de tecnociencias, el sentido feminista del cuidado se vio urgido a mutar, y quizá más que nunca. La Oncoratona® fue una historia ejemplar de alteridad antisignificativa que nos provocó un sentido de sororidad ampliado. Observar las formas experimentales de vida a través de los ojos de nuestra abyecta hermana ratona nos reveló el persistente *ethos* del modesto testigo desinteresado en el laboratorio experimental como el mayor insulto de indiferencia. Al trastornar las ilusiones de la ciencia moderna obligándonos a mirar a través de los ojos de esta rata de laboratorio *high-tech,* Haraway transformó una cuestión de hecho en una cuestión de cuidado.

Este planteamiento aporta significado a pensar con cuidado en mundos más que humanos. Nos recuerda la suerte conjunta de todas las formas de vida con el devenir sociotecnológico, el punto de partida de la trayectoria de este libro. El compromiso de Haraway de contar historias que enfaticen las relaciones no inocentes contribuye a la recreación en curso de una política del cuidado como práctica cotidiana que rechaza las órdenes morales que lo reducen al amor inocente o a la securitización de los necesitados. Un cuidado adecuado requiere una forma de conocimiento y curiosidad respecto a las necesidades situadas de un «otro» —humano o no— que solo se hace posible a través de relaciones que inevitablemente transforman a los seres entrelazados: vivir-con es para Haraway un devenir-con. Si he insistido tanto en la política del reconocimiento de los compromisos amorosos, es porque

---

[268] S. Lochlann Jain, *Malignant. How Cancer Becomes Us.* Berkeley: University of California Press 2013.

creo que los relatos de Haraway sobre estas co-transformaciones se han hecho más fuertes y capaces de generar cuestiones de cuidado por la forma en que comparte su propia relación íntima con, por ejemplo, la perra a quien más cuida; por la forma en que expuso sus propias transformaciones a través de esa relación e incrustación en una historia colectiva estratificada de dilemas éticos. Al incrustar las relaciones de cuidado en entrelazamientos situados, Haraway demuestra que la responsabilidad hacia quienes cuidamos no significa necesariamente estar *a cargo,* sino estar involucrad*s.

Pausa: ¿cómo estás?

He comenzado este libro defendiendo el significado del cuidado por el pensamiento y el conocimiento. Ninguna de estas características —pensar-con, disentir-desde-adentro y pensar-para— pretende promover una regla para el conocimiento ético. No estoy argumentando que todo análisis de las relaciones deba representar el cuidado mediante esta forma de escritura, sino que los compromisos del cuidado no deben ser descartados como algo accesorio. Creo que es importante resistirse a incluir el cuidado en una teoría normativa del conocimiento. Si hay una ética y una política del conocimiento en juego, no puede ser una teoría que nos sirva como «receta» para nuestros encuentros. He invocado el pensamiento especulativo como una forma de conjurar la normatividad, tanto moral como epistemológica. En la medida en que sigamos comprometiéndonos con la curiosidad permanente por los detalles de «cómo» podría hacerse, el cuidado es un buen tropo para exhibir la singularidad de una política y una ética del conocimiento no normativas. Recordando una de las sugerencias que este libro intenta explorar, la de pensar las diferentes dimensiones del cuidado juntas y a través de las demás, el afecto del cuidado, como algo que *hacemos,* es siempre específico; no puede ser promulgado por una disposición moral *a priori,* ni por una postura epistémica, ni por un conjunto de técnicas aplicadas, ni suscitado como un afecto abstracto.

Y, sin embargo, al tratar de dar significado al cuidado en las relaciones de conocimiento, siento que el riesgo que hay que evitar sigue siendo la tendencia al moralismo epistemológico. Algo se sostiene, algo encaja, algo se siente lo suficientemente cierto como para tratar de imponerlo, de convencer. Quizá no sea para extrañarse: el término *accurate*[269] deriva de *care,* «preparado con cuidado, exacto»; es el participio pasado de *accurare,* «cuidar de». Aquí, la noción de hacer algo con cuidado lleva a la de «ser exacta». Sin ser cínicas sobre los deseos de ser verdaderas, de ser justas[270], la tentadora proximidad entre estos términos revela un terreno peligroso: la ambición de controlar y juzgar qué / a quiénes / cómo cuidamos. Este objetivo controlador se hace eco de lo que ocurre con los propósitos de recopilar prácticas de conocimiento bajo epistemologías normativas que tienden a borrar las especificidades de las prácticas de conocimiento. ¿Cómo podemos impedir que pensar con cuidado caiga en *un exceso,* en una voluntad devoradora de exactitud controlada, de que *todo* sea correcto?

---

[269] Preciso, exacto, riguroso (N. de las T.).

[270] Para un bello ejemplo de cómo la indecidibilidad de la atención está en juego en las prácticas de auditoría y rendición de cuentas, véase la investigación de Sonja Jerak-Zuiderent sobre los indicadores de rendimiento en la atención sanitaria (Sonja Jerak-Zuiderent, *Generative Accountability. Comparing with Care* [tesis doctoral], Rotterdam: Erasmus University 2013).

Las políticas del conocimiento de Haraway engrosan y complejizan los significados del cuidado del pensamiento y el conocimiento precisamente porque ejercen la resistencia tanto al formato epistemológico como a las tentadoras «orgías de moralismo»[271] como soluciones para resolver de una vez por todas las dificultades de la interdependencia significativa. Tal vez su antídoto contra la normatividad en sí misma, ya sea epistemológica o moral, sea un apetito por lo inesperado dominante en su entramado ontológico: «Estoy más interesada en lo inesperado que en lo que siempre se puede predecir de manera definitiva»[272]. Y porque, en sus palabras, «nada viene sin su mundo», no nos encontramos con individuos aislados, el encuentro produce un mundo, cambia el color de las cosas, difracta más de lo que refleja, distorsiona la «imagen sagrada de lo mismo»[273]. Conocer no consiste en predecir y controlar, sino en permanecer *atentos* a lo desconocido que llama a nuestra puerta»[274]. Los encuentros tienen resultados inesperados: «¿Pero qué es exactamente un encuentro con alguien que se ama? ¿Es un encuentro con alguien, o con animales que vienen a poblaros, con ideas que os invaden, con movimientos que os conmueven, con sonidos que os atraviesan? ¿Y cómo separar esas cosas?»[275]. No siempre sabemos de antemano qué mundo toca nuestra puerta, ni cuáles serán las consecuencias y, sin embargo, el modo de cuidar sigue siendo una cuestión sobre cómo

---

[271] Haraway, *Testigo_Modesto@Segundo_Milenio,* 230.

[272] *Ibid.,* 314.

[273] Donna Haraway, «A Game of Cat's Cradle. Science Studies, Feminist Theory, Cultural Studies», *Configurations,* 1, 1994, 70.

[274] Gilles Deleuze, «¿Qué es un dispositivo?», en *Michel Foucault. Filósofo,* Barcelona: Gedisa 1990, 160.

[275] Deleuze y Parnet, *Diálogos,* 15.

nos relacionamos con lo nuevo. En una ocasión, Foucault recordó la semejanza etimológica entre el cuidado y la «curiosidad», para revalorizar esta última como «el cuidado que se tiene de lo que existe y de lo que podría existir»[276]. Haraway ha instado a menudo a una curiosidad comprometida como requisito para cuidar mejor de l*s demás en las relaciones interespecie[277]. Por lo tanto, no es difícil ver cómo los *cíborgs* y otros seres híbridos pueden ser llamados a apoyar la importancia del cuidado en mundos más que humanos, no solo porque extienden los significados del cuidado más allá de las formas normalizadas y esperadas de parentesco para abrazar formas de vida no familiares —*frankensteinianas,* si me lo permite Latour— que emergen en la tecnociencia, sino, en general, porque este gesto revela que pensar con cuidado nunca puede resolverse, una teoría no hará el trabajo en los mundos que vienen con la escritura especulativa de Haraway: las demandas de cuidado no dejarán de venir del «país no esperado»[278]. Esto nos muestra que la tarea del cuidado es tan inevitable como siempre continua, las nuevas situaciones cambian lo que se requiere de las implicaciones del cuidado.

Pensar con cuidado, como forma de vivir-con, expone inevitablemente los límites de los entornos científicos y académicos para crear mundos más cuidadosos. Hago una pausa en mi exploración para plantear una curiosa pregunta básica a mis lector*s: *¿cómo estás?* Me gustaría que esta pregunta suene como una forma mundana de cuidado, dentro de una distancia respetuosa, por qué/

---

[276] Citado en Latimer, *The Conduct of Care.*
[277] Haraway, *When Species Meet.*
[278] *Ibid.*

quiénes nos encontramos y no necesariamente conocemos, un dispositivo de comunicación necesario para pensar con cuidado en mundos poblados. Podría indicar curiosidad sobre cómo otras personas mantienen el cuidado en el mundo dislocado de la academia contemporánea y otros campos de producción de conocimiento tecnocientífico y controlado con su corolario de gestión, el delirio ansioso de la reorganización permanente: «No puedo seguir. Tú tienes que seguir».[279] Entonces, «¿Cómo estás?» a veces puede significar «¿Cómo te las *arreglas?*».

Algunos dirían que producir conocimientos que cuiden consiste sobre todo en «preocuparse por», lo que requiere menos compromiso práctico que la labor concreta en los mundos que estudiamos, «ahí afuera». Sin embargo, si nos proponemos adoptar una cierta forma de vulnerabilidad en los compromisos de conocimiento, quizá sea necesario reconocer que estos pueden pasar factura. Las tensiones afectivas del cuidado están presentes en su propia etimología, que incluye nociones tanto de «ansiedad, tristeza y dolor» como de «atención mental seria». O una podría preguntarse, ¿no son la ansiedad, la tristeza y el dolor amenazas reales para la atención mental seria que requiere pensar con cuidado? ¿La atención necesaria para mantener el conocimiento consciente de sus conexiones y consecuencias conduce inevitablemente a la ansiedad? Uno de los principales obstáculos es que un exceso de cuidados puede asfixiar a la persona cuidadora y a la cuidada. Pero

---

[279] Inspirada en Samuel Beckett, esta frase fue propuesta por Stephen Dunne para caracterizar el ambiente en el mundo académico del Reino Unido en el que se iba a celebrar la conferencia del décimo aniversario del *Centre for Philosophy and Political Economy, School of Management, University of Leicester*. La frase se convirtió en el lema de la Conferencia CPPE@10, Leicester, diciembre de 2013.

¿puede esto impedirnos cuidar? ¿No son la ansiedad, la pena y el dolor afectos inevitables en los esfuerzos por prestar atención mental seria, por pensar con cuidado, en mundos dislocados? ¿O pertenecen estos afectos a una sensación de *inexactitud* fuera de lugar; la sensación de que algo no encaja, de que no se mantiene unido; la sensación que impulsa el pensamiento especulativo de que algo podría ser diferente?

Una política del cuidado va en contra de la bifurcación de la conciencia que mantendría nuestro conocimiento ajeno a la ansiedad y la inexactitud. El conocimiento implicado consiste en *ser tocado* en lugar de observar desde la distancia. Partiendo de esta premisa, el siguiente capítulo explora los significados del conocimiento como tacto, como una tecnología *háptica* que cuestiona la transparencia humanista moderna de la visión (distante). Siguiendo los compromisos contemporáneos con las tecnologías del tacto que rechazan la primacía de la visión en las epistemologías tradicionales, se aborda el deseo de pensar en intimidad, en proximidad con las mediaciones que hacen posible el mundo. El tacto abre, por tanto, otros significados del conocimiento que cuida. Y, sin embargo, mi conversación con las reivindicaciones del universo sensorial háptico se convierte en sí misma en un intento de resistir la idealización del cuidado como una forma más inmediata de conocimiento. Aunque el tacto es quizá el sentido que mejor encarna las intensidades implicadas en las acciones y obligaciones del cuidado, el pensamiento especulativo sobre la posibilidad del cuidado pone en entredicho los anhelos de inmediatez inmanente.

CAPÍTULO 3
Visiones que tocan

Los compromisos afectivos, éticos y prácticos del cuidado invocan relaciones encarnadas e incrustadas, cercanas a condiciones concretas. Y, sin embargo, aquí exploro el cuidado para una ética especulativa. Abrazando la tensión entre lo concreto y lo especulativo, este capítulo explora caminos hacia la re-encarnación del pensar y el conocer que se han abierto a través del compromiso apasionado con los significados del «tocar». Como forma metonímica de acceder al carácter vivo y carnal de las relaciones de cuidado implicadas, lo *háptico* promete oponerse a la primacía de una visión distanciada, una promesa del pensamiento y el conocimiento que está «en contacto» con la materialidad, el tacto y el contacto. Aun así, las promesas de este giro onto-epistémico hacia el tacto no están exentas de problemas. En todo caso, aumentan la corporeidad intensa del cuestionamiento ético. Al navegar las promesas del tacto, este capítulo intenta ejercitar y ampliar los potenciales disruptivos del conocimiento del cuidado que explora este libro. Se propone tratar las tecnologías hápticas como cuestiones del cuidado y, al hacerlo, continúa desentrañando y configurando una noción del cuidado en mundos más que humanos.

Desplegar y problematizar las posibilidades del tacto me lleva a una exploración de sus significados literales y figurados. Sigo aquí las tentadoras vías abiertas en la teoría y la crítica cultural para explorar la especificidad y la interrelación de diferentes universos sensoriales[280]. Todos

---

[280] Paul Rodaway, *Sensuous Geographies. Body, Sense, and Place*, Nueva York: Routledge 1994; Laura U. Marks, *Touch. Sensuous Theory and Multisensory Media*, Minneapolis: University of Minnesota Press 2002;

los sentidos se ven afectados por esta revisión de la subjetividad y la experiencia, pero el tacto destaca como un universo sensorial previamente *desatendido,* como metáfora de la relación intensificada. Entonces, ¿por qué resulta tan atractivo el tacto? ¿Y qué nuevas implicaciones para el pensamiento se sugieren al invocar el tacto?

La atención a lo que implica tocar y ser tocado profundiza la conciencia del carácter encarnado de la percepción, el afecto y el pensamiento[281]. Entender el contacto como tacto intensifica el sentido de lo co-transformativo, en los efectos carnales de las conexiones entre los seres. Es significativo que, en su evocación casi automática de la relacionalidad cercana, el tacto también sea considerado como la experiencia por excelencia en la que se difuminan los límites entre el yo y el otro[282]. El énfasis en la interacción encarnada también continúa en los estudios de ciencia y tecnología, por ejemplo, al explorar «el futuro del tacto» posible gracias a los desarrollos de la «piel robótica»[283]. Prestar atención a los dispositivos táctiles

---

Vivian Sobchack, *Carnal Thoughts. Embodiment and Moving Image Culture*, Berkeley: University of California Press 2004; Mark Paterson, *The Senses of Touch. Haptics, Affects, and Technologies,* Oxford: Berg 2007.

[281] Sara Ahmed y Jackie Stacey, *Thinking through the Skin (Transformations). Thinking through Feminism*, Londres: Routledge 2001; Eve Kosofsky Sedgwick, *Touching Feeling. Affect, Pedagogy, Performativity*, Durham: Duke University Press 2003; Lisa Blackman, *The Body. The Key Concepts*, Oxford: Berg 2008.

[282] Marks, *Touch;* Matthew Radcliffe, «Touch and Situatedness», *International Journal of Philosophical Studies,* 16 (3), 299-322; Karen Barad, «Sobre el tocar. El inhumano que, entonces, soy», en *Cuestión de materia. Trans/Materia/Realidades y performatividad* queer *de la naturaleza*, traducido por Silvana Vetö, Barcelona: Holobionte 2023.

[283] Claudia Castañeda, «The Future of Touch», en Sara Ahmed y Jackie Stacey (eds.), *Thinking through the Skin*, Londres: Routledge 2001, 223-236.

de laboratorio también puede resaltar la materialidad y corporeidad de las «intra-acciones» sujeto-objeto en las prácticas científicas, omitidas por las epistemologías basadas en la «representación» que tienden a separar las agencias de sujetos y objetos[284]. El tacto enfatiza la creatividad «háptica» improvisada a través de la cual la experimentación representa al conocimiento científico en un juego de cuerpos humanos y no humanos[285]. Involucrarse con el tacto también tiene un significado político. En contraste con la expectativa de «acontecimientos» *visibles* que sean accesibles o ratificados por la política de la representación, el fomento de las capacidades «hápticas» se presenta como una estrategia sensorial para percibir aquellas políticas menos evidentes en las transformaciones ordinarias de la experiencia, que pasan desapercibidas para la representación objetivista «óptica»[286]. Aquí, el compromiso háptico supone un aliciente para que el conocimiento y la acción sean diseñados *en contacto* con la vida y la práctica de todos los días, cerca del compromiso con la transformación material ordinaria. Entiendo que estas intervenciones manifiestan una atención más profunda a la materialidad y la encarnación, una invitación a repensar la relacionalidad en su carácter corpóreo, así como un deseo de compromiso concreto, tangible, con la transformación del mundo: todas características y significados que pertenecen al pensar-con cuidado que exploro en este libro.

---

[284] Barad, *Meeting the Universe Halfway.*

[285] Natasha Myers y Joseph Dumit, «Haptic Creativity and the Mid-embodiments of Experimental Life», en Frances E. Mascia-Lees, *A Companion to the Anthropology of the Body and Embodiment*, Malden, Mass.: Wiley-Blackwell 2011, 244.

[286] Papadopoulos, Stephenson y Tsianos, *Escape Routes,* 55.

La encarnación, la relacionalidad y el compromiso son temas que han marcado la epistemología feminista y las políticas del conocimiento. Explorar los significados del tacto para las políticas del conocimiento y la subjetividad extiende los debates sobre el conocimiento situado y comprometido iniciados en los capítulos 1 y 2. Pensar-con el tacto tiene el potencial de inspirar un sentido de conexión que puede problematizar aún más las abstracciones y los desencuentros de las distancias (epistemológicas), las bifurcaciones entre sujetos y objetos, el conocimiento y el mundo, los afectos y los hechos, la política y la ciencia. El tacto contrarresta la metáfora sensorial de la visión, dominante en la elaboración del conocimiento y las epistemologías modernas. Pero el deseo de una visión mejor, más profunda y precisa es más que una metáfora. Las críticas feministas han cuestionado las intenciones y los efectos de las tecnologías visuales aumentadas que pretenden penetrar en los cuerpos para abrir sus verdades internas[287]. Comprometida con esta tradición de sospecha onto-política sobre la representación visual, Donna Haraway propuso, no obstante, que nos reapropiáramos de la «persistencia de la visión» como forma de involucrarnos con su herencia dominante. El desafío

---

[287] La violencia de las tecnologías visuales científicas ha sido un foco clásico de la crítica feminista. El libro de Ludmilla Jordanova *Sexual Visions (Sexual Visions. Images of Gender in Science and Medicine between the Eighteenth and Twentieth Centuries*, Madison: University of Wisconsin Press 1993), por ejemplo, examina el aspecto sexual y de género de los esfuerzos por «ver» y abrir los cuerpos en la ciencia y la medicina. Importantes trabajos se han centrado en las tecnologías visuales de la obstetricia prenatal, donde el deseo de ver mejor, la visión en primer plano de los bebés en los úteros contribuye a separar los úteros gestantes del cuerpo de la madre y a la personificación del feto (Ingrid Zechmeister, «Foetal Images: The Power of Visual Technology in Antenatal Care and the Implications for Women's Reproductive Freedom», *Health Care Analysis 9,* (4), 2001 387-400.).

consiste en fomentar la «destreza [...] con las *mediaciones de la visión*»[288], sobre todo impugnando y resistiéndose a adoptar una «visión desde ninguna parte» irresponsable y desmarcada que pretenda verlo todo y en todas partes. Esta reivindicación encarnada, *situada,* material y semiótica de las tecnologías de la visión es el núcleo de su figura reelaborada del «testigo modesto» para la tecnociencia[289] que transfigura los significados de la objetividad de modo que abre posibilidades para prácticas de conocimiento comprometidas con mundos posibles[290].

Significativamente, al abrazar el tacto, otr*s también han buscado enfatizar la *situacionalidad* y marcar la diferencia en atmósferas culturales fuertemente sintonizadas con modelos filosóficos visuales de formas de estar en el mundo[291]. ¿Es el conocimiento como tacto menos susceptible de enmascararse detrás de un «ningún lugar»? Podemos ver sin ser vistos, pero ¿podemos tocar sin ser tocados? Al abordar el poder metafórico del tacto para subrayar cuestiones de implicación y conocimiento comprometido, no puedo evitar oír una voz familiar que dice «la teoría no ha hecho más que observar el mundo, pero de lo que se trata es de *tocarlo*» —reformulando perezosamente la condena de Marx al pensamiento abstracto según la cual «[l]os filósofos no han hecho más que interpretar [...] el mundo, pero de lo que se trata es de transformarlo»[292]. No obstante, la conciencia, sugerida

---

[288] Haraway, «Conocimiento situado», 302.

[289] *Ibid.*

[290] Haraway, «Conocimiento situado».

[291] Radcliffe, «Touch and Situatedness», 34.

[292] Karl Marx, «Tesis sobre Feuerbach» [1845], en Karl Marx y Friedrich Engels, *Ludwig Feuerbach y el fin de la filosofía clásica alemana (y otros escritos sobre Feuerbach),* Madrid: Fundación de Estudios Socialistas Federico Engels 2006, 59.

en capítulos anteriores, de que los procesos de producción de conocimiento son necesariamente creadores de mundo y materialmente consecuentes evoca el poder de las prácticas del conocimiento para tocar —y el compromiso de mantenerse en contacto con— las cuestiones políticas y éticas que están en juego en las conversaciones académicas, científicas y de otra índole.

Al involucrarme en debates que revalorizan el tacto vuelvo a las paradojas de la reivindicación. Reivindicar las tecnologías de la visión implica reapropiarse de un universo sensorial y un orden epistemológico *dominantes,* buscando formas alternativas de ver. Los venenos encontrados en estos terrenos son las disposiciones ópticas que generan distancias desvinculadas con los otros y con el mundo, y la pretensión de verlo todo sin pertenecer a ninguna parte. En cambio, a semejanza del cuidado, el tacto no se considera dominante, sino un modo de relacionarse *desatendido* con un irresistible potencial para restaurar la brecha que impide que el conocimiento abarque una subjetividad plenamente encarnada. Entonces, ¿cómo se abre la reivindicación del tacto a otras formas de pensar si ya es de algún modo una vía onto-epistémica alternativa? Reivindicar lo desatendido continúa la estrategia de pensamiento de los capítulos anteriores: pensar desde, con y para las existencias marginadas como un potencial para percibir, fomentar y trabajar por otros mundos posibles. Pero estas formas de pensar no tienen por qué traducirse en la expectativa de que el contacto con los mundos desatendidos del tacto signifique inmediatamente una renovación beneficiosa. Por el contrario, para reivindicar el tacto como una forma de conocimiento del cuidado, sigo pensando con el potencial de las visiones de oposición marginadas para cuestionar las configuraciones dominantes, opresivas e indiferentes, un deseo transformador que también exige resistirse a la idealización. Cuando se participa en la atmósfera animada de las reivindicaciones del tacto, se corre el riesgo de idealizar el paradigmático otro de la visión como significante de la objetividad encarnada *no mediada*. En lugar de garantizar la resolución, pensar-con el tacto abre nuevos interrogantes.

El encanto del tacto

Al igual que otras, me he sentido seducida por los mundos del tacto, provocada y cautivada por la mera palabra, por la mezcla de significados literales y metafóricos que hacen del tacto una figura de sentimiento, relación y conocimiento intensificados. Su atractivo para el proyecto de este libro, sin embargo, no es solo el de evocar una experiencia sensorial específicamente poderosa, sino también el de proporcionar la carga afectiva que lo convierte en una buena noción para pensar en las ambivalencias del cuidado. Empezando por ser tocado —ser alcanzado, *conmovido*—, el tacto exacerba un sentimiento de preocupación; apunta a un compromiso que abandona la distancia desapegada. De hecho, una idea que se suele plantear sobre la especificidad de experimentar el tacto —a menudo respaldada por referencias a la fenomenología de Merleau-Ponty— es su «reversibilidad»: cuando los cuerpos y las cosas tocan, también son tocadas. Con todo, aquí me pregunto: tocar o ser tocado físicamente no significa automáticamente *estar en contacto* con uno mismo o con el otro. ¿Puede haber un contacto desapegado? El tacto no deseado, el tacto abusivo, puede inducir un rechazo de la sensación, un adormecimiento autoinducido en el ser tocado. Tal vez debamos preguntarnos qué tipo de contacto se produce cuando no somos conscientes de las necesidades y deseos de a qué o a quién nos dirigimos. Esto resuena con la apropiación de los otros a través del cuidado que he tratado en los capítulos anteriores; el carácter problemático de estas dinámicas se agudiza cuando el pensamiento puede ser concebido como una apropiación corpórea a través del tacto «directo».

Estos interrogantes se hacen más urgentes cuando nos enfrentamos al significado potencialmente *totalizante* del tacto: el tacto, afirma Jean Louis Chrétien, es «inseparable de la vida misma»[293]. Toco, luego existo. Hay algo excesivo en que toquemos con todo el cuerpo, en que el tacto esté ahí *todo el tiempo,* a diferencia de la visión, que permite observar a distancia y cerrar los ojos. Incluso cuando no tocamos intencionadamente, la ausencia de contacto físico puede sentirse como una manifestación del tacto[294]. Además, para ser sentidas, la información sensorial y afectiva que otros sentidos aportan a la experiencia necesariamente atraviesan el tacto material del cuerpo. Esta influencia total contribuye a una sensación de «inmersión»[295] y se encarna en su órgano atípico y envolvente, la piel[296]. El tacto exhibe predominancia a la vez que expone vulnerabilidad.

Touché es un sustituto metafórico de ser herido. El modo en que el tacto nos expone a la herida, a la violencia

---

[293] Jean-Louis Chrétien, *The Call and the Response*, Nueva York: Fordham University Press 2004, 85.

[294] Radcliffe «Touch and Situatedness», 303.

[295] Mark Paterson, «Feel the Presence. Technologies of Touch and Distance», *Environment and Planning D: Society and Space, 24,* 2006, 699.

[296] Ahmed y Stacey, *Thinking through the Skin.*

(potencial) del contacto, es señalado por Thomas Dumm, quien nos recuerda que «tocar» proviene del italiano *toccare*: «golpear, pegar». Las meditaciones de Dumm sobre el tacto son especialmente esclarecedoras en cuanto a sus significados ambivalentes[297]. Tocar, dice, «nos hace enfrentarnos al hecho de nuestra mortalidad, a nuestra necesidad del otro y, como afirma Judith Butler, al hecho de que nos deshacemos unos a otros»[298]. En contraposición, Dumm explora dos significados de volverse *intocable*. En primer lugar, la pérdida de alguien que nos importaba y que convierte a esa persona en intocable: «Aquello que imaginamos como parte de nosotros ahora está separado»[299]. Segundo, volverse uno mismo intocable: «una figura de aislamiento, de soledad absoluta»[300].

Pero ¿cómo sería posible volverse intocable, emprender una desconexión protectora con el sentimiento, dada la omnipresencia del tacto corporal? La presencia absoluta del tacto no implica necesariamente ser consciente de su influencia. Dumm nos hace ver que rechazar el tacto es posible y a veces necesario para sobrevivir al daño. No obstante, si ese blindaje se vuelve total, conlleva una negación de la vida misma. La inevitable ambivalencia del tacto consiste, pues, en vehiculizar una forma vital de relacionarse y una amenaza de violencia e invasión. Dumm despliega la confesión de Ralph Waldo Emerson de no sentirse tocado por la muerte de su hijo y su afirmación de que tocar es a la vez «un acto imposible» y necesario

---

[297] Agradezco a Rebecca Herzig que me haya dado a conocer el libro de Thomas Dumm.

[298] Thomas Dumm, *Loneliness as a Way of Life*, Cambridge: Harvard University Press 2008, 158.

[299] *Ibid.*, 132.

[300] *Ibid.*, 155.

para convertirse en «actores del mundo de la experiencia». Dumm concluye que la pérdida del tacto es una huida hacia la «futilidad del pensamiento total», mientras que tocar es un giro hacia la «naturaleza parcial de la acción», un paso «de la trascendencia a la *inmanencia,* de lo intocable al abrazo de la vida *corpórea*»[301]. La vida es mortalidad, parcialidad y vulnerabilidad inevitables, son los problemas y las condiciones del vivir. La confianza podría ser la condición ineludible que permita esta apertura a la relación y al riesgo corpóreo inmanente.

Exponerse mediante el tacto se traduce en otro extremo emblemático a menudo asociado al tacto, la curación: «Si tan solo pudiera tocar su manto, quedaría sana», piensa una mujer enferma que se acerca a Jesús (Mateo 9:21). Este versículo bíblico me vino a la mente al encontrarme con el logotipo de una empresa que desarrolla software de simulación anatómica tridimensional con fines de aprendizaje médico: *TolTech Touch of life technologies*[302]. En él aparecen dos manos humanas, con los dedos índices extendidos para tocarse, invocando la conexión divina entre Dios y Adán representada por Miguel Ángel y sus aprendices en el techo de la Capilla Sixtina. Sin embargo, al ofrecer «la posibilidad de acercarse al cuerpo humano desde cualquier combinación de perspectivas tradicionales», la versión de *Touch of Life* se refería a la visión aumentada de partes anatómicas mediante tecnologías 3D que podrían acercar a los practicantes médicos a una recreación de la experiencia de tocarlas realmente. La imagen tenía aspecto de ciencia ficción y ofrecía una visión de primer

---

[301] *Ibid.,* 158.

[302] La imagen en cuestión ya no es el logotipo principal de la empresa, aunque todavía puede encontrarse en documentos vinculados a *Toltech*.

contacto extraterrestre de dos dedos índices a punto de tocarse, contrastada con un fondo azul oscuro de espacio exterior. Mostraba una luz extraña que emanaba del área próxima a este contacto aún no realizado, produciendo ondas de brillo que rodeaban las manos sobrenaturales. El imaginario tecnobíblico invocado por esta visión de la tecnología médica apelaba a anhelos ancestrales de sanación transformadora, y tal vez de salvación, a través del contacto directo y encarnado con una poderosa promesa tecnocientífica (divina).

El tacto es místico. El tacto es prosaico. Aunque ni las culturas científicas ni las políticas han sido nunca (del todo) seculares, existe, sin embargo, una vía sensata por la que el contacto corporal con el *conocimiento empírico* se asocia a lo material antes que a lo espiritual. Esta conexión se sustenta en una larga historia en la que el conocimiento concreto, fáctico y material se opone a la «mera» creencia. Siguiendo con el imaginario bíblico podemos recordar a Santo Tomás, que se convirtió en el escéptico paradigmático al manifestar la debilidad humana en su necesidad de tocar a Jesús para creer la noticia de su resurrección. En declaraciones tras la explosión de la burbuja especulativa que desembocó en la crisis financiera de 2008, Benedicto XVI, el Papa católico en funciones en aquel momento, instó a la gente a aferrarse a creencias que no se basaran en cosas materiales. Advirtió que quienes piensan que «las cosas concretas que podemos tocar son la realidad más segura» se engañan a sí mismos[303]. Esta vez, el tacto cae decididamente del lado del conocimiento prosaico; está al servicio de los que dudan, de los que necesitan aferrarse a algo, mientras que la fe pertenece

---

[303] «Pope Criticises Pursuit of Wealth!», BBC News, 6 de octubre de 2008, http://news.bbc.co.uk.

a la confianza en fuerzas inmateriales e intangibles. Durante los primeros años de la crisis, mi banco fue nacionalizado tras amenazar con la quiebra. Me llamó la atención cómo, meses después, sus oficinas seguían exhibiendo carteles de una campaña que invitaba a los clientes a renunciar a los «títulos en papel» en favor de los digitalizados con el lema: *Desmaterialización. Infórmese aquí*[304]. El Papa Benedicto XVI claramente no tenía contacto con lo que los críticos del implosionado sistema financiero habían señalado sin descanso: el carácter inmaterial e irreal de una burbuja especulativa inflada a ritmo frenético por los mercados globales desconectados de los recursos materiales finitos de las personas y del planeta. Riqueza desmaterializada y financiarizada. Desde esta perspectiva, no fue tanto la materialidad de las cosas que podemos tocar lo que condujo al colapso financiero mundial en 2008, sino su negación mortal por parte de una versión capitalista de lo especulativo «delirante» y desconectado[305].

Mi intención no es refutar la fe en lo inasible, ni el atractivo de tocar lo concreto. Simplemente me doy cuenta de lo fácil que es que la inclinación por el tacto como forma de intensificar la conciencia de la materialidad y el compromiso inmanente quede atrapada en una disputa sobre lo que cuenta como real y auténtico, digno de creencia y confianza. Independientemente de que lo «real» sea una promesa divina o un hecho tangible, lo que está en juego es la *autenticidad*. Esta aspiración a lo verídico se reproduce en las promesas de mayor inmediatez e intensificación de la *realidad* en la experiencia informática que abundan en los mercados de investigación de tecnologías hápticas innovadoras. Si hay

---

[304] Banco FORTIS, Bruselas 2008.

[305] Melinda Cooper, *Life as Surplus. Biotechnology and Capitalism in the Neoliberal Era*, Seattle: University of Washington Press 2008.

que ver para *creer,* hay que tocar para *sentir*[306]. Aquí, *sentir* se convierte en la máxima constatación de la realidad, mientras que ver se expulsa del sentir genuino, y el índice de autenticidad del creer se desploma. La insistencia en lo «material» de las reivindicaciones del tacto me llevó a preguntarme si el incremento del deseo de sentir manifiesta una urgencia por rematerializar la fiabilidad y la confianza en una cultura tecnocientífica alimentada por el escepticismo institucionalizado. En otras palabras, ¿podría el anhelo de tacto manifestar también un deseo de reinyectar sustancia en mundos más que humanos, en los que la tecnología digitalizada amplía y descentraliza las redes y mediaciones que hacen circular los testimonios fiables?

Tecnologías del tacto

La reivindicación del tacto es un fenómeno cultural ampliamente extendido, relevante para las consideraciones éticas especulativas. Basta pensar en cómo el auge de las tecnologías táctiles, un mercado que no hace más que crecer, moviliza una vasta gama de re-ensamblajes más que humanos. El modo en que estas tecnologías adquieren importancia es concomitante al modo en que transforman lo que importa. Las tecnologías táctiles surgieron a principios de la década de 2000 como una promesa de lo que Bill Gates proclamó como la «era de los sentidos digitales»[307]. «Hacen por el sentido del tacto lo que las pantallas de colores realistas y el sonido de alta fidelidad hacen por los ojos y los oídos»,

---

[306] Paterson, «Feel the Presence».

[307] «Gates Hails Age of Digital Senses», BBC News, 7 de enero de 2008, http://news.bbc.co.uk

anunció *The Economist* en los primeros días del entusiasmo háptico. Todavía no ha llegado el momento de lamer y oler teclados y pantallas[308]. Por el momento, la tecnología está «llevando el *olvidado* sentido del tacto al ámbito digital»[309]. Estas tecnologías hápticas emergentes establecen una nueva frontera para *potenciar* la experiencia humana a través de la informática y la tecnología digitalizada. Como especulaciones, promesas y expectativas transhumanistas sobre las perspectivas «innovadoras» del tacto para las personas en la tecnociencia constituyen una enorme inversión en un futuro en el que los *smartphones* y otros dispositivos táctiles son tan solo retoños de *gadgets*.

En su ensayo *Feel the Presence,* el geógrafo háptico Mark Paterson describe estas tecnologías del «tacto y la distancia» y sus posibilidades de manipulación concreta e inmediata de objetos, virtuales o no. Otras personas y cosas pueden estar lejos pero volverse «co-presentes»[310]. Paterson explica cómo añadir el tacto a los efectos visuales produce una sensación de «inmersión», cómo estas tecnologías dan una sensación de «realidad», aumentando la experiencia de los usuarios. No obstante, el autor demuestra que los esfuerzos por reproducir e «imitar» la sensación táctil son más bien productivos, performativos. Se pone en juego una reconstrucción activa de lo sensorial cuando los desarrolladores discuten cuál será la sensación *adecuada* de un objeto virtual para implementarla en el diseño real. La transformación de la experiencia sensorial no se produce únicamente mediante *prótesis,* sino que interviene en la «interiorización de

---

[308] Véase Marks *(Touch),* especialmente el capítulo 7, «The Logic of Smell», para una descripción sobre los intentos de mercantilizar los anhelos de nuestras fosas nasales.

[309] *The Economist,* 8 de marzo de 2007.

[310] Paterson, «Feel the Presence».

los modos tecnológicos de percibir»[311]. En otras palabras, las tecnologías táctiles como algo más que ensamblajes humanos podrían estar reformulando el significado de tocar. A la inversa, yo añadiría que la tecnología háptica trabaja con el poderoso imaginario del tacto y su cautivante poder afectivo para producir una tecnología táctil, es decir, una tecnología atractiva.

Explorar los tipos de mundos más que humanos que se materializan por medio de celebraciones tecnotáctiles requiere prestar atención a los efectos de producción de significado que surgen en configuraciones específicas. El problema de los dispositivos sociotecnológicos, que ocultan las mediaciones materiales mientras fingen una inmediatez casi transparente, no es tanto el anhelo de lo *real* como lo que se cuenta como real. A una política del cuidado le preocupa qué mediaciones, formas de sostener la vida y problemas serán desatendidos en ese conteo. ¿Qué significados se movilizan —y refuerzan— para cumplir con la promesa del tacto? ¿Mediante qué formas de conexión, presencia y relación se supone que el tecnotacto *mejorará* la experiencia diaria? En las tecnopromesas del tacto, «más que humano» a menudo adopta el sentido que tiene para el transhumanismo, el de un deseo de trascender las limitaciones humanas. Una tendencia que, lejos de descentrar la agencia humana a través de un re-ensamblaje más que humano, la refuerza, aunque sea de forma desencarnada, con el fin de hacer a los humanos más poderosos a través del progreso tecnocientífico. Como dice el protagonista de la novela de ciencia ficción de David Brin, mientras recoge basura del espacio con un cuerpo extendido que conecta su

---

[311] *Ibid.,* 696; Sara Danius, *The Senses of Modernism. Technology, Perception, and Aesthetics,* Ithaca: Cornell University Press 2002.

cuerpo aislado, encapsulado e imperfecto al lejano espacio exterior, el sueño es un mundo «más real»:

> La ilusión se sentía, al fin, perfecta [...] Treinta kilómetros de delgado filamento conductor.

> [...] En ambos extremos del cable de sujeción giratorio había racimos compactos de sensores (mis ojos), emisores catódicos (mis músculos) y pinzas (mis manos), que se sentían más parte de él, ahora mismo, que cualquier cosa hecha de carne. Más real que las partes carnosas con las que había nacido, ahora a la deriva en un capullo, lejos allá abajo, cerca de la voluminosa y perforada estación espacial. Aquel distante cuerpo humano parecía casi imaginario.

Los sueños de extensión tecnológica suscitan una pregunta más específica: ¿Qué características se seleccionan para la mejora humana? La cuestión de la realidad aumentada no necesita que examinemos ningún escenario de ciencia ficción particularmente extravagante; es visible en los entornos más cotidianos. En los primeros días del entusiasmo por la tecnología háptica, *Tactile Technologies,* una empresa dedicada al desarrollo y expansión de las pantallas táctiles, anunciaba las ventajas en su página web promocional[312]. La primera supuesta ventaja era la velocidad: «Rápido, más rápido, lo más rápido». Las pantallas táctiles reducen la pérdida de tiempo gracias al tacto directo en un mundo en el que «ser un segundo más rápido puede marcar la diferencia». Este carácter directo es potenciado e integrado para «todo el mundo», ya que se promociona una segunda ventaja: «lo táctil convierte a todo el mundo en experto» gracias al contacto «intuitivo»; «solo tienes que señalar lo que quieres». Tocar es conseguir. La destreza se

---

[312] Material promocional de https://www.touchpos.co.za/touchpanels.

vería mejorada mientras «los sistemas basados en pantallas táctiles eliminan virtualmente los errores a medida que los usuarios seleccionan entre menús claramente definidos». El objetivo es la inmediatez intuitiva, la reducción del aprendizaje a la destreza *directa,* la eliminación de errores basados en una selección preestablecida. En conclusión, ofrecen una «interfaz naturalmente fácil de usar» para lo que requiere el trabajo: eficacia y rapidez, reducción del tiempo de aprendizaje y disminución de costos. Además de estas ventajas —ya que las manos son vehículos culpables de contagios cotidianos—, las pantallas táctiles son presuntamente «más limpias». Por lo tanto, esta empresa ofrece sistemas que «no se ven afectados por la suciedad, el polvo, la grasa ni los líquidos». Aquí, el sueño impulsor no es tanto la mejora de la realidad como la mejora de la eficacia y la rapidez. El tacto es sinónimo de manipulación directa sin intermediarios, mientras que las preocupaciones higiénicas responden a los restos de carne involucrados. Se trata de una visión particular del re-ensamblaje más que humano que ofrecen las tecnologías táctiles, una visión que, en lugar de innovar la relación, refuerza las concepciones predominantes de la eficiencia, identificada con la aceleración de la productividad. En el último capítulo del libro, me ocuparé de cómo el paradigma de la productividad, la velocidad acelerada y la atención centrada en la producción afectan a la temporalidad de los cuidados. Lo que el valor ambivalente del tacto expone aquí es que potenciar la conexión material no significa necesariamente ser consciente de los efectos corporales.

Los ordenadores son tecnologías táctiles de manera especial: a través de teclados, pantallas y ratones. Como alguien que pasa mucho tiempo detrás de un ordenador, no soy inmune al encanto de las tersas pantallas táctiles. Pero como miembro intermitente de la comunidad afectada por el síndrome de estrés repetitivo y otros peligros para la salud derivados de los puestos de trabajo informatizados, también me pregunto por qué no se promueven las innovaciones posibles que estas tecnologías ofrecen para, al menos, no empeorar esta epidemia. La experiencia informática de muchos usuarios incluye diversos dispositivos ergonómicos que facilitan el trabajo táctil repetitivo y visten el imaginario cíborg de carne conectada a un teclado —ratón y teclado adaptados, bandas elásticas para la muñeca y la espalda, micrófonos y software de reconocimiento de voz, etc.—. Para situar las enfermedades relacionadas con el teclado como un fenómeno históricamente colectivo, es esclarecedor leer el informe de Sarah Lochlann Jain sobre la producción de lesiones asociadas a la historia de este dispositivo. Hacer de las tecnologías táctiles una cuestión de cuidado requiere que aprendamos acerca de las posibilidades soslayadas por una industria en apresurado desarrollo, es decir, las oportunidades perdidas de tomar contacto con las consecuencias que la constante retroalimentación táctil del teclado, unida a la presión de la eficiencia, ha tenido en la vida cotidiana de las personas usuarias[313]. El tacto y la cercanía pertenecen a la nebulosa conceptual del cuidado, pero no son el cuidado *per se*.

Y, aun así, el anhelo de intimidad en las relaciones de cuidado caracteriza la cotidianeidad de la tecnología informática. Susan Leigh Star lo expresa con precisión en un poema, en el que también plantea sentimientos ambivalentes sobre las promesas de mejoras a través de la extensión técnica:

---

[313] Sarah Lochlann Jain, *Injury. The Politics of Product Design and Safety Law in the United States*, Princeton: Princeton University Press 2006.

ii

my best friend lives two thousand miles away and every day
my fingertips bleed distilled intimacy
trapped Pavlovas
dance, I curse, dance bring her to me
the bandwith of her smell

ii

years ago I lay twisted
below the terminal
the keyboard my only hope
for work
for continuity
my stubborn shoulders
my ruined spine
my aching arms
suspended above my head
soft green letters
reflect back
Chapter One:
no one can see you
Chapter Two:
your body is filtered here
Chapter Three:
you are not alone[314]

---

[314] Star, *Ecologies of Knowledge,* 30-31: «mi mejor amiga vive a tres mil
kilómetros de distancia y cada día / las yemas de mis dedos sangran
intimidad destilada / Pavlovas atrapadas / bailan, yo maldigo, la danza la
trae hacia mi / el ancho de banda de su olor // hace años yací retorcida
/ bajo la terminal / el teclado mi única esperanza / de trabajo / de
continuidad / mis obstinados hombros / mi columna arruinada / mis
brazos doloridos / suspendidos sobre mi cabeza / suaves cartas verdes /
reflejan de nuevo / Capítulo Uno: / nadie puede verte / Capítulo Dos:
/ tu cuerpo se filtra aquí / Capítulo Tres: / no estás sola».

Las computadoras son más que prótesis en funcionamiento; son compañeras existenciales para la gente que intenta mantenerse en contacto a través de redes dislocadas con sus seres queridos. *Mi hermana vive a quince mil kilómetros de distancia;* mis padres, hermanos y amigos están repartidos por toda la *World Wide Web.* Un corazón desperdigado, las yemas de los dedos sangrantes y una columna arruinada, frustraciones de una «intimidad destilada», no bastan para frenar los esfuerzos por mantenerse en contacto a través de las pantallas. Las comunidades políticas electrónicas de un mundo globalizado también dependen del contacto virtual y del soporte de las redes sociales. Las tecnologías hápticas resultan especialmente atractivas para quienes la movilidad ha transformado la comunidad y tienen que «sobrevivir en la diáspora»[315]. Las tecnologías táctiles y el anhelo de estar en contacto son compatibles. La recreación de la experiencia sensorial mediante la intensificación del tacto digital se alimenta del marketing de la cercanía en la distancia y de nuestra inversión en el anhelo.

Las ansias de contacto, de estar en contacto, también son el núcleo de la implicación en el cuidado. Pero no se trata de idealizar las posibilidades. Si el tacto se extiende, es también porque es un recordatorio de la finitud —¿por qué los seres infinitos anhelarían la extensión?—. Y si la privación del tacto es un problema serio, *abrumador* es la palabra que me viene a la mente cuando se pone en primer plano el aumento de la experiencia. ¿*Contactabilidad* permanente? ¿Con qué? Al igual que el cuidado, el tacto no es un afecto inofensivo. Los receptores del tacto, ubicados por todo el cuerpo, son también receptores del dolor; registran lo que pasa

---

[315] Haraway, *Manifiesto cíborg,* 84-85.

por nuestra superficie y envían señales de dolor y placer. Cuando el trabajo y las relaciones virtuales nos absorben, estas sensaciones tardan en percibirse. Podemos perder relativamente el contacto con lo que los cuerpos soportan, y olvidar el cuidado y el trabajo que son necesarios para sobrellevar el día. No hay producción de relación virtual, ya sea mercantilizada por la inversión capitalista o por la sociedad de consumo, que no se aproveche de la vida de alguien en algún lugar. Kalindi Vora muestra, por ejemplo, cómo la «energía vital» de l*s trabajador*s de *call center* de la India es drenada por el trabajo nocturno necesario para mantenerse en contacto con las necesidades de los clientes de Norteamérica, para los que sus cuerpos son a su vez invisibles[316]. Insistir en las muchas formas en que las tecnologías digitalizadas implican el contacto material de la carne finita hace insuficiente la calificación de las economías del conocimiento y los trabajos afectivos como «inmateriales»[317]. Una mayor atención a las cadenas del tacto en la cultura digital también podría ampliar la conciencia de las capas de mediaciones materiales que permiten la conexión tecnológica. Además del trabajo humano, las tecnoculturas virtuales siempre tocan algo en alguna parte, a través de las demandas de generación de energía eléctrica y la proliferación de basura *high-tech*[318].

---

[316] Kalindi Vora, «Indian Transnational Surrogacy and the Commodification of Vital Energy», *Subjectivity,* 28, 2009, 266-278.

[317] Michael Hardt y Antonio Negri, *Imperio,* traducido por Alcira Bixio, Barcelona: Paidós 2005, 314.

[318] Agradezco a Rebecca Herzig el haberme sugerido esto; Neal Stephenson, «Mother Earth, Motherboard», *Wired,* 4 (12), 1996, 97-160; Basel Action Network, «Exporting Harm. The High-Tech Trashing of Asia», http://www.ban.org; Ginger Strand, «Keyword. Evil; Google's Addiction to Cheap Electricity», *Harper's Magazine,* marzo, 2008.

Como he argumentado antes, transformar los supuestos hechos y objetos en cuestiones de cuidado pensando con y para las labores desatendidas y las experiencias marginadas es una forma de permanecer en contacto con los problemas borrados o silenciados por las movilizaciones tecnocientíficas en desarrollo. Esto significa afrontar las tecnologías innovadoras que se supone que mejoran las condiciones de vida con preguntas sobre las relaciones sociales, el trabajo y los deseos que pueden verse anulados por su evolución, uso y aplicación. Estas cuestiones parecen especialmente pertinentes en otro campo de la inversión y las expectativas de la investigación háptica para mejorar experiencias ordinarias. Pienso en la cirugía remota, en la que los sensores táctiles procuran lograr la destreza en la manipulación a distancia[319]. El razonamiento en este caso no consiste en tocar *más,* sino en optimizar la cadena de mediaciones tecnológicas para dar una sensación de tacto directo y preciso al acceder a la carne y cuerpos distantes. El cirujano podría llegar a estar físicamente ausente, una «telepresencia» que, sin embargo, permite trabajar simultáneamente en varios pacientes. También se invoca una posible reducción del número de enfermeras que hagan el trabajo *in situ*. De nuevo, nos encontramos con «el epítome de la eficiencia», entendida en términos puramente cuantitativos: reducción de gastos y de recursos humanos. Si bien las intervenciones quirúrgicas complejas aún no son realizables de este modo, la cura mediante teleasistencia no es una fantasía. A veces se busca mejorar el acceso a la asistencia sanitaria en lugares desfavorecidos, donde el

---

[319] Richard M. Satava, «Telemedecine, Virtual Reality, and Other Technologies That Will Transform How Healthcare Is Provided», 2004, http://depts.washington.edu/biointel/future-of-healthcare-Tokyo-0412.doc.

desarrollo de tecnologías hápticas para la presencialidad tiene sentido. Sin embargo, también debemos preguntarnos qué tipo de experiencias de cuidado se producirán gracias a estas innovaciones. ¿Qué nuevas «conductas» de gestión pasarán por cuidados?[320]. Desde la perspectiva de las labores que se hacen menos visibles de l*s pacientes y usuari*s y, no menos importante, de l*s «no usuari*s», Nelly Oudhsoorn muestra cómo los cuidados a distancia desafían los modos de interacción existentes y *transforman* la carga de trabajo en lugar de reducirla. Además, la sustitución de la interacción cara a cara aparta a los pacientes de algunas secciones de las redes de asistencia sanitaria[321]. La materialidad y el carácter directo del tacto adquieren un matiz adicional a medida que otras mediaciones se vuelven irrelevantes: ¿Con qué van a estar en contacto l*s médic*s más eficientes? ¿Qué tipo de tacto sanador es este? ¿Se invalida la reversibilidad del tacto, su potencial de consecuente correlacionalidad, de vulnerabilidad compartida, cuando l*s pacientes no pueden alcanzar a quien les está tocando?[322] En un mundo finito, una cosa parece segura: que estas nuevas formas de conexión producen tanta co-presencia como aumentan la ausencia. En efecto, no *reducen* la distancia, sino que la redistribuyen.

---

[320] Latimer, *The Conduct of Care.*

[321] Nelly Oudshoorn, «Diagnosis at a Distance. The Invisible Work of Patients and Healthcare Professionals in Cardiac Telemonitoring Technology», *Sociology of Health and Illness,* 30 (2), 2008, 272–288; Nelly Oudshoorn, «Acting with Telemonitoring Technologies» *Annual Meeting of the Society for Social Studies of Science* [paper], Rotterdam, 2008.

[322] Conozco numerosos y complejos debates sobre los predicamentos relacionales del tacto en los cuidados de enfermería. Sin embargo, para poder dar cuenta de estos debates sería necesario un nivel de compromiso con el campo que va más allá del alcance de este libro.

Pausa: dilemas del pensamiento especulativo

Se acumulan las preguntas y el escepticismo sobre la posibilidad de expansión de las promesas del tacto. Sin embargo, mi objetivo no es distanciarme de estos anhelos, ni depurar «otra» visión del tacto, la del cuidado «real». No me interesa dilucidar las razones y causas sociales, políticas y culturales subyacentes al encanto del tacto y al atractivo de las promesas tecnotáctiles. Podría estar discutiendo cómo este «giro» hacia el tacto puede corresponderse con otros giros teóricos declarados: giros hacia la materialidad, hacia las prácticas, hacia la ontología, hacia el empirismo radical. Pero, aunque vacilo sobre las promesas del tacto, me siguen preocupando las trampas de la crítica teórica analizadas en los capítulos anteriores. Tapar las especificidades de situaciones y casos bajo una crítica general a la promesa háptica, situándome como observadora a una distancia desde la que podría entender lo que está en juego, sería caer en una de esas trampas. Alejar el zoom a la velocidad de la teoría, mezclar categorías que se reflejan unas a otras en una sensación de uniformidad para sostener el argumento de que *algo ocurre* en el giro hacia lo táctil podría ser precisamente lo que no es pensar-con el tacto, pensar hápticamente; la especificidad de las texturas desaparece y «un» problema se convierte subrepticiamente en el problema de tod*s.

Mi compromiso con el tacto sigue estando situado dentro de una exploración de lo que el cuidado significa para el pensamiento y el conocimiento en mundos más que humanos. Aquí, una política del cuidado del pensamiento especulativo podría reclamar *lo háptico* como una forma de mantenerse cerca de un compromiso para responder a lo que un problema «requiere». Por supuesto, lo que llegamos a considerar problemático se basa en los compromisos colectivos que moldean nuestro pensamiento y lo que nos importa. No obstante, un compromiso especulativo basado en los problemas a los que nos hemos propuesto responder no pretende «reflejar simplemente aquello que, *a priori,* definimos como plausible»[323], o aquello que confirma una teoría. En otras palabras, las respuestas especulativas comprometidas son situadas por lo que se presenta como un problema dentro de compromisos y herencias específicos, dentro de contingencias y experiencias en situación. Si preocuparse es ser susceptible de verse afectada por algunos asuntos más que por otros, entonces las respuestas situadas están comprometidas en más de un modo interdependiente de subjetividad y conciencia política. Por lo tanto, en las re-evaluaciones del tacto, en las reivindicaciones del tacto, no solo interpreto el tipo de construcción del mundo sobre el que se especula a través de las parcialidades de mis cuidados, sino que también pienso-con otras posibilidades especulativas.

El impulso del pensamiento especulativo es que las cosas podrían ser diferentes. En este libro, lo especulativo se refiere a un modo de pensamiento comprometido con fomentar visiones de otros mundos posibles, parafraseando el lema del movimiento antiglobalización, «otro mundo es posible»[324]. Relacionado con el sentido de la vista, la forma de lo especulativo se asocia tradicionalmente con la visión, la observación. En los enfoques feministas, como

---

[323] Stengers, «Devenir philosophe».

[324] Una afirmación de la que la versión de Arundhati Roy («Confronting Empire», charla dada en el World Social Forum 2003, Porto Alegre, ZNet https://zcomm.org/znetarticle/confronting-empire-by-arundhati-roy/.), «Otro mundo no solo es posible, sino que ya está en camino y, en un día tranquilo, si escuchas con mucho cuidado puedes oír su respiración», es un bello ejemplo.

mencioné en la introducción, el pensamiento especulativo alimenta la esperanza y el deseo de acción transformadora. Pertenece al feminismo el poder afectivo de las visiones para sensibilizar, para alimentar la esperanza sobre lo que el mundo podría ser, y para comprometerse con sus promesas y sus peligros[325]. Esto implica la imaginación política de lo posible, el propósito de hacer la diferencia con conciencia y responsabilidad por las consecuencias: el pensamiento especulativo como intervención comprometida, como compromiso especulativo.

Pero la noción de visión especulativa también parece sugerir —como en la expresión «mera especulación»— una huida que trasciende las condiciones materiales que fundamentan la transformación en el presente, desde la sencillez y la trivialidad de lo cotidiano que los visionarios habitualmente son sospechosos de descuidar. El predicamento del pensamiento especulativo recrea de algún modo una cuestión desgastada y tensa para el pensamiento crítico: ¿cómo puede conducir el pensamiento al cambio material? Y, paradójicamente, no ayuda el hecho de que la visión, como metáfora del conocimiento, haya transmitido tradicionalmente la noción de que el pensamiento y el conocimiento verdaderos se basan en la observación y la razón claras e impolutas, en una relación incorpórea con un mundo distinto; el orgullo de la ciencia moderna de acuerdo con las filosofías humanistas racionalistas. Si lo especulativo es sospechoso de improbabilidad, el pensamiento y la acción dirigidos por la metáfora de la visión clara han sido criticados por su forma reduccionista y bifurcada de relacionarse, abstraída del compromiso corporal que otorga relevancia a los sujetos del conocimiento en mundos interdependientes.

---

[325] Haran, «Why Turn to Speculative Fiction?».

Es más, al optar por lo especulativo para marcar una diferencia, por la difracción más que por el reflejo de lo mismo, por inversiones alternativas en pensar lo posible o lo virtual, también tengo que considerar mi pertenencia a un tiempo y una cultura radicalmente volcadas en invertir en un futuro —de rendimientos y retornos de inversiones— de maneras que tienden a drenar las condiciones cotidianas actuales —cuestión que abordo en el último capítulo del libro—. En mi mundo, lo especulativo es también el nombre de burbujas financieras bastante tóxicas y fuera de contacto con pasados, presentes y futuros finitos. Estas tensiones no resueltas están incrustadas en un intento de pensar-con cuidado dedicado al pensamiento especulativo de lo que podría ser, pero basado en lo mundanamente posible, en un hacer práctico conectado con la cotidianidad desatendida.

Diseñar intervenciones pertinentes y con fundamento exige un pensamiento especulativo que vaya más allá de las descripciones y explicaciones de lo que es y de cómo surgieron las cosas. Los mundos hacia los que el tacto nos atraerá no están escritos en sus tecnologías ni en la supuesta naturaleza de la singular fenomenología del tacto. Las diferencias concretas que se marcan al reivindicar el tacto y reinventar las tecnologías táctiles para la vida diaria no son para nada neutrales; estarán marcadas por visiones que nos tocan y que queremos que toquen a otros, visiones especulativas del tacto, visiones conmovedoras. Esta consideración de la promesa ambivalente del tacto para pensar especulativamente con cuidado me ha llevado a preguntarme: ¿Cómo pueden los difractivos esfuerzos visionarios resistirse a la inflada posibilidad virtual (futura) desligada de las finitudes materiales (presentes)? ¿Y podemos resistirnos a las promesas del tacto inmanente para trascender mediaciones tensas?

Visiones que tocan

Mi inclinación original por el tacto como universo sensorial que expresa las ambivalencias del cuidado surgió de su potencial para responder a las distancias abstractas y desconectadas, más fácilmente asociadas al conocimiento como visión. Pero dado que el tacto hace cortocircuito con la distancia, también es susceptible de transmitir otras expectativas poderosas: la inmediatez como conexión auténtica con lo *real,* incluyendo realidades ultraterrenas de tradiciones espirituales o místicas, así como pretensiones no tanto de observación transparente e impoluta, sino de intervención *directa* y extendida, acelerada y *eficiente.* Si el tacto puede ofrecer un fundamento sensorial y encarnado para las proximidades del conocimiento del cuidado, también necesitamos visiones del tacto más capaces de fomentar la responsabilidad por las mediaciones, las ambivalencias y las posibles trampas del tacto y sus tecnologías. La experiencia corporal conectada no está orientada *per se* a mejorar la atención, ni la reducción de la distancia supone necesariamente un problema en las configuraciones opresivas predominantes. Con este espíritu, vuelvo ahora a las intervenciones que se comprometen con el tacto para reivindicar la visión, manifestando una profunda atención a la materialidad y la corporeidad en modos que se replantean la relacionalidad, que sugieren un deseo de compromisos tangibles con la transformación de lo cotidiano.

Una visión realista de la transformación, más que de la «mejora», de la experiencia a través del tacto puede leerse en el modo en que Claudia Castañeda especula sobre el «futuro del tacto», explorando las capacidades táctiles específicas en el desarrollo de la «piel robótica»[326]. Una de las historias que aborda de forma crítica es la de un robot «arbusto» compuesto por millones de diminutas «hojas», cada una de ellas equipada con sensores táctiles. Esta piel de hojas táctiles, según la ambiciosa visión de su creador, podría ver *mejor* que el ojo humano, por ejemplo, al sentir una fotografía o una película tocando directamente el material[327]. Castañeda está interesada en la «sugestividad» de tal formación robótica para las teorías feministas de la corporeidad y la relacionalidad: «¿Cómo sería tocar lo visual del modo en que este [robot] puede hacerlo?». Castañeda argumenta que cuando la visión se «rematerializa» a través del contacto directo, rechazar la distinción entre visión y tacto perturba el fundamento de la objetividad: «La distinción entre la visión distanciada (objetiva) y el contacto subjetivo, encarnado»[328]. Sin embargo, su visión de futuros táctiles no se traduce en una promesa de superación de las limitaciones (humanas). Al contrario, Castañeda nos recuerda que el tacto robótico no es ilimitado, sino que responde a la reproducción tecnológica del entendimiento específico del funcionamiento del tacto.

En otros proyectos, Castañeda busca alternativas en las que la piel robótica se concibe más bien como un lugar de aprendizaje en interacción con el entorno. Una característica de la piel interactiva de estos robots de aprendizaje es que primero actúa como protección: un sistema de alarma que asiste en el aprendizaje para distinguir lo que

---

[326] Castañeda, «The Future of Touch».
[327] *Ibid.*, 227.
[328] *Ibid.*, 229.

es dañino y puede destruirlo[329]. El requisito y el resultado del constante aprendizaje tecnoháptico no es el dominio de la manipulación experta, sino un hábil reconocimiento de la vulnerabilidad. Esto sugiere que, en contraste con el sueño del tacto directo, la implementación de las tecnologías del tacto podría propiciar la conciencia de que aprender (a) tocar es un proceso. Es necesario desarrollar habilidades para tocar con precisión y cuidado, para aprender *cómo tocar,* específicamente. La experiencia del tacto puede servir entonces para insistir en la especificidad del contacto. Castañeda se inspira en Merleau-Ponty para argumentar que la experiencia del tacto «no puede desligarse de su corporeidad», pero tampoco es «reducible al propio cuerpo». La piel, como superficie viva activa, «se convierte en un lugar de posibilidad»[330]. En esta visión, el carácter generativo del tacto no viene dado; surge del contacto con un mundo, un proceso a través del cual un cuerpo aprende, evoluciona y deviene. Es todo menos un sueño de inmediatez. La afirmación de la especificidad del contacto y de los encuentros tampoco es una limitación impuesta a la posibilidad. La especificidad es lo que produce la diversidad: así es precisamente como el tacto puede tener efectos multiplicadores, ampliando el abanico de experiencias en lugar de extender un único modo de experiencia.

Podemos ir más lejos y afirmar que el tacto hace al mundo, un pensamiento que resuena con la ontología relacional según la cual ser es relacionarse, abordada en el capítulo anterior. Podemos entender en este sentido el

---

[329] *Ibid.,* 231.
[330] *Ibid.,* 232-234.

relato de Karen Barad[331] sobre la posibilidad de ver y tocar que ofrecen los «microscopios de efecto túnel». Estos
dispositivos se utilizan para «observar» superficies a nivel
atómico, un procedimiento que opera «sobre principios
físicos muy diferentes a los de la percepción visual»[332]. Este
relato apela a la «fisicalidad del tacto». La sensación del
objeto pasa por una «punta de microscopio» y el «tacto»
de la superficie pasa por una corriente de electrones en
forma de túnel a través del microscopio. Los datos producidos —incluida la imagen resultante de la superficie—
corresponden a «disposiciones específicas de átomos». En
este encuentro, en el que el universo físico es un agente
más *frente* a una persona investigadora, no hay separación
entre observar y tocar, lo que ilustra una visión que no
separa el conocer del ser y relacionarse. El relato de Barad
sobre la cercanía del tacto defiende una concepción en la
que «el conocimiento no proviene de situarse a distancia
y representar el mundo, sino de *un compromiso material
directo con el mundo*»[333].

Esta visión cuestiona el marco cognitivo dentro de
epistemologías de la representación y la «óptica de la mediación»[334]; en el constructivismo social, por ejemplo,
la «naturaleza» nunca llega a «nosotros», sino que está
mediada por el conocimiento que los seres sociales tienen de ella. Una crítica de este sistema óptico bifurcado
requiere un análisis más sutil de la «agencia» implicada en
el conocimiento, sin tener que abogar por la inmediatez,
por el contacto directo con lo real o la naturaleza. Por el

---

[331] Barad, *Meeting the Universe Halfway*.

[332] *Ibid.,* 53.

[333] *Ibid.,* 49.

[334] *Ibid.,* 374-377.

contrario, la visión como tacto trabaja para incrementar el sentido del entrelazamiento de múltiples materialidades, como en la teoría de Barad de la «intra-actividad» de las cuestiones humanas y no humanas en la constitución científica de los fenómenos. Yendo más allá de la interacción, la intra-actividad de Barad problematiza no solo la subjetividad, sino también la atribución de agencia únicamente a los sujetos humanos (científicos), como los que tienen poder para intervenir y transformar (construir) la realidad. La reversibilidad del tacto —tocar es ser tocado— también inspira el cuestionamiento de tales supuestos: ¿Quién/qué es *objeto?* ¿Quién/qué es el *sujeto?* No es solo el investigador, el observador o el agente humano quien ve, toca, conoce, interviene y manipula el universo: hay *intra-tacto*. En el ejemplo anterior, no es solo el microscopio el que toca una superficie; esta superficie *le hace* algo al artefacto de visión táctil. En otras palabras, las tecnologías del tacto son prácticas encarnadas productoras de material y significado, entrelazadas con la misma materia del relacionarse-ser. Como tales, no pueden reducirse al tocar y recibir, o al acceso inmediato a más realidad. La realidad es un proceso de contacto intra-activo. La interdependencia es intra-relacional. Al socavar los fundamentos de la posición invulnerable e intacta del sujeto-agente dominante que se apropia de mundos inanimados, esta ontología conlleva resonancias éticas. Lo que hacemos en y para un mundo puede retornar, re-afectar a alguien de alguna manera.

Esto es pensar el tacto como creador del mundo. La forma en que conocemos el mundo lo puebla de conexiones específicas. Las personas y las cosas «están en contacto activo mutuamente constitutivo» que «las ricas zonas de contacto naturocultural multiplican con cada mirada táctil»[335]. Considerado como una relación material encarnada que une a los mundos, el tacto intensifica la conciencia sobre el carácter transformador del contacto, incluido el contacto visual y las miradas táctiles. En este caso, el sentido de la curiosidad intensificada está representado por una forma particular de ver-tocar, una óptica háptica expresada por los «ojos-dedo» de Eva Hayward. Acuñada en el pensar especulativo con las impresiones sensoriales de un encuentro con los corales copa, esta representación habla de un aparato visual-háptico-sensorial de «visualidad tentacular», así como de la «cualidad sinestésica de la sensación materializada»[336]. La sensual escritura de Hayward nos invita a adentrarnos en lo *queer* de los encuentros y las caricias con los corales copa, pero sin dejar de ser conscientes de las dificultades de la intimidad con otros frágiles seres no humanos:

Las impresiones coralógicas de los ojos-dedo que he descrito no pueden ser agnósticas sobre el bienestar animal porque lo que está en juego es la ontología. Las sensaciones entre especies siempre están mediadas por el poder que deja impresiones, que deja cuerpos impresos y surcados de consecuencias. Los cuerpos animales —el del coral y el mío— conllevan formas de dominación, comunión y activación en los pliegues del ser. Al buscar manifestaciones multiespecie no debemos ignorar las repercusiones que estas uniones tienen para todos los actantes. En mi esfuerzo por tocar a los corales, por dar sentido a su biomecánica, también he contribuido a la muerte de los corales que describo aquí; los animales no rechazan fácilmente este sentir de las especies[337].

[335] Haraway, *When Species Meet,* 6-7.
[336] Eva Hayward, «"Fingeryeyes". Impressions of Cup Corals», *Cultural Anthropology,* 4 (24), 2010, 580.
[337] *Ibid.,* 592.

Estas miradas que juegan con la visión como tacto y el tacto como visión invitan a pensar en un mundo que se hace y deshace constantemente, a través de encuentros que acentúan tanto la atracción de la proximidad como la conciencia de la alteridad. Y así, marcadas por lo inesperado, requieren una eticidad situada.

Hay una forma particular de reciprocidad colectiva polifacética en juego en la habilidad y responsabilidad de responder a ser tocado: una «respons-habilidad», en términos de Haraway. Esto requiere curiosidad por lo que ocurre en las zonas de contacto, al plantear preguntas como: «¿Con qué y a quién toco cuando toco a mi perra?», con las que Haraway inicia su aventurada exploración de las capas de relaciones naturoculturales que hacen posible el contacto interespecie —incluidas las tecnologías sofisticadas y mundanas—, al tiempo que especula activamente sobre lo que podría ser posible si nos tomáramos en serio estas cadenas de contacto. Son mundos de sentimientos colectivos, procesos relacionales que distan mucho de ser siempre agradables o habitables, pero que tienen algo específico y situado para enseñarnos. La cuestión de cómo aprendemos a vivir con otros, a estar en el mundo, a ser tocados tanto como a tocar activamente, es una apertura al «devenir-con». El tacto «ramifica y moldea el sentido de responsabilidad»[338], fomenta el sentido de la herencia «de carne y hueso» y nos invita a ser más conscientes de cómo el vivir en relación implica tanto «placer como obligación»[339]. En contraste con las promesas de las tecnologías del tacto para la extensión de la red y el pensamiento humano mejorado sobre las cercanías del cuidado,

---

[338] Haraway, *When Species Meet,* 36.
[339] *Ibid.,* 7.

estas visiones situadas del tacto pueden incrementar la conciencia ética sobre las consecuencias materiales. Aquí, las prácticas de conocimiento se comprometen a aportar una relación con un mundo al implicarse en tocar y ser tocados por lo que «observamos». Al pensar-con estas visiones, busco un sentido del tacto que no evoque un dominio de la realidad a través de un mejor agarre, sino que intensifique la cercanía por medio del cuidado y la gradualidad, la atención a los detalles en los encuentros, la exposición recíproca y la vulnerabilidad, en lugar de la eficacia acelerada de la apropiación[340].

Un bello ejemplo de reivindicación matizada del tacto, paradójicamente dentro de una reafirmación de la visión, es cómo, en su análisis de las imágenes en primer plano, tomadas en una proximidad casi conmovedora, la teórica de los medios Laura U. Marks describe las figuras borrosas producidas por imágenes íntimas y detalladas de cosas diminutas, que invitan al espectador a «una pequeña mirada de caricia» sobre los poros y las texturas de la superficie[341]. Ella sostiene que el poder de una imagen *háptica* no es la identificación de/con una «figura» definida, sino involucrar al espectador y a la imagen en una «relación corporal» inmersiva. Sin embargo, al querer «calentar» más que negar la cultura óptica, Marks no pretende abolir la distancia, sino mantener una «oscilación erótica» en la que el deseo de desterrar las distancias esté en tensión con el de dejar

---

[340] Para una aproximación creativa a la artesanía de la manipulación y el agarre virtuales, así como al conocimiento como corporeización, véase el trabajo de Natasha Myers sobre las relaciones de los científicos con los modelos moleculares informáticos (Myers, *Rendering Life Molecular*).

[341] Marks, *Touch*, xi.

ir al otro, no impulsado por la posesividad[342]. Resulta significativo que ella diga que la cercanía de la visualidad háptica nos induce a reconocer la «*incognoscibilidad del otro*». Cuando la visión es borrosa en las imágenes cercanas, los objetos se vuelven «demasiado cercanos para ser vistos correctamente», «los recursos ópticos no logran ver» y el conocimiento óptico se ve «frustrado». Es entonces cuando se despierta el impulso de la visualidad háptica, que nos invita a la «especulación háptica»[343]. Aprendemos que especular es también admitir que *en realidad* no lo conocemos todo. Aunque hay muchas cosas que el conocimiento-como-visión distante no puede sentir, si el tacto aumenta la proximidad, también puede perturbar y cuestionar la idealización de los anhelos de intimidad y, más concretamente, de que el conocimiento sea superior en la cercanía.

La especulación háptica no garantiza la certeza material; tocar no es una promesa de mayor contacto con la «realidad», sino más bien una invitación a participar en su continuo rehacer y ser rehecho en el proceso. Dimitris Papadopoulos, Niamh Stephenson y Vassilis Tsianos[344] conciben un enfoque háptico para abordar las posibilidades transformadoras de las formas cotidianas de sociabilidad que la representación óptica deja de lado. Estos autores alientan la experiencia háptica como un intento de cambiar nuestra percepción, de «afinarla» para percibir la «política imperceptible» en las prácticas del día a día en las cuales hay otro mundo *aquí,* en ciernes, antes de que los «acontecimientos» se hagan visibles para

---

[342] *Ibid.,* 13-15.
[343] *Ibid.,* 16.
[344] Papadopoulos, Stephenson y Tsianos, 143.

la representación. Ven en estas prácticas una oportunidad, no solo de subversión, sino de creación de conocimientos alternativos. La experiencia háptica (política)
es para ellos un arte de *esculpir* la posibilidad en medio
de la potencial inconmensurabilidad. La incognoscibilidad adquiere aquí otro significado.[345] La especulación háptica no consiste en la expectativa imaginativa
de acontecimientos por venir; es la estrategia diaria (de
supervivencia) arraigada en el presente de la «vida por
debajo de los radares» de órdenes ópticos que no aco-
gen, no conocen o ni siquiera *perciben* las prácticas que
exceden las representaciones y significados preexistentes.
No es difícil ver por qué esta forma de ser-conocer-con
un mundo puede sintonizar con las sensibilidades de
pensar-con cuidado, de afinar la percepción en cuestiones de cuidado. Centrarnos en lo cotidiano, en lo
insignificante, es una forma de darnos cuenta del hacer ordinario de los cuidados, de las formas domésticas
poco emocionantes en las que pasamos el día, sin las
cuales ningún acontecimiento sería posible. Mientras
que los acontecimientos son esas rupturas que hacen
la diferencia, que marcan un antes y un después que
queda registrado en la historia, el cuidado, a pesar de
todo el trabajo de reivindicación política, a pesar de su
mercantilización hegemónica, sigue estando asociado a
lo aburrido, mezclado con la monotonía de lo cotidiano,

---

[345] Esto me recuerda la cualidad háptica que Deleuze y Guattari (*Mil
Mesetas*, 483-509) atribuían al arte (nómada), cuando la percepción y
el pensamiento operan en espacios uniformes para los que no existe un
mapa preexistente. Aunque el compromiso háptico de Papadopoulos
et al. podría leerse como una prolongación de Deleuze y Guattari,
marca, sin embargo, una forma bastante diferente de temporalidad y
compromiso con la experiencia cotidiana, al romper con la fascinación
de Deleuze y Guattari por «el acontecimiento».

con una temporalidad sin incidentes. El compromiso háptico se asemeja a pensar-con cuidado como una política (del conocimiento) de habitar las potencialidades de la percepción desatendida, de compromisos especulativos que consisten en relacionarse con y participar en mundos que luchan por hacer sus otras visiones no tanto visibles como posibles. Estos compromisos no implican que el conocimiento sea mejor, más dado o inmediato a través del tacto que a través de la vista, sino que llaman la atención sobre la dimensión del conocimiento, que no consiste en dilucidar, sino en afectar, tocar y ser tocado, para bien o para mal. Se trata de un saber implicado, un saber que cuida.

Coda: valores sensoriales

> Kira apoyó una mano delgada en la mampara, en la placa cuadrada que era el único acceso al caparazón de titanio de Helva dentro de la columna. Fue un gesto de disculpa y súplica, breve y sencillo. Si Helva hubiera sido consciente de los valores sensoriales, hubiera sentido la más leve de las presiones.[346]

Kira es una humana que viaja por el espacio *en* Helva, una nave espacial de género femenino con cerebro humano, el personaje central del clásico de ciencia ficción de Anne McCaffrey, *The Ship Who Sang*. Estos dos seres inician su primera misión conjunta y aprenden a conocerse. Ambas son muy sensibles y sufren intensamente la pérdida de seres queridos —un marido en el caso de Kira, el anterior capitán humano de la nave en el de Helva—. El fragmento anterior procede de una escena en la que Helva, la nave,

---

[346] Anne McCaffrey, *The Ship Who Sang*, Del Rey: Ballantine 1991, 35.

es tocada físicamente por Kira tras un momento de tensa discusión entre ambas. Helva no tiene piel sensible a los «valores sensoriales»; sin embargo, ella *siente* algo, más allá de su cuerpo de caparazón de titanio, con tan solo ver el gesto de tocar de Kira. Helva no puede devolver el gesto a Kira; su poder para actuar a través del tacto físico es limitado. Toca a Kira a través de una cuidadosa comunicación verbal y reajustando las funciones para crear un entorno afectuoso para ella en su cuerpo-nave espacial. Kira sabe que el caparazón de titanio de Helva no puede «sentir» su tacto y, aun así, su gesto de disculpa expresa la «más leve de las presiones», que Anne McCaffrey califica de «valor sensorial».

A lo largo de este capítulo he empleado «visión», en lugar de vista, para referirme a los universos sensorio-visuales y a la imaginación especulativa ético-política. A falta de una palabra que haga del tacto lo que la visión hace de la vista, he utilizado «visiones táctiles» como sustituto. La promesa de las visiones táctiles no solo viene dada por la fenomenología particular de lo háptico. Siguiendo el señuelo de lo háptico, he acabado por buscar visiones que puedan implicar al tacto con los cuidados, es decir, que no lo idealicen. Sin proponer que se conviertan en orientaciones normativas, me pregunto qué podría significar fomentar algo así como «valores sensoriales» para el poder del tacto, para nuestras tecnologías táctiles. Pienso en los valores como iniciativas colectivas encarnadas e incrustadas en agencias cotidianas prosaicas y materiales que, de manera contingente, se vuelven vitales para las relacionalidades situadas que las enraízan en una red viva de cuidados; en valores que no necesariamente definen lo bueno, sino que son demandas problematizadoras que surgen de las relaciones. Los valores sensoriales no son cualidades reservadas al tacto, pero pensar-con el tacto oportunamente los destaca, debido a la intensificación de la cercanía que lo háptico significa y promulga. Las tecnologías táctiles no necesitan celebrar el significado inherente del tacto, sino visiones táctiles que también den cuenta de las asperezas hápticas. Los valores de las visiones táctiles requieren un compromiso ético con la posibilidad del cuidado como una relación que cortocircuita la distancia (crítica) y que supone un compromiso ético inmersivo e impuro, pero que permanece en tensión tanto con los ordenamientos morales —como las orientaciones de gestión dirigidas a la eficiencia y la velocidad— como con los anhelos idealizados de relaciones inmanentes.

Un valor sensorial de la interacción entre Kira y Helva inspirado en el tropo del contacto podría llamarse «tener tacto» *[tactfulness],* la misma palabra que designa el sentido del tacto en algunos idiomas; por ejemplo, en castellano, (tener) *tacto.* Una forma de cortesía sensorial, entendida como un arte político de medir la distancia y la proximidad[347]. Un aprendizaje ético y político que bien podría ser vital para el cuidado de los mundos en formación, a través del tacto intensificado y constante entre entidades humanas y más que humanas, una práctica diaria de «articular cuerpos a otros cuerpos con cuidado para que los otros significativos puedan florecer»[348]. Pensar el tacto con cuidado enfatiza maravillosamente la reversibilidad intra-activa y, por tanto, la vulnerabilidad de las ontologías relacionales. Si bien el tacto es una experiencia en la que las fronteras entre el yo y

---

[347] La cortesía como arte político de la distancia y la proximidad está bellamente desarrollada en el elogio que Deleuze hace de la benevolencia inspirada en la filosofía y las enseñanzas de François Châtelet (Gilles Deleuze, *Pericles y Verdi. La filosofía de François Châtelet,* traducido por Umbelina Larraceleta y José Vázquez, Valencia: Pre-Textos 2010 [1988]).

[348] Haraway, *When Species Meet,* 92.

el otro tienden a difuminarse, también habla de intrusión y apropiación: es posible tocar sin ser tocado. La apropiación anula el significado. Pensado a través de una política del cuidado, el tacto «intra-activo» exige estar atento a la respuesta, o reacción, de quien es tocado. Exige cuestionar cuándo y cómo debemos evitar el tacto, permanecer abiertos a que nuestras especulaciones hápticas se vean truncadas por la resistencia de un «otro», frustradas por el encuentro de otra forma de tocar/conocer. Por tanto, un sentido de «reciprocidad» cuidadosa podría ser un valor más para pensar-con la extraordinaria cualidad de reversibilidad del tacto.

Pensar los valores sensoriales del cuidado con el universo del tacto es un desplazamiento especulativo del cuestionamiento ético. La reciprocidad es una noción interesante para exponer esto. Pensar las redes del cuidado a través de la materialidad sensorial, como cadenas de tacto que vinculan y rehacen mundos, cuestiona no solo los anhelos de cercanía, sino también la reducción de las relaciones de reciprocidad a lógicas de intercambio entre individuos. Valores sensoriales como la cortesía intra-táctil y la reciprocidad háptica hacen referencia a una obligación de corresponder a la atención prestada a los demás, pero que es muy diferente a la de un contrato moral o la promulgación de normas —una cualidad de las obligaciones de cuidado que analizo en el siguiente capítulo—. Pensar el cuidado a través de lo háptico y lo háptico a través del cuidado plantea uno de los aspectos más atractivos del cuidado para una ética especulativa en mundos más que humanos: que su «valor» es inseparable de la implicación de la persona cuidadora en un hacer que le afecta. El cuidado *obliga* de maneras incrustadas en las acciones y agencias cotidianas; obliga porque es inherente a las relaciones de interdependencia.

Afirmar que el cuidado es una obligación inherentemente material es un terreno espinoso, dado lo que esto significa para las personas cuidadoras, que cuidar es a menudo una trampa, una razón por la que, como ha argumentado Carol Gould, reducir la obligación política al consentimiento o a la elección es un ideal extremadamente sexista que excluye de la esfera política a todo un conjunto de relaciones en las que la elección y el consentimiento entre individuos autónomos no tienen mucho peso[349]. Obviamente, aquí estoy defendiendo una noción redistributiva de la obligación material del cuidado, no como algo que solo algún*s deberían estar obligados a cumplir.[350] Pensar la reciprocidad a través de una red colectiva de obligaciones, en lugar de compromisos individuales, pone al descubierto la circulación multilateral de las agencias del cuidado[351]. Como sostiene

---

[349] Carol Gould, *Rethinking Democracy*, Berkeley: University of California Press 1988.

[350] Aunque el argumento de Gould parte de un punto muy diferente —una crítica de las teorías tradicionales de la obligación política en la teoría política, basada en el libre consentimiento entre individuos autónomos—, la autora plantea una cuestión similar: «Por supuesto, el objetivo de la crítica anterior no es hacer una aprobación simplista de la falta de elección histórica de las mujeres en cuanto a sus "obligaciones". Más bien se trata de subrayar la necesidad de que todos los seres humanos se ocupen de las actividades tradicionalmente asignadas a las mujeres que no encajan a la perfección en el paradigma contractual. De hecho, al institucionalizar la dicotomía público-privado y asumir las mujeres tales actividades —y, a la inversa, al limitar dichas actividades a la "esfera de las mujeres"— estas "obligaciones" son doblemente coercitivas para las mujeres» (Gould, *Rethinking Democracy,* 122-123).

[351] Me alejo de la reciprocidad como relación entre dos personas para pensar cómo esta puede comunicar más allá de las relaciones uno a uno. Carol Gould («Beyond Causality in the Social Sciences: Reciprocity as a Model of Non-Exploitative Social Relations» en R. S. Cohen y M. W. Wartofsky (eds.), *Epistemology, Methodology, and the Social Sciences. Boston Studies in the Philosophy of Science*, Dordrecht: Springer 1983) también presenta una noción de reciprocidad como «mutualidad» con consecuencias inspiradoras. Gould analiza varias formas de reciprocidad

David Schmidtz, la idea común de reciprocidad «simétrica» no agota las formas en que las personas intentan «transmitir» un bien recibido[352]. El cuidado dificulta la reciprocidad en este sentido, porque la red viva del cuidado no es una red en la que todo dar implique recibir, ni todo recibir implique dar. El cuidado que hoy me toca y me sostiene puede que nunca sea devuelto —ni por mí ni por otros— a quienes lo generaron, que puede que ni siquiera necesiten o quieran mi cuidado. A su vez, el cuidado que yo ofrezca tocará a seres que nunca me lo devolverán. El trabajo que ve las implicaciones éticas del cuidado como un desafío a una ética basada en la «justicia»[353] aporta razones para respaldar esta visión. Que otros pidan que la reciprocidad del cuidado se distribuya colectivamente[354], responde a impugnar el modelo de reciprocidad del intercambio económico y apoya la «renta incondicional»[355] que, por ejemplo, podría proporcionar el Estado a través de medios para el cuidado —como la renta básica universal— que garantizaría que aquellos con responsabilidades de cuidados que podrían no tener a nadie que cuide de ellos no se vean agotados o desatendidos. Y así, al ser cuidados, también siguen siendo capaces de cuidar a los demás. Estemos o no de acuerdo en que el Estado, dado su importante papel en la reproducción estructural de las desigualdades, es el organismo adecuado para fomentar una

(toma y daca o instrumental, reciprocidad de respeto, etc.) para ver cómo permiten repensar la práctica democrática (Gould, *Rethinking Democracy).*

[352] David Schmidtz, *The Elements of Justice,* Cambridge: Cambridge University Press, 82-83.

[353] Gilligan, *In a Differente Voice.*

[354] Kittay, *Love's Labour.*

[355] Shlomi Segall, 2005, «Unconditional Welfare Benefits and the Principle of Reciprocity», *Politics, Philosophy, Economics,* 4 (3), 2005, 331-354.

ética inherente a las relaciones comunitarias recíprocas, la noción esencial aquí es que la reciprocidad en el cuidado, *además de posible,* circula multilateralmente, colectivamente: es compartida. Iris Marion Young añade otra dimensión problemática a estas relaciones cuando argumenta que la reciprocidad no puede pensarse como simétrica, porque esto enmascara las posiciones asimétricas en las que se sitúan las personas y la posibilidad de una ética diferente: «Abrirse al otro siempre es un *don;* la confianza para comunicarse no puede esperar la promesa de reciprocidad de la otra persona»[356]. Propongo pensar en las relaciones de dar y recibir cuidados de forma similar, no tanto porque los cuidados sean un don, sino porque no hay garantía de que los cuidados sean recíprocos; se producen de forma asimétrica tanto en términos de poder como porque las personas que cuidan, l*s cuidador*s, no pueden dar con la expectativa de que sea simétricamente recíproco. Los cuidados «transmitidos» —al igual que la negligencia— siguen circulando, no siempre moral o intencionadamente, de forma encarnada o simplemente incrustados en el mundo, en los ambientes, en las infraestructuras que han sido marcadas por esos cuidados. La transmisión del «cuidado» no necesita estar determinada por el cuidado que hemos recibido para ser tangible. Estas reciprocidades multilaterales del cuidado interrumpen las concepciones de lo ético como un compendio moral de obligaciones y responsabilidades que rigen la agencia de los sujetos (humanos) morales e intencionales.

En los siguientes capítulos, veremos cómo estos interrogantes han acercado este viaje a los intentos de pensar de forma diferente sobre la circulación de la eticidad en

---

[356] Iris Marion Young, «Asymmetrical Reciprocity. On Moral Respect, Wonder, and Enlarged Thought», *Constellations*, 3 (3), 352.

mundos más que humanos, cerca de quienes se oponen a reducir la eticidad a la intencionalidad humana[357] y de aquellos que se comprometen con la intencionalidad de lo otro-que-humano, tratando de pensar en la «naturaleza con voz activa»[358]. Son vías para cuestionar las nociones de agencia antropocéntrica que no necesariamente convergen, pero que son a la vez convincentes y desafiantes para pensar-con cuidado en mundos más que humanos. Interrogar la reciprocidad intra-activa pero no bilateral de tocar-con cuidado respecto a quien es tocado, pensar el tacto a través del cuidado y como valor sensorial nos invita a distribuir y transferir la eticidad a través de agencias multilaterales asimétricas que no siguen patrones unidireccionales de intencionalidad individual. Cuidar o no cuidar, sin embargo, son problemas y agencias ético-políticas que mayormente pensamos conforme se transmiten *desde* los humanos hacia los otros. Pero pensar el cuidado con cosas y objetos pone de manifiesto que la espesa complejidad relacional de la circulación intra-táctil del cuidado puede ser aún más intensa cuando tenemos en cuenta que nuestros mundos son más que humanos: las agencias en juego se multiplican. Cómo cuidar se convierte en una pregunta particularmente emotiva en tiempos en los que los otros-que-humanos parecen estar completamente capturados en las redes de (algunos) *anthropos*. ¿Qué significa pensar cómo, en la red del cuidado, los otros-que-humanos se «retribuyen» constantemente? ¿Podemos, al menos especulativamente, incluir tales pensamientos en una investigación ética que modestamente se extienda con cuidado desde las

---

[357] Barad, *Meeting the Universe Halfway.*

[358] Val Plumwood, «Nature as Agency and the Prospects for a Progressive Naturalism», *Capitalism Nature Socialism,* 12 (4), 2001, 3-32.

incómodas herencias de la situacionalidad antiecológica humana? Siguiendo tales insinuaciones, la segunda parte de este libro intenta pensar el cuidado como una condición generalizada que circula a través de la materia y la sustancia del mundo, como agencias sin las cuales nada que tenga alguna relación con los humanos viviría bien, ya sea que todo lo que está vivo se dedique a dar o a cuidar, o que el cuidado sea intencionalmente ético.

PARTE II
ÉTICA ESPECULATIVA EN TIEMPOS ANTIECOLÓGICOS

Aunque en última instancia podamos estar todos conectados entre sí, la especificidad y la proximidad de esas conexiones importa: con quienes nos entrelazamos y de qué forma. La vida y la muerte acontecen dentro de estas relaciones.

Thom Van Dooren, *Flight ways*

De forma crucial, no hay escapatoria de la ética en esta forma de concebir la materiación. La ética es una parte integral de los patrones de difracción —la diferenciación en curso— del hacer mundos, no una superposición de valores humanos sobre la ontología del mundo —como si «hecho» y «valor» fueran radicalmente ajenos—. La naturaleza misma de la materia entraña una exposición a lo Otro. La responsabilidad no es una obligación que el sujeto escoge, sino una relación encarnada que precede a la intencionalidad de la conciencia. La responsabilidad no es un cálculo performativo. Es una relación ya siempre integrada en el devenir intra-activo del mundo y a su no-devenir.

Karen Barad, *Quantum Entanglements and Hauntological Relations of Inheritance*

CAPÍTULO 4
Alterbiopolítica

Cuidar la tierra, cuidar a las personas, devolver el excedente.

Earth Activist Training, *Principles of Permaculture Ethics*

En mayo de 2006, viajé a las colinas que dominan Bodega Bay, a hora y media al norte de San Francisco, para participar en una formación intensiva de dos semanas en tecnologías de la permacultura. El curso estaba organizado por el colectivo estadounidense *Earth Activist Training* (EAT), y los principales docentes eran Eric Ohlssen, practicante experto en permacultura, diseñador de paisajes ecológicos y activista, y Starhawk, una reconocida figura espiritual pagana, escritora y activista[359]. Con otros treinta participantes de diversas trayectorias —agricultura orgánica, huertos urbanos, activismo ecológico, organización comunitaria, ingeniería, gestión forestal— me introduje en las tecnologías de la permacultura para la práctica ecológica, como una forma de activismo tangible basado en el compromiso con el cuidado de la tierra. El colectivo *Earth Activist Training* vinculaba su enseñanza a su particular versión de un triple lema —«cuidar la tierra», «cuidar a las personas», «devolver el excedente»— que circulaba en las redes de permacultura como principios de la ética de la permacultura[360].

Hasta ahora, este libro ha explorado el potencial de los cuidados para abrir preguntas ético-políticas en la

---

[359] Earth Activist Training [Formación Activista por la Tierra], https://earthactivisttraining.org/

[360] Otra versión es «Cuidar la Tierra, Cuidar a las Personas, Reparto Equitativo» (Graham Burnett, *Permacultura. Una guía para principiantes,* Artieda: EcoHabitar 2006).

investigación y el pensamiento preocupados por las consecuencias de las reconfiguraciones científicas y tecnológicas de los mundos más que humanos. He estado atenta a modos de pensamiento sobre y con el cuidado que no se ajusten a órdenes morales y epistemológicos normativos, sino que puedan desplazarlos. Los capítulos de la Parte II continúan este recorrido por los terrenos abiertos a partir de mi inmersión vivencial en reconfiguraciones ético-políticas de las relaciones ecológicas. Este recorrido empezó en un encuentro con las prácticas y movimientos de la permacultura, y me llevó a investigar las relaciones entre los humanos y el suelo, tema que abordo en el último capítulo. El trabajo que sigue, por tanto, está enraizado en territorios, involucrado con quienes se preocupan por los tiempos, agencias y procesos antiecológicos. Pero, aunque aquí el pensamiento se conecta con relatos sustanciales de paisajes específicos del cuidado, sigue impulsado por una búsqueda especulativa de historias críticas que nutren un sentido de posibilidad. Con este espíritu me acerco, primero, a fragmentos de mi experiencia en el encuentro con la permacultura, destacando especialmente las orientaciones que ofrece para pensar la «eticidad» en el cuidado.

La permacultura es un movimiento global con múltiples actualizaciones locales, de las cuales mi conocimiento es parcial, partiendo de un colectivo particular[361]. Tengo que decir que, en un principio, no sentí el impulso de escribir sobre mi relación y experiencia con este movimiento. Más bien al contrario. No veía esta experiencia

---

[361] Los *Earth Activist Trainings* son particulares en tanto que tienen un fuerte componente de Acción Directa, enfocándose también en la organización de grupos bajo formas radicalmente democráticas, incluyendo una dimensión espiritual con rituales y prácticas vinculadas, desarrolladas en el marco de la red neopagana internacional *Reclaiming*.

en modo alguno conectada con mi trabajo académico. Fue años después de aquella formación inicial que empecé a darme cuenta de que ya había impregnado mi pensamiento. Me intrigaba el modo en que el cuidado aparecía en los enunciados de la permacultura como una ética del cuidado con principios[362]. Sentí el impulso de preguntar: ¿a qué tipo de ética pertenecen estos principios? ¿Por qué los había sentido como transformadores y portadores de esperanza en lugar de restrictivos? En las formaciones de EAT, las enseñanzas no giraban en torno a la moralidad; tampoco dedicábamos mucho tiempo a debatir sobre implicaciones éticas. El foco estaba en aprender a crear y convivir con sistemas y técnicas que encarnaran y enraizaran los cuidados de la tierra. Intentar pensar esta ética me llevó a una comprensión más profunda del cuidado como una política y una ética concomitantes a las materialidades cotidianas de la vida. También exigía pensar más detenidamente en los desplazamientos del cuidado en una ética preocupada por rehacer las relaciones en entramados vivos más que humanos.

Aunque la permacultura ha adquirido identidad organizativa, muchas de las técnicas y prácticas que promueve no le son exclusivas; se comparten con y/o se toman prestadas de la agroecología, la agricultura biodinámica o las formas indígenas del cuidado de la tierra, entre otros. Por ello, la ética de la permacultura ofrece una ventana a esferas afines de haceres ecológicos alternativos. En términos generales, el movimiento de permacultura es conocido por promover tecnologías que fomentan formas

---

[362] La invitación de Mike Goodman a participar en su número especial coeditado (Mike Goodman y Cheryl McEwan (eds.), «Place Geography and the Ethics of Care», *Ethics, Place & Environment. A Journal of Philosophy & Geography,* 13 (2), 2010) me alentó.

de vida ecológica —urbana y rural— a través del diseño de sistemas alternativos para la producción local de alimentos, gestión de residuos, renovación de recursos, energías alternativas y formas democráticas de organización. Las prácticas de permacultura se han extendido a través del intercambio de saberes prácticos, de la enseñanza, de la construcción de comunidad y del activismo ecosocial, así como a través de la publicación del trabajo teórico y práctico de figuras relevantes como David Holmgren y Bill Mollison, y de una amplia comunidad de investigador*s y practicantes. En sus escritos, prácticas e intervenciones, quienes defienden la permacultura proyectan su eficacia ética y política en la posibilidad de cambio en las formas en las que las personas nos relacionamos *cotidianamente* con la Tierra, sus habitantes y sus «recursos». Esta visión estuvo en el corazón de la formación que realicé. En la teoría y en la práctica, se trata de una ética arraigada en relacionalidades concretas y mundanas. Los principios son inseparables de las prácticas en el nivel de la vida ordinaria. Esto significa, como exploro en este capítulo, que la práctica *personal* y las formas de vida «privadas» están intrínsecamente conectadas con lo colectivo, y que es el *ethos* lo que fundamenta los principios éticos, en lugar de derivar de ellos. Como obligaciones éticas y compromisos que no nacen de una moralidad normativa o de un sujeto individualizado, estas nociones resultan inspiradoras para una exploración especulativa de la implicación ética.

Otra razón que vincula esta forma de concebir las prácticas ecológicas cotidianas como ética con una forma especulativa de concebir el cuidado, es el compromiso con las tareas y consecuencias de vivir en naturoculturas. Este enfoque de las relaciones humanas con el mundo y las fuerzas no humanas no puede describirse fácilmente en términos del binarismo humanismo/posthumanismo. En lugar de taxonomizar este movimiento según bifurcaciones tradicionales, veo la permacultura como una intervención oportuna en el corazón mismo de la conciencia contemporánea de que vivimos en un mundo *naturocultural.* Las naturoculturas, en el sentido empleado por Haraway[363], expresa la inseparabilidad entre lo natural y lo cultural en la tecnociencia, y constituye un rechazo de las divisiones ontológicas humanistas propias de las tradiciones modernas[364]. Esta lectura no es evidente, lo reconozco. Uno de los muchos manuales de permacultura lo define así: «La permacultura trata de crear hábitats humanos sostenibles *siguiendo los patrones naturales*»[365]. La orientación a seguir los patrones naturales está ampliamente extendida, pero sería un error reducirla a un estado antitecnológico o de retorno a lo natural e intacto. Aunque esta tendencia también insiste en este movimiento amplio y heterogéneo, la mayoría de quienes lo practican asume la permacultura como una búsqueda de tecnologías alternativas que funcionen con los mecanismos naturales en lugar de contra ellos —en el siguiente capítulo leo esta postura como una refutación tanto de nociones reduccionistas de la innovación como de la acusación de una temporalidad regresiva—. No se trata únicamente de biomímesis, en sentido estricto. Como dice la reconocida permacultora estadounidense Penny Livingston, la cuestión no es tanto que los humanos actúen sobre el «medioambiente», sino considerar que «somos la naturaleza actuando»[366]. Aun así,

---

[363] Haraway, *Testigo_Modesto@Segundo_Milenio.*

[364] Haraway, *Manifiesto cíborg;* véase también Latour, *Nunca fuimos modernos.*

[365] Burnett, *Permacultura,* 8.

[366] Citado en Starhawk, *The Earth Path. Grounding Your Spirit in the*

el término mismo de «permacultura» —atribuido comúnmente a David Holmgren y Bill Mollison[367]— coloca la
«cultura» en primer plano, indicando también el propósito
de *cultivar* prácticas comunales continuas a lo largo del
tiempo —actuando dentro de una comunidad de seres
humanos y no humanos— que fomenten una cierta dura-
bilidad de renovación (permanente) y fructificación frente
al agotamiento antiecológico de los recursos. Lo natural
y lo cultural, lo humano y lo no humano, no están bifur-
cados en estas oscilaciones, sino que buscan entrelazarse
de otro modo. Este movimiento no puede comprenderse
siguiendo las líneas reductoras que oponen el ambientalismo romántico a un reconocimiento pragmático y no
inocente de que «la naturaleza» no existe[368]. ¿Acaso no
podría el hecho de mantener juntas estas posiciones aparentemente contradictorias abrir caminos inesperados para
pensar el ambientalismo? El trabajo ecofeminista puede
servir de inspiración para pensar desde estas tensiones
incómodas, al intentar articular la aspiración feminista
de «explicar y superar la asociación de las mujeres con lo
natural» junto con los modos en que la ecología intenta
«reinsertar a la humanidad en su entramado natural»[369].
En cualquier caso, nunca he encontrado, en mis vínculos
con este movimiento, un anhelo puro de un ser humano
idealizado que alcanzaría la redención natural mediante
la inmersión ecológica. Existe entre permacultor*s una

Rhythms of Nature, San Francisco: HarperCollins 2004, 9.

[367] Véase David Holmgren, *Permacultura. Principios y senderos más allá de la sostenibilidad*, Cabanes: Kaicron 2020.

[368] Timothy Morton, *Ecology without Nature. Rethinking Environmental Aesthetics*, Cambridge: Harvard University Press 2009.

[369] Mary Mellor, *Feminism and Ecology*, Cambridge: Polity Press 1997, 180.

conciencia significativa sobre el contexto tecnocientífico, sobre esta práctica humana como un esfuerzo de ensayo y error llevado a cabo por seres imperfectos que intentan abrir, desde sus fallos, caminos más florecientes hacia futuros ecológicos, reconociendo que somos tanto criaturas terrenales como herederas implicadas en el evidentemente deficiente historial ambiental de la historia humana. Para bien y para mal, se trata de una tradición alternativa que surgió entre la descendencia tecnocientífica del Norte Global industrializado de Occidente —algo que subraya con frecuencia la crítica a la blanquitud y al trasfondo privilegiado de muchas personas vinculadas a la permacultura, y que ha llevado a cuestionar y ampliar sus formas de pertenencia—[370].

Es, sin embargo, en el cruce de caminos de estos dos ángulos de discusión —ética ecológica cotidiana e implicación naturocultural posthumanista— donde alcanzo los límites de (mi) entendimiento del cuidado como ética, intensificando la tensión especulativa. La permacultura nos invita a pensar con los «márgenes»; de tierras y de sistemas, donde los encuentros son tanto desafiantes como diversificadores, más allá de lo esperable y lo manejable. Así que allá vamos. Inmersa en la interdependencia de todas las formas de vida —humanos y sus tecnologías, animales, plantas, microorganismos, recursos elementales como el aire y el agua, así como el suelo que nos alimenta—, la ética de la permacultura es un intento de descentrar la subjetividad ética humana al no considerar a los humanos como amos, ni siquiera como protectores, sino como participantes en la trama de seres vivos de la Tierra. Y, sin embargo, o más

---

[370] Véase, en particular, *Black Permaculture Network* [Red Negra de Permacultura] http://blackpermaculturenetwork.org.

bien, *correlativamente,* a pesar de esta postura no centrada en lo humano, de la afirmación de que los humanos no están separados de los mundos naturales, la ética de la permacultura cultiva obligaciones éticas específicas para los humanos. Las acciones colectivo-personales se mueven también por un compromiso ético y por una exigencia a responder en *este* mundo. Posiblemente, esta forma de obligación éticamente descentrada conlleva una tensión, pero creo que no así una contradicción. Formular preguntas sobre los compromisos éticos naturoculturales de agentes que «trabajan con la naturaleza» trae más interrogantes complejos en torno a la obligación del cuidado en mundos más que humanos. ¿Qué noción de ética está en juego en estas posturas de principios que buscan descentrar la posición humana en la Tierra, al tiempo que afirman obligaciones específicas? Seguramente, la ética no puede descentrarse de este modo si sigue apegada a presidir las acciones morales de sujetos racionales, individuales y, evidentemente, humanos. Pero, entonces, ¿por qué se necesitaría algo como la «agencia» ética si está distribuida en agencias más que humanas que «trabajan con la naturaleza»? ¿No es esto simple antropomorfismo? La pregunta que formulé al comienzo del libro sigue vigente: en lugar de diluir la obligación al alejarnos de una ética centrada en lo humano, ¿podemos redistribuirla? En cualquier caso, afirmar el cuidado como una forma compleja y dinámica de sostener las naturoculturas, exige hacerse estas preguntas. Exige movimientos especulativos desplazados que descentren la «eticidad» y la sitúen como una fuerza distribuida entre múltiples agencias que crean relaciones más que humanas.

Este capítulo se despliega a través de estas preguntas, de la lectura del cuidado en la permacultura como un ejemplo de camino alternativo en la política de vivir con cuidado en mundos más que humanos. A esto lo llamo *alterbiopolítica,* para indicar que estoy en diálogo con los significados del compromiso ético dentro de una política del *bios.* La primera parte del capítulo se ocupa de los significados de la biopolítica como un enfoque que sitúa nuevamente el sostén cotidiano de la vida en el centro de un paisaje de cuestionamiento ético en el que una ética del cuidado descentrada podría marcar una diferencia. Al permanecer en sintonía con las visiones feministas no idealizadas ni inocentes de la ética del cuidado, sentí sin embargo la necesidad de confrontar el sentido hegemónico que iguala la ética a una aspiración a una moralidad superior o a su despolitización. Negarse a abandonar la ética a su captura por lo hegemónico y, en cambio, comprometerse con su reapropiación, puede intensificar la vulnerabilidad a ser absorbida por lo hegemónico, pero también, espero, a la posibilidad de implicarse en el desplazamiento de la reducción biopolítica contemporánea a la mera preservación de la vida humana. La segunda parte del capítulo retoma la lectura de la posibilidad especulativa de la ética de la permacultura a través de enfoques feministas. Enfatizo aquí tanto la relevancia cotidiana de una transformación del *ethos* personal-colectivo como la formación de obligaciones éticas en ecosmologías naturoculturales donde el *bios* humano es indisociable de las existencias otras-que-humanas.

Ética hegemónica

Al abordar las prácticas éticas en el nivel de la vida cotidiana, es difícil ignorar que vivimos en la «era de la ética». Y como transición desde la primera parte de este libro, la política del conocimiento parece ser un buen ejemplo para mostrar cómo puede operar esta forma de pensamiento ético hegemónico. La producción de conocimiento dentro de las instituciones muestra la inflación de una ética plenamente incorporada a la economía del conocimiento. ELSA *(Ethical, Legal & Social Aspects)* es una política integrada en la mayoría de los gobiernos occidentales en materia de ciencia y tecnología, constituida como un requisito institucional para la financiación pública de la investigación, y numerosos programas de investigación y áreas estratégicas promueven la inclusión de un «paquete de trabajo» específicamente ético. La financiación de la investigación en la Unión Europea (UE) cuenta con una subárea específica sobre ELSA dentro de sus programas de Ciencias de la Vida y Tecnología. Pero, en términos más generales, todas las áreas estratégicas definidas por fondos de investigación como «Ciencia y Sociedad» y similares incluyen la ética como un área central que debe ser abordada en todo proyecto de investigación[371].

En el capítulo 1, señalé que los estudios sociales de la ciencia han contribuido a superar la visión tradicional según la cual la política sería una noción externa a la práctica misma de la ciencia básica; es decir, que los asuntos sociales, culturales y políticos solo influyen en la ciencia después del momento técnico de desarrollo tecnológico, o solo estarían relacionados a los usos que se hacen de la ciencia y la tecnología una vez «en sociedad». Podría argumentarse que lo mismo le sucede a la ética. La institucionalización de la ética podría simplemente

---

[371] También podríamos analizar en este contexto el éxito y la influencia de la bioética institucionalizada después de la Segunda Guerra Mundial (para una crítica posthumanista de la bioética institucionalizada, véase Cary Wolfe, *What is Posthumanism?*, Minneapolis: University of Minnesota Press 2010).

confirmar una socialización de la ciencia. Cada vez más, hoy en día, la ética de la investigación no solo se considera tarea de especialistas en ética, sino que se requiere que científic*s sociales y académic*s en humanidades cubran la parte «ético-regulatoria» de las solicitudes de financiación, como parte de las tareas del perfil de científico social «integrado» —un rol que viene con sus propios modos autorizados de gestión del cuidado[372]—. Esto supone un reconocimiento implícito de que «la ética» no es una lucha moral aislada en la mente de un científico que decide entre el bien y el mal. Esta presencia de la ética en la producción científica puede adoptar diferentes formas. Por un lado, permanece vaga. Por ejemplo, se afirma que tal o cual cuestión científica tiene «implicaciones éticas», reconociendo que los «factores éticos» moldean la aceptación y el desarrollo de la ciencia y la tecnología junto con «preocupaciones políticas», «valores culturales» o «contextos institucionales». Esto ocurre también en las ciencias sociales, donde las referencias a la ética no muestran tanto una proliferación de teorías o programas éticos sistemáticos, sino una generalización del uso de la ética como un ámbito de *relevancia* que se ha extendido más allá de las esferas especializadas de la ética aplicada, la bioética o la ética de la investigación científica, y muy por fuera de la disciplina de la filosofía o de la regulación ética. Así, mientras que la ética como una forma vaga de «autorreflexión» resulta especialmente visible en las ciencias sociales, en general se ha instalado la sensación de que todo tiene una «dimensión ética» en los contextos científicos y académicos.

---

[372] Véase Ana Viseu, «Caring for Nanotechnology? Being an Integrated Social Scientist», *Social Studies of Science*, 45 (5), 2015, 642-664.

Por otro lado, en fuerte contraste con esta omnipresencia escurridiza de la ética, también puede observarse
un enfoque altamente normativo y a la vez totalizante
de «gestión del riesgo» en relación con «la ética» de la
investigación, que opera como estrategia de legitimación
cotidiana en organizaciones e instituciones dedicadas a la
producción de conocimiento. En las ciencias sociales, una
regulación formalizada de los procedimientos de investigación suele traducirse en un enfoque de «marcar casillas»,
donde la «ética» se vuelve programática y formularia; otro
aparato de rendición de cuentas[373]. Desde ambas perspectivas —un dominio de investigación vagamente mo-
ralizado y un marco regulatorio vacío— la «ética» se ha
convertido en un orden abarcador que atraviesa todas las
disciplinas. La hegemonía de la ética puede entenderse,
al menos en parte, como una herencia de compromisos,
aunque imperfectos, hacia un mundo más justo y habitable. Sin embargo, en muchas circunstancias, estos
compromisos sustituyen la justicia social y política por
una ética institucionalizada que dice proteger lo «vulnerable». Podemos pensar, por ejemplo, en el contexto del
desarrollo transnacional de fármacos, en la siempre im-
probable noción de «consentimiento» informado por parte
de los sujetos colonizados de los ensayos clínicos[374]. Aquí,
la ética se convierte en una herramienta para legitimar y

---

[373] Rebeca Boden, Debbie Epstein y Joanna Latimer, «Accounting for
Ethos or Programmes for Conduct? The Brave New World of Research
Ethics Committees», *Sociological Review*, 57 (4), 2009, 727-749.

[374] Kaushik Sunder Rajan, «Valores experimentales. Ensayos clínicos en
India y excedente de salud», *New Left Review*, 45, 2007, 63-83; Adriana
Petryna, *When Experiments Travel. Clinical Trials and the Global
Search for Human Subjects*, Princeton: Princeton University Press 2009;
Joseph Dumit, *Drugs for Life. How Pharmaceutical Companies Define
Our Health*, Durham: Duke University Press 2012.

quizá allanar el camino del «progreso» de la tecnociencia y el *bioemprendimiento*[375]. Pero la ética hegemónica va mucho más allá de los dominios académicos y de la gestión del riesgo científico. Que vivimos en la «era de la ética» se percibe en el uso inflacionario de la palabra: desde la ética corporativa hasta la vida cotidiana —el reciclaje de residuos, el comercio justo—, cada esfera de la práctica parece hoy cultivar una conciencia ética, así como producir sus propios códigos éticos o recomendaciones. Estos procesos llevan ya tiempo en curso y siguen en aumento. En 2007, la ética hegemónica no ha escapado al radar del pensamiento crítico en numerosos ámbitos disciplinarios, desde la bioética[376] hasta la ética empresarial[377]. Aquí se plantean preguntas sobre si la ética, tal como se ejerce en distintos espacios, refuerza más que cuestiona los órdenes establecidos.

En lo que sigue, escribo «Ética» con mayúscula para referirme a estos modos de normalización ética, a la ética hegemónica e Incorporada, en contraste con lo vibrante de las eticidades anormativas o todavía no normativas con las que intento comprometerme. También podría considerarse abandonar la noción misma, y no faltarían buenas razones para ello, dado que su potencial transformador ha sido diluido. De hecho, no hay nada especialmente disruptivo en dirigir la atención a la ética *per se* cuando

---

[375] Joanna Latimer, «Social Justice and (Anti)-Ageing Science and Medicine», *Science and Social Justice Research Group*, 2010.

[376] Margrit Shildrick y Roxanne Mykitiu (eds.), *Ethics of the Body. Postconventional Challenges*, Cambridge: MIT Press 2005; Murray J, Stuart y Dave Holmes, *Critical Interventions in the Ethics of Healthcare. Challenging the Principle of Autonomy in Bioethics*, Londres: Ashgate 2009; Wolfe, *What is Posthumanism?*

[377] Campbell Jones, Martin Parker y Rene Ten Bos, *For Business Ethics*, Londres: Routledge 2005.

«todo es ético». Continúo explorando posibles significados de la ética para seguir con el problema impuro de trabajar por una diferencia dentro de mundos que preferiríamos respaldar, pero a los que no somos inmunes; y como afirmaba anteriormente, porque es a través de entrelazamientos impuros, más que desde la distancia iluminada, que una visión crítica puede esperar conectarse y producir una intervención relevante.

Ser conscientes de los usos colonizadores de la Ética y las formas particulares de las biosocialidades que se producen en estos procesos es importante para una reapropiación descentrada de la aspiración ética en la tecnociencia y las naturoculturas. En particular, como menciono más arriba, involucrarse con la ética en el contexto de la Ética hegemónica expone formas despolitizadas de compromiso ético, ya sea mediante su disolución en moralizaciones vagas o convirtiéndolas en órdenes de cumplimiento altamente normativas, aunque bastante vacías. La despolitización adquiere especial relevancia en el ámbito de la ética ecológica, donde el impacto de la agencia individual —por ejemplo, vivir de forma «ecológica»— a menudo se considera insuficiente frente a las políticas colectivas a gran escala y a las transformaciones ecosociales radicales necesarias para afrontar los retos ambientales contemporáneos —como el cambio climático—. En este contexto, la política y la ética parecen estar entrelazadas, ya sea para oponerlas, contrastarlas, o correlacionarlas; por ejemplo, la opción ética, personal e irrelevante de tomar duchas más cortas frente a la opción política significativa de cerrar todas las centrales de carbón[378].

---

[378] Derrick Jensen, «Forget Shorter Showers», Orion Magazine, julio, 2009, https://orionmagazine.org/article/forget-shorter-showers/.

Y, de hecho, que todo se vuelva «ético» tiene orígenes e implicaciones diferentes del proceso, no tan pasado de moda pero más radical, que llevó a afirmar que «todo es político». L*s pensador*s crític*s tienen buenas razones para ver con sospecha el «giro ético». Cuando los problemas políticos son reducidos a la ética, tienden a individualizarse, a quedar contenidos en el ámbito de la «elección» personal o del estilo de vida, en apariencia despolitizados como las costumbres o las culturas, o reducidos a garantizar una subsistencia humanitaria mínima. Refuerza esta tendencia el hecho de que, hoy en día, afirmar un compromiso ético parece más aceptable, neutral y menos confrontativo que afirmar un compromiso político. La *eticización* de lo político parece reducirlo al ámbito privado, a la cotidianidad personal, como si se tratara de una señal de deserción de la transformación política colectiva[379]. Este modo de prevalencia de la ética parece confirmar una profundización de la *despolitización* de la vida social en el neoliberalismo. Esto parece tener incluso más sentido desde la perspectiva de las teorías clásicas, para la cuales la ética suele pertenecer al nivel de la moral individual. Siguiendo la línea aristotélica retomada por Hannah Arendt, el ámbito de la ética/moral pertenece a los asuntos privados de una persona, particularmente a la forma en la que su propio «yo» vive de acuerdo con el bien. La ética se refiere a un conjunto de negociaciones distinto de aquel que sucede en el dominio político, entendido como lo «público» de la *polis,* orientado a la intervención colectiva; aunque, como han insistido las éticas de la virtud contemporáneas, en la teoría clásica,

---

[379] Para un contraargumento, véase Julian Bourg, *From Revolution to Ethics*, Montreal: McGill-Queen's University Press 2007.

la «sabiduría práctica» en la búsqueda de la «buena vida» se desarrolla también en la vida pública[380]. En otras palabras, la ética es un asunto personal, pero uno que solo es noble en la medida en que aspira a dejar huella en lo colectivo; es decir, en la *polis*.

Pero ¿qué significa la división entre lo público y lo privado que sustenta esta distinción, cuando el sostenimiento cotidiano y ordinario de la «vida» se ha vuelto tan central para lo político, desafiando aparentemente la relación jerárquica tradicional entre lo público y lo privado? No se trata solo de una autocrítica de las políticas feministas en tanto que hayan sido asimiladas por el neoliberalismo. Si nos mantenemos dentro de una perspectiva clásica, donde la ética es concebida como un ámbito de edificación personal, este movimiento resulta especialmente problemático: si *incluso* lo político llega a confundirse con lo privado, lo personal y lo ordinario, y peor aún, con la mera continuación biológica de la vida, la construcción ética de la persona no puede sino retirarse aún más de los asuntos más nobles de la *polis*. Los individuos se ven así aún más alejados de la vida ética —entendida como proceso de edificación moral de un yo superior— a medida que *descienden* a las cuestiones menores y triviales del sostenimiento de lo cotidiano. La vida ética se desvía todavía más de la producción social del «ser», atribuyendo humanidad a las restricciones biológicas de la reproducción. De significar una forma de vida distintiva y superior para los seres sociales y morales, la existencia humana se reduce a la sustancia genérica de la vida corpórea y su

---

[380] Para un anáisis más detallado, véase Stephen J. Collier y Andrew Lakoff, «On Regimes of Living», en *Global Assemblages. Technology Politics, and Ethics as Anthropological Problems*, Malden: Blackwell 2005, 26.

continuación biológica; a lo que me refiero aquí como *bios,* en contraste con nociones más metafísicas de la vida. De todas las formas posibles, esta concepción jerárquica de los grados de valor ético de la agencia humana, como inferior a sus cometidos sociales y políticos, confirma la denigración de larga data de la vida ordinaria y el cuidado ordinario a cuestiones de subsistencia en lugar de existencia: la «mera» continuación de la vida biológica «natural» nos mantiene lejos de nuestra edificación como seres sociales y morales; una denigración histórica que ha sido un blanco privilegiado de la crítica feminista. Como veremos, esta bifurcación jerárquica de los procesos de materiación es también de especial relevancia para una ética que aspira a acoger agencias más que humanas al tramar los cuidados. Así, aunque los diagnósticos sobre la reducción de lo político a lo ético en la era de la Ética hegemónica parezcan dirigirse en distintas direcciones, ambos asocian la degeneración ética y política con una caída en el dominio de lo «personal» y lo «privado».

Con todo, no quiero ignorar las preocupaciones sobre cómo la «era de la ética» diluye la relevancia tanto de la ética como de la acción política colectiva. En particular, como veremos, resulta inquietante que diluir la agencia ética de forma amorfa, bajo la consigna de que «todo es ético», puede llevar a volver indistinguibles la obligación y el compromiso respecto a la agencia en general. En otras palabras, si toda acción personal es una acción ética, el *compromiso* ético o la respons-habilidad ya no marcan ninguna diferencia particular; ni tampoco la construcción de colectivos oposicionales. Y, sin embargo, precisamente por estas inquietudes, quiero tomarme en serio la importancia y el potencial de la implosión de las políticas con la ética de las prácticas cotidianas dedicadas a la continuación cotidiana de la vida. Sin duda hay muchas formas y razones para criticar cómo funciona hoy la tecnociencia en relación con la Ética. Pero limitarse a desmontar la ética, o rechazar sin más la expansión de lo ético como despolitización, no solo sería uno de esos gestos de distancia crítica que estoy tratando de evitar, sino que también oscurecería las posibilidades que están emergiendo en terrenos donde los significados de la ética están siendo reconfigurados.

Esta mirada más esperanzadora sobre las posibles políticas del compromiso ético está impulsada por un apego recalcitrante a prolongar la afirmación feminista de que «lo personal es político», resistiéndose a abandonar la herencia colectiva de esta intuición hacia su asimilación y recuperación por un orden moral que privatiza-personaliza lo político. Además, en el preciso momento en el que el significado político del sostenimiento del *bios* a través de la cotidianidad de todos los seres de la Tierra se expone de forma dramática, lamentar el énfasis en la agencia cotidiana «personal» como una decadencia sociopolítica no hace sino confirmar el histórico desentendimiento ético-político respecto al «dominio de la vida» —reducido a la vida «biológica» y devaluado en relación con los supuestos planos superiores del ser social. Y, como ya se ha mencionado, esto puede observarse en cómo la noción de «reproducción» humana de la vida sigue estando contaminada, y los procesos biológicos corporales que compartimos con otros seres vivos negados, frente a la producción, que permanece como el nivel más elevado de edificación humana; una bifurcación de la naturaleza que incluso los intentos de revalorizar la reproducción como contribución «social» tienden a ratificar. Mientras sigamos preguntándonos si la agencia ética humana debe ser sociopolítica antes que «individual» o meramente biológica, no solo seguimos confirmando el binarismo clásico, sino que además la vida corporal cotidiana de todo lo que habita este planeta sigue soportando una intervención tecnocientífica generalizada en la materia misma de la existencia biológica, afectando la integridad de todos los seres con una profunda disrupción ecológica. En lo que sigue, me adentraré en la biopolítica como discusión predominante que está abierta al significado de las prácticas en el plano del *bios* cotidiano, reconociendo formas de agencia ética que no se corresponden con las bifurcaciones entre social/biológico, político/ético, colectivo/individual. Estas discusiones éticas ofrecen, como veremos, un contraste interesante para pensar la combinación singular de una ética personal/colectiva que caracteriza la permacultura.

Nuestro *bios*, nuestro yo

La tecnociencia no estudia las realidades biofísicas, sino que las (re)elabora y las mercantiliza, coproduciendo nuevas formas de relacionalidad global y de (im)posibilidad vital. La omnipresencia de la tecnociencia en el mundo vivo genera una justificada sensación de urgencia por anclar más profundamente el compromiso ético en el nivel del *bios;* lo que incluye confrontar las presiones económicas para extraer «biocapital»[381] del «trabajo biológico»[382] humano. Pero, si bien la apelación a la ética se vuelve más acuciante en contextos atravesados por el biopoder tecnocientífico, es también ahí donde se vuelven más evidentes los límites de la teoría ética clásica y de la bioética institucional.

---

[381] Kaushik Sunder Rajan, *Biocapital. The Constitution of Postgenomic Life*, Durham: Duke University Press 2006; Cooper, *Life as Surplus.*
[382] Kalindi Vora, «Indian Transnational Surrogacy and the Commodification of Vital Energy».

La articulación de Nikolas Rose de una «ética somática» para l*s «ciudadan*s biológic*s» introdujo una perspectiva que fusionaba lo ético y lo político en el dominio del *bios*. Este enfoque me resulta relevante aquí porque reconoce que vivimos en una era «eto-política» en la que las cuestiones políticas se han problematizado en términos éticos. Y esta «eticización de la política» se vuelve particularmente visible en mundos donde la política es biopolítica, y en los que los «debates guiados por los valores» acompañan el desarrollo biocientífico. Es en este contexto que la bioética se ha vuelto un «suplemento necesario» para la aceptación pública de la toma de decisiones[383], tendiendo a representar marcos regulatorios institucionales que legitiman, modifican o allanan el camino para la transformación biotecnológica. Rose desplazó la bioética con la idea de la ética somática —de *soma,* el cuerpo— para designar una forma de compromiso bioético que surge de las comunidades que lidian con la política de su existencia «corpórea»[384]. La bioética somática reconocía que la política acontece en las prácticas concretas, encarnadas y cotidianas de las personas, y no solamente en instituciones, comités éticos o incluso en grupos ciudadanos. Este enfoque, en efecto, reubicaba la ética en el plano de la vida ordinaria e iniciaba dos desplazamientos interesantes.

En primer lugar, el «bios» de la biopolítica es bastante distinto de la idea general de vida (social) comprometida de quienes están preocupados por las formas de poder orientadas a controlar la existencia de las personas en todos los niveles de experiencia y subjetividad; así como de las fuerzas

---

[383] *Ibid.,* 97.
[384] *Ibid.,* 257.

que confrontan o escapan a este poder produciendo sub-jetividades alternativas y formas de vida colectiva[385]. Estos enfoques continúan los debates en torno a una visión fou-caultiana del «biopoder», entendido como la normalización de la vida a través del control de las poblaciones humanas y del yo. Sin embargo, como señaló Donna Haraway, la biopolítica de Foucault fue una «premonición flácida»[386] de lo que la tecnociencia contemporánea implica para el *bios* cotidiano. Una idea general de la vida (social) no al-canza a comprender el carácter transformador de la tecno-ciencia, que interviene a niveles moleculares y genéticos y que tiene efectos significativos en el ecosistema planetario más amplio. Las ecosmologías biopolíticas contemporá-neas —en campos tan diversos como los CTS, los Nuevos Materialismos o las Humanidades Ambientales— reco-nocen un mundo en el que el poder no solo opera a través de la normalización social, sino que actúa con y desde la biología, los organismos, las células, la composición gené-tica: una «política de la materia»[387].

En segundo lugar, la ética como noción también está desplazada. La agencia ética, desde perspectivas tales como la «ética somática», se concentra en la vida humana en tanto que está mayormente afectada por la tecnociencia (biomédica). En lugar de enfocarse en el modo en que la biopolítica afecta al estatus «ontológico» de lo «huma-no»[388], es necesario considerar las disrupciones éticas en

[385] Papadopoulos, Stephenson y Tsianos, *Escape Routes;* Michael Hardt y Antonio Negri, *Commonwealth. El proyecto de una revolución del común,* Madrid: Akal 2011.

[386] Haraway, *Manifiesto cíborg,* 15.

[387] Papadopoulos, «Politics of Matter».

[388] Giorgio Agamben, *Homo Sacer. El poder soberano y la nuda vida,* traducido por Antonio Gimeno Cuspinera, Valencia: Pre-Textos 2006.

las formas corpóreas específicas. Como otras formas de ética crítica, el punto aquí está en diferir de conceptos universalizantes del sujeto ético como un «sí mismo» definido, autónomo y racional[389] para enfocarse en la ética desde su afectación de los cuerpos en procesos de cambio[390]. Aunque sigue centrada en lo humano, esta ética no trata de racionalizaciones individuales ni de una identificación normativa entre lo racional y lo bueno. Estas éticas se entienden mejor como desarrollo dentro de lo que Lakoff denomina un «régimen de vida»: «Configuraciones situadas de elementos normativos, técnicos y políticos que se alinean en situaciones problemáticas o inciertas». Esto implica formas de vida que tienen una «coherencia o consistencia provisional», pero no la «estabilidad y coherencia de un régimen político»[391]. Tales disposiciones colectivas no se basan principalmente en un individuo como árbitro que juzga con arreglo a estándares de lo que es moralmente correcto o incorrecto. En otras palabras, la ética de la biopolítica en la tecnociencia no trata de normas morales estables gestionadas entre humanos; sino que incluye un abanico de elementos, fuerzas sociotécnicas, prácticas y agencias que se reconfiguran constantemente en función de condiciones *materiales* en situaciones específicas.

Estos compromisos con los regímenes biopolíticos de vida abren caminos para una ética especulativa en mundos más que humanos a lo largo de dos desplazamientos: la implicación en prácticas personales ordinarias *como si fueran colectivas* y el impulso hacia un descentramiento

---

[389] Stuart y Holmes, *Critical Interventions in the Ethics of Healthcare.*

[390] Shildrick y Mykitiuk, *Ethics of the Body;* Cressida Heyes, *Self-Transformations. Foucault, Ethics, and Normalized Bodies*, Nueva York: Oxford University Press 2007.

[391] Collier y Lakoff, «On Regimes of Living», 31-33.

de la subjetividad ética. También respaldan la búsqueda de enfoques no normativos de la ética. Los ensamblajes ético-socio-técnicos cotidianos se abordan en el nivel de lo no excepcional, son objeto de estudio sociológico o antropológico de una forma muy distinta de la que lo eran para la teoría moral clásica. Lo «ético» atrae la atención de científic*s sociales que trabajan desde la biopolítica como elemento importante para comprender la emergencia de nuevas formas sociales, en lugar de como una vía para promocionar una obligación ética —o política— particular de acuerdo con una postura «normativa» sobre sujetos morales enfrentados a grandes dilemas Éticos. Este enfoque más procesual afecta a la forma en que se conciben los agentes éticos en las nuevas sociologías y antropologías de la ética en las biotecnologías. Los individuos no son el origen de las decisiones racionales respecto a elecciones biomédicas. Tampoco los colectivos son meros agrupamientos de individuos que dominan soberanamente su agencia. Todos están inmersos en el tejido biopolítico, en procesos bastante impredecibles y emergentes. Los cuerpos *(soma)* o las situaciones (regímenes) se consideran espacios donde confluyen los intereses sociopolíticos y los desarrollos científicos que afectan a la «vida misma»[392].

Pero ¿acaso este movimiento hacia el descentramiento de los sujetos y sus normas morales no diluye la posibilidad de una obligación ética? No necesariamente. Incluso descentrada del enfoque en un sujeto racional individual, sigue siendo crucial alguna forma de subjetividad ética en las formas de biosocialidad que han captado la atención de la mayoría de los compromisos

---

[392] «La vida misma» no se apropia sin más; se la hace «colaborar» en su propia transformación —y productividad— (Cooper, *Life as Surplus*).

biopolíticos contemporáneos. De hecho, el enfoque sobre la obligación ética sigue siendo bastante tradicional en tanto que los desafíos siguen vinculados principalmente a la vida biológica humana, considerada en términos de personas que se enfrentan a su existencia corporal, a su yo-cuerpo o a su «entorno». Nuestro *bios,* nuestro yo. Las concepciones de la ética biopolítica, como la ética somática, parten de una obligación de cuidar el propio cuerpo, la propia personalidad y, por extensión, la de quienes nos rodean o la de una comunidad reunida en torno a una problemática médica —por ejemplo, grupos de pacientes—. Esto resulta comprensible dada la naturaleza de los colectivos que impulsaron la exploración de las biosocialidades; como individuos que crean colectivos —ciudadanos y grupos de pacientes— a partir de preocupaciones en torno a sus cuerpos, sus parientes, o el futuro de sus vínculos. Sin embargo, se necesita más para interrumpir el enfoque abrumador actual en la privatización de la responsabilidad y en las presiones morales para que asumamos la propiedad de nuestro destino biológico. Estas mismas formas también pueden reforzar la hegemonía del «autocuidado» —y, por extensión, de nuestr*s «dependientes»—, lo que a menudo se corresponde con una des-responsabilización respecto a la carga compartida de los sistemas colectivos de salud y bienestar[393]. Así, aunque el foco de la acción ética se sitúe con firmeza en las tareas ordinarias de sostenimiento de la vida corporal, la identificación de la ética con asuntos pertenecientes a la vida «privada» de los individuos humanos permanece sin ser cuestionada.

---

[393] Murray J. Stuart, «Care and the Self. Biotechnology, Reproduction, and the Good Life», *Philosophy, Ethics, and Humanities in Medicine,* 2, (6), 2007.

Para poder cambiar la perspectiva sobre qué cuenta como una intervención ética en la biopolítica, y para comprender la diferencia comprometida dentro de la hegemonía de una ética diluida que está siendo producida por prácticas ecológicas personales-colectivas de movimientos como la permacultura, necesitamos dos desplazamientos especulativos adicionales. Primero, interrumpir aún más la asociación del compromiso ético «personal» con lo «individual» y lo «privado». Volviendo a pensar con la intuición feminista de que «lo personal es político», las prácticas ético-políticas personales de transformación necesitan ser también repensadas como prácticas colectivas. ¿De qué otro modo podríamos prestar atención a situaciones en las que las personas cambian sus formas de hacer en la vida cotidiana, pero no consideran estas acciones como individuales o privadas, incluso cuando ni se plantearían el llevarlas a cabo fuera de un colectivo? Mi cuestionamiento sigue estando inspirado por las visiones feministas de la ética del cuidado construidas desde perspectivas enraizadas en comprensiones colectivas del trabajo de las mujeres en el sostenimiento de las relaciones cotidianas. Estos enfoques comprendieron las dificultades del trabajo personal de los cuidados cotidianos como parte de un desentendimiento social más amplio respecto a su importancia. El trabajo personal para transformar las formas en que la sociedad aborda el cuidado de l*s demás en lo cotidiano fue impulsado por un replanteamiento colectivo posibilitado por los movimientos de mujeres. Tal forma de abordar el problema del cuidado como algo que puede hacerse individualmente, pero que siempre está interconectado con esfuerzos colectivos, es muy diferente del cuidado que parte del autocuidado o que se dirige a él; también es distinto del cuidado pastoral del Estado hacia sus súbditos o del «cuidado de sí» inspirado en Foucault[394]. Volveré sobre este aspecto, pero por ahora quiero enfatizar que para que las reivindicaciones del significado político de la experiencia cotidiana «personal»[395] no terminen simplemente por ratificar la hegemonía de una ética diluida —«todo es ético»— y las nociones de autocuidado, necesitamos una idea de ética cotidiana como agencia atravesada por compromisos y vínculos colectivos. La cuestión no es desestimar la importancia política de las biosocialidades, sino argumentar a favor de un desplazamiento de la etopolítica en la biopolítica, que nos acerque a cuestionar qué incluimos en el *bios* como colectivo en búsqueda de las mejores relacionalidades posibles. Esto se debe a que interrumpir la identificación de las agencias éticas de la biopolítica con la preocupación y el cuidado por preservar el cuerpo/yo individual —o, por extensión, el de l*s propi*s hij*s, familiares, conciudadan*s—, exige perturbar una visión que concibe la supervivencia y el bienestar humanos de forma independiente del resto de los seres de la Tierra, y pensar el cuidado desde una base ecosmológica naturocultural no antropocéntrica.

Naturoculturas—Descentrando la ética

El pensamiento naturocultural constituye una ecosmología de los límites difusos afirmativos entre lo tecnológico y lo orgánico, así como entre lo animal y lo humano; ya

---

[394] Michel Foucault, «La ética del cuidado de uno mismo como práctica de libertad», *Revista Concordia,* 6, 1984, 96-116; Michel Foucault, *Historia de la sexualidad III. El cuidado de sí,* Madrid: Siglo XXI 2024.
[395] Niamh Stephenson y Dimitris Papadopoulos, *Analysing Everyday Experience. Social Research and Political Change*, Londres: Palgrave Macmillan 2006.

sea que se lo entienda como un fenómeno histórico, un desplazamiento ontológico o una intervención política. El pensamiento naturocultural ha estado funcionando en las humanidades y en las ciencias sociales, junto con ontologías relacionales que se vinculan con el mundo material no desde la perspectiva de «objetos» y «sujetos» definidos, sino como nudos relacionales que involucran humanos, no humanos y entrelazamientos físicos de materia y significado[396]. El pensamiento naturocultural también se invoca para nombrar una vertiente de pensamiento en los estudios sociales de la ciencia y la tecnología. Como vimos en el capítulo 1, los enfoques constructivistas en este campo —en particular, la teoría del actor-red—, han cuestionado la existencia misma de «lo social» para enfocar la atención en prácticas concretas de creación de mundos, en las cuales la agencia está distribuida entre actantes que no son exclusivamente humanos —o, dicho de otro modo, para incluir a los objetos como agentes en la producción de sociabilidad—. Se dirige la atención hacia la significación agencial de entidades que van desde el microchip hasta la molécula, del robot al primate y al microbio. Las visiones naturoculturales en este contexto también desafían las bifurcaciones epistémicas de la naturaleza, y comparten con los imaginarios sociotécnicos un desplazamiento del foco hacia modos de vida no humanos y una conciencia de la conectividad ontológica entre múltiples agencias y entidades. «Des-objetifican» los mundos no humanos al exponer su vitalidad y su agencia; «de-subjetivan» lo humano al tratar de pensarlo como una forma de agencia ontológica entre otras. Como tales, promueven un modo de atención que se resiste a caer automáticamente en la perspectiva «humana».

---

[396] Barad, *Meeting the Universe Halfway.*

Recuerdo estas tendencias generales para señalar su potencial común para contribuir a una concepción de la ética que descentre al sujeto humano en los colectivos biopolíticos dentro de la tecnociencia. Los estudios sociales de la ciencia pueden ser particularmente útiles para abordar la ética dentro de campos emergentes y complejos[397], observables como redes de actantes, que se hacen visibles a través de nuevos entrelazamientos, de vínculos y desvinculaciones[398]. Prestar atención a la eticidad en las prácticas, en los entrelazamientos de relacionalidad y agencia distribuida en el terreno, es una forma de investigar la eticidad sintonizada con una atención a la especificidad, que rehúsa iniciar el pensamiento desde una perspectiva normativa. Estas ontologías materialistas tienen el potencial de desplazar la investigación ética más allá de su enfoque en los órdenes morales y en la intencionalidad individual humana. Enriquecen nuestra percepción de las articulaciones complejas de la agencia que implican asociaciones entre humanos, no humanos y objetos trabajando en la realización de nuevas formaciones relacionales. Así, podrían contribuir a una visión «postconvencional»[399] de lo ético que lo inscribe en procesos, en lugar de plantearlo como un conjunto de preocupaciones añadidas sobre las que reflexionan los humanos cuando las cuestiones tecnocientíficas y materiales ya se han establecido.

Por supuesto, el amplio campo de los estudios CTS no ha permanecido inmune a la «era de la ética» discutida

---

[397] Ong y Collier, *Global Assemblages*.

[398] Cristina Palli Monguilod, *Entangled Laboratories. Liminal Practices in Science* [tesis doctoral], Universidad Autónoma de Barcelona 2004, http://dialnet.unirioja.es/servlet/tesis?codigo=5680; Joanna Latimer y Maria Puig de la Bellacasa, «Re-thinking the Ethical in Bioscience: Everyday Shifts of Care in Biogerontology» en Nicky Priaulx (ed.), *Re-theorising the Ethical,* Londres: Ashgate 2013.

[399] Shildrick y Mykitiuk, *Ethics of the Body*.

anteriormente: las referencias a lo ético se han vuelto cada vez más frecuentes, en combinación o en reemplazo de anteriores preocupaciones por esclarecer los intereses políticos que sostienen a la ciencia y la tecnología. Sin embargo, como muchos de los acercamientos a la biopolítica mencionados más arriba, la ética permanece en este campo de estudio como un objeto etnográfico o sociológico. Persiste una percepción general de que l*s investigador*s en CTS evitan emitir *juicios* o elaborar marcos *prescriptivos:* «Su tarea es la de iluminar los procesos sociales mediante los cuales los argumentos alcanzan legitimidad, más que la de utilizar su comprensión de aquellos procesos para establecer la legitimidad de sus propios argumentos o posturas»[400]. Como en el enfoque latouriano examinado en el capítulo 1, el interés por lo ético en este sentido no apunta tanto a fomentar obligaciones éticas o a afirmar compromisos, sino que se enfoca, sobre todo, en observar cuestiones éticas en construcción dentro de problemas sociotecnológicos, y en detectar a l*s participantes «ensamblad*s» en ese hacer. Así, a pesar del potencial que tienen los enfoques en CTS para transformar la ética, es raro ver que sus aportaciones se tematizan como posibilidades para proponer nuevas visiones éticas.

Desde la perspectiva de una ética eticista, esto podría ser visto como un «déficit» normativo[401]. Sin embargo, identificar el compromiso ético con las afirmaciones

---

[400] Deborah G. Johnson y James M. Wetmore, «STS and Ethics. Implications for Engineering Ethics», en Edward J. Hackett, Olga Amsterdamska, Michael Lynch Y Judy Wajcman (eds.), *The Handbook of Science and Technology Studies*, Cambridge: MIT Press 2008.

[401] Joseph Keulartz, Maartje Schermer, Michiel Korthals y Tsalling Swierstra, «Ethics in Technological Culture. A Programmatic Proposal for a Pragmatist Approach», *Science, Technology & Human Values*, 29 (1), 2004, 3-29.

normativas es un enfoque reductivo que permite pasar por alto otras posibles contribuciones. Como señalé en la introducción, he seguido la indicación de Lucy Suchman a l*s académic*s CTS, cuando nos recuerda que «el precio de reconocer la agencia de los artefactos no tiene por qué ser la negación de la nuestra»[402]. Y el enfoque asubjetivo de Karen Barad de la agencia ética representa uno de los intentos más destacados de comprometerse ontológicamente con la eticidad de la materia[403]. Siguiendo a Suchman y a Barad, sigo intentando abrir caminos especulativos para una noción del cuidado que responda a compromisos y obligaciones éticas en el corazón de ideas de agencia ética distribuida: si lo ético es complejo y emergente, también implica oportunidades para contribuir a su configuración. Los compromisos para abordar lo ético como un enfoque «a contracorriente» para la creación de innovaciones tecnológicas en forma de intervenciones podría también marcar la diferencia en promover una «alterontología»[404] en lugar de confirmar ontologías existentes simplemente siguiendo y describiendo su funcionamiento. Las intervenciones en la co-configuración no tienen por qué ser un gesto normativo por parte de un científico social o un académico de humanidades «iluminado» que se pusiera el sombrero ético y adoptara el rol de árbitro para señalar el camino correcto o incorrecto en el laberinto moral de la tecnociencia, sino como un* participante inmers* en el campo. Más que seguir a los actantes, menos que señalar «el» camino.

---

[402] Suchman, *Human-Machine Reconfigurations*, 285.

[403] Barad, *Meeting the Universe Halfway.*

[404] Papadopoulos, «Alter-ontologies».

No obstante, el desentendimiento con la teorización —y la toma de posición— ética en los CTS no responde únicamente a una distancia frente a las perspectivas normativas. Lo que lo hace más interesante es su coherencia con un rechazo a los marcos humanistas en los que tradicionalmente se ha entendido la ética. Las cosmologías naturoculturales requieren una forma de compromiso ético sintonizada con este descentramiento de la agencia humana. Sin embargo, hay que señalar que la categoría «no humano», en los estudios que abordan ciencia y tecnología, aunque útil, también tiende a confundir formas de vida muy diversas. Esto es importante porque descentrar la agencia humana tendrá diferentes implicaciones según estemos refiriéndonos a intervenciones centradas en la des-objetificación de lo «natural» —modos de vida en el *bios* y la *physis*—, o de lo «tecnológico» —*téchne*—[405]. No solo es que cada configuración humano / no humano tenga sus especificidades, sino que la interferencia de lo «no humano» en lo ético y lo político varía de manera genérica según se dirija la atención a artefactos o a entidades animales/orgánicas. Esto no es solo una cuestión conceptual o de categorización ontológica; es un problema concreto. Si aspiramos a pensar lo ético no como una esfera abstracta, sino como algo integrado en prácticas reales al abordar los ensamblajes que involucran entidades orgánicas y animales entramos en un mundo poblado por preocupaciones específicas como, por ejemplo, los derechos animales, la domesticación, los movimientos ecológicos o el agotamiento de recursos. También tocamos esferas afectivas asociadas con cuerpos vivos, como el

---

[405] Un ejemplo de cómo estos movimientos se entrelazan en las naturoculturas es, por supuesto, el famoso cíborg de Haraway, un híbrido entre materia orgánica y materiales de máquinas.

sufrimiento. Así que, aunque en las naturoculturas no tenga sentido *separar* los mundos entrelazados de *bios* y *téchne*, también parece vital reconocer las especificidades ético-políticas especialmente cuando lo «no humano» implica vincularse con alteridades que pueden ser afectadas por la intervención humana a través del dolor, la muerte e incluso la extinción[406], así como responder generando interdependencias afectivas que sostienen la vida[407]. Reconocer la agencia y la vitalidad de seres sintientes no es lo mismo que decir que las máquinas están «vivas». Además, la semántica material de las naturoculturas, cuando se refiere al *bios*, podría estar menos atravesada por nociones de redes y conexiones, y más por las de ecologías y relaciones[408]. El vínculo con otros no humanos del mundo animal/orgánico produce un conjunto diferente de preocupaciones éticas en comparación con el vínculo con entidades tecnológicas. Las cosas no son una sola cosa —del mismo modo que los humanos no son «lo» humano—[409].

En las ecosmologías naturoculturales, la agencia se distribuye y se descentra de su polo humanista. Pero aquí, las consecuencias éticas de los entrelazamientos interdependientes entre no humanos y humanos no se reducen a la preservación de la existencia humana y/o a qué decisiones responderán mejor a las nuevas formas de biopoder introducidas por la tecnociencia; por ejemplo,

---

[406] Bird Rose y Van Dooren, «Unloved Others»; Van Dooren, *Flight ways*.

[407] Haraway, *When Species Meet*.

[408] María Puig de la Bellacasa, «Pensamiento ecológico, espirituali-dad material y poética de las infraestructuras», traducido por Nayla Viggiano, en *El espíritu del suelo. Por una comunidad más que humana*, Barcelona: Tercero Incluido 2023.

[409] Papadopoulos, «Insurgent Posthumanism».

los efectos de la biomedicina sobre la subjetividad humana, o los impactos de los residuos tecnológicos sobre la salud humana y sus entornos. Gracias a los estudios animales críticos, las humanidades ambientales y, por supuesto, el ecofeminismo, los movimientos por los derechos animales y las luchas de los pueblos indígenas, otros problemas se han vuelto especialmente visibles para estas intervenciones: ¿cómo nos implicamos activamente con las experiencias vividas de formas de *bios* no humanas cuyas existencias están siendo cada vez más incorporadas en el mundo cultural de la *téchne* humana? ¿Cómo reconocemos «su» agencia, y nuestra implicación con ella, sin negar el poder asimétrico históricamente ejercido por las agencias humanas sobre el *bios*? ¿Cómo nos comprometemos con formas responsables de cuidado ético-político que respondan a la alteridad sin alimentar separaciones puristas entre humanos y no humanos? ¿Cómo nos comprometemos con el cuidado de la Tierra y de sus seres sin idealizar la naturaleza ni disminuir la capacidad de respuesta humana al verla como inevitablemente destructiva o como un mero paternalismo cuidador?

Son muchos los lugares desde los cuales explorar formas situadas y pragmáticas de abordar estas preguntas de maneras creativas —por ejemplo, cuidador*s de animales, prácticas de conservación—. Con la esperanza de contribuir a estos esfuerzos, y habiendo trazado una perspectiva sobre el campo de tensiones en torno a las eticidades más que humanas, regreso a mi propia experiencia con colectivos de permacultura para proponer una lectura de la ética de este movimiento como una intervención biopolítica en naturoculturas que construyen la obligación ético-política sobre una práctica personal-colectiva de forma descentrada y más que humana.

La permacultura como haceres éticos

Las prácticas de permacultura son haceres éticos que se comprometen con la vida cotidiana personal y la subsistencia como parte de un esfuerzo colectivo que incluye a los no humanos. Descentran la agencia humana sin negar su especificidad. Promueven obligaciones éticas que no parten ni se dirigen hacia normas morales, sino que se articulan como necesidades existenciales y concretas. Estas éticas nacen de las limitaciones materiales y de las relacionalidades situadas en el hacer con otras personas, seres vivos y «recursos» de la Tierra. Así, los «principios»: cuidar la tierra y a las personas y devolver el excedente son ambos bastantes genéricos —sus formas de realización varían— e involucran principios de diseño, es decir, formas muy concretas, específicas, materiales, y a veces, ineludibles, de trabajar con los patrones del *bios* —ciclos ecológicos, fuerzas físicas—. Entre quienes han participado en estas formaciones, abundan los relatos sobre sus intentos posteriores de implementar las prácticas aprendidas; en comunidades locales tanto urbanas como en entornos rurales, desde un patio trasero hasta el ayuntamiento, o sumándose a formas más amplias de ecoactivismo público. Muchas personas insisten con fuerza en que las formaciones y otras formas colectivas de implicarse en la permacultura han transformado sus formas cotidianas de relacionarse con la comida, las plantas, los animales, las tecnologías y los recursos, y han afectado la manera en que valoran su propio impacto sobre el planeta, tanto en pequeños como en grandes aspectos. Las actividades pueden ir desde empezar a compostar los residuos de alimentos, hasta cultivar y producir comida localmente, o promover la bioconstrucción ecológica. Pero incluso cuando estas acciones se reconocen como profundamente íntimas o individuales —como puede ser la conexión espiritual con un árbol, o la construcción de un yo más ecológico— se afirman como colectivas.

Lo «colectivo» aquí no solo incluye a los humanos, sino también, a las plantas que cultivamos, los animales que criamos y comemos —o no—, y los recursos energéticos de la Tierra: el aire, el agua. Es en conexión con ellos que los «individuos» humanos y no humanos viven y actúan. En cada nivel de la subsistencia humana dependemos de ellos — y en estos contextos específicos de eco-diseño, profundamente conscientes de la disrupción ecológica, también se considera que *ellos* dependen de nosotr*s—. Y, en ese sentido, los humanos existen solo en una red de co-vulnerabilidades vivas. La ética del cuidado en la permacultura se basa en la percepción de que estamos inmers*s en un entramado de relaciones complejas en la que las acciones personales tienen consecuencias más allá de nosotr*s mism*s y nuestros vínculos cercanos. Y, a la inversa, estas conexiones colectivas transforman «nuestra» vida personal. La percepción ecológica de ser parte de la Tierra, una parte que realiza su parte específica de cuidados, exige que la Tierra no sea una imagen espiritual o visionaria —por ejemplo, Gaia—, sino algo que se siente. La Tierra como «tierra real bajo nuestras uñas»[410], y nuestros cuerpos concebidos materialmente como parte de ella, por ejemplo, respondiendo a las necesidades del agua porque *somos* agua[411]; energía humana, incluyendo energía activista[412],

---

[410] Starhawk, *The Earth Path*, 6.

[411] Tara Lohan, *Water Consciousnes. How We All Have to Change to Protect Our Most Critical Resource*, San Francisco: Healdsburg 2008.

[412] Vandana Shiva, *Soil Not Oil. Environmental Justice in a Time of Climate Crisis*, Cambridge: South End Press 2008.

siendo materia viva procesada por otras formas de vida. Así, aunque los principios éticos de la permacultura pueden de hecho leerse como ideas que quienes la practican habilitan o transforman en haceres, creo que es más preciso decir que es el compromiso continuo con los haceres personales-colectivos lo que de forma gradual transforma la manera en la que sentimos, pensamos y nos involucramos con los principios y las ideas. Los haceres continuos densifican los significados de los principios al requerir, por ejemplo, que aprendamos más para conocer las necesidades de los suelos que damos por sentadas[413], o de otros procesos biológicos y ecológicos, como los ciclos del agua.

Antes de continuar, quiero mencionar un simple ejemplo de uno de estos haceres éticos: la práctica del compostaje. Para quienes viven en zonas urbanas, compostar es una técnica práctica más o menos accesible de cuidado de la tierra, una tarea cotidiana de devolución del excedente, orientada a producir «residuo cero»[414]. Es una práctica relacional que implica formas de conocimiento. Un buen compost no es solo una pila de residuo orgánico, y por ello las técnicas de compostaje son una parte importante de las formaciones del activismo por la Tierra. No solo se trata de cómo mantener un buen compost, sino también de volverse alguien que conoce la vitalidad y las necesidades de una pila de compost. Por ejemplo, se puede comprobar si un compost está sano atendiendo a la población de lombrices rosadas y pegajosas. Las lombrices del compost —algunas personas tienen cubos de lombrices

---

[413] Elaine Ingham, *An Introduction to the Soil Foodweb* [grabación sonora]. Corvallis: Unisun Communications 1999.

[414] Chriss Carlsson, *Nowtopia. How Pirate Programmers, Outlaw Bicyclists, and Vacant-Lot Garderners Are Inventing the Future Today!*, Edinburgh: AK Press 2008, 9.

en sus cocinas— son un buen ejemplo de los seres no humanos con los que convivimos, y de los cuales la ética de la permacultura te hace consciente, aunque no son los únicos: «cualquiera que coma debería preocuparse por los microorganismos del suelo»[415]. Aquí, la interdependencia naturocultural no es solo más que un principio moral, es también más que una cuestión de hecho —o técnica— de la que tomamos conciencia. Se convierte en una cuestión de cuidado en la que implicarse mediante haceres éticos.

Me interesa cómo este «deberíamos cuidar» no funciona sin una transformación del *ethos* mediante la cual la obligación emerge dentro de un hacer necesario, así como a través de haceres que transforman o confirman dicha obligación. Enfatizo la palabra «hacer» para destacar su cotidianidad, su connotación de lo no extraordinario, en contraste con «acción» o con momentos definidos de toma de decisiones u otras formas de delimitar eventos éticos. La obligación hacia las lombrices es un buen ejemplo de hacer-obligación. Las lombrices son una manifestación más visible de la vida del suelo que los microorganismos, pero son igualmente fáciles de ignorar. Cuidar de las lombrices no es algo dado: la mayoría hemos aprendido a sentir repulsión hacia ellas. En las formaciones de permacultura se convierten en un significante de transformación en nuestras formas de sentir, cuando se nos invita a apreciarlas —«las lombrices son las grandes creadoras de fertilidad. Cavan túneles en el suelo, lo voltean y airean. Se alimentan de partículas de tierra y comida en descomposición, las digieren y las transforman en humus de lombriz, una forma de fertilizante extremadamente valiosa, rica en

---

[415] Starhawk, *The Earth Path*, 8.

nitrógeno, minerales y oligoelementos»[416]—. Volverse capaz de una obligación de cuidados hacia las lombrices como compañeras terrestres, de manera desordenada y embarrada, se nutre de las manos en la tierra, de la curiosidad, e incluso del amor por las necesidades de un «otro», ya se trate de las personas con las que vivimos, los animales que cuidamos o el suelo que cultivamos. Es trabajando con ellas, alimentándolas y recogiendo sus excreciones como alimento para las plantas que se crea una relación que reconoce estas interdependencias: aunque algunas personas sigan sintiéndolas repulsivas, eso no es incompatible con la sensación de que estos seres pegajosos y desdeñables resultan también bastante asombrosos e indispensables —ellas se ocupan de nuestros desechos, lo procesan para que vuelvan a ser alimento[417]—.

---

[416] *Ibid.*, 170.

[417] Los compromisos sociopolíticos y afectivos con las lombrices de tierra exceden los ámbitos científicos de la biología. El trabajo de Filippo Bertoni es interesante en este sentido (Filippo Bertoni, «Soil and Worm. On Eating as Relating», *Science as Culture,* 22 (1), 2013, 61-85; Sebastian Abrahamsson y Filippo Bertoni, «Compost Politics. Experimenting with Togetherness in Vermicomposting», *Environmental Humanities*, 4, 2014, 125-148; véase también Clark, B., R. York y John Bellamy Foster, «Darwin's Worms and the Skin of the Earth. An Introduction to Charles Darwin's The Formation of Vegetable Mould, through the Action of Worms, with Observations on their Habits (Selections)», *Organization & Environment,* 22 (3), 2009, 338-350). A la inversa, las metáforas organizacionales también se toman prestadas por biólogos y gestores ambientales para referirse a estos habitantes del suelo como «ingenieros del suelo» (Patrick Lavelle, «Ecological Challenges for Soil Science», *Soil Science,* 165 (1), 2000, 73-86) o incluso «gestores del suelo» (R. K. Sinha, D. Valani, V. Chandran, y B. K. Soni, *Earthworms, The Soil Managers. Their Role in Restoration and Improvement of Soil Fertility,* Nueva York: Nova Science Publishers 2011). Una fuente constante de inspiración para quienes se sienten fascinados por las lombrices de tierra sigue siendo la obra de Charles Darwin: *La formación del manto vegetal por la acción de las lombrices* (Oviedo: Krk ediciones 2010 [1881]).

Esta obligación de cuidados no es reductible a «sentirse bien» o a «sentimientos agradables»: la repulsión no es incompatible con el cuidado afectivo —cualquiera que haya cambiado un pañal a un bebé o limpiado el vómito de una persona amiga enferma podría saberlo—. Tampoco puede entenderse esta obligación de cuidar a un otro terrestre interdependiente como una obligación utilitarista; cuido de la Tierra a través del suelo y las lombrices porque las necesito, porque me son útiles. Es cierto que algunas enseñanzas de las técnicas de permacultura hacen hincapié en que cuando no escuchamos lo que los no humanos están diciendo, experimentando, necesitando, las consecuencias nos afectan también a nosotr*s —desde los errores y fracasos cotidianos que enfrenta toda persona que cultiva, hasta las extinciones y epidemias relacionadas con animales, entre muchos otros fracasos del cuidado—. Pero, en contraste, otros seres de la Tierra no se presentan como si existieran para servirnos a «nosotr*s»; al contrario, las perspectivas utilitaristas se desafían constantemente, y la noción de que la naturaleza presta «servicios» (ver capítulo 5) no es característica de la permacultura. Pero si esta no es una relación utilitarista, tampoco es altruista, abnegada, en la que la naturaleza tiene valor «en sí misma». Aunque este debate tradicional entre cuidado ambiental altruista y utilitarista puede tener importancia en otros contextos[418], aquí impide un compromiso especulativo con lo que podría hacerse posible en esta concepción específica de las relaciones y de la obligación mutua, donde lo que está en juego es vivir-con, no vivir-*sobre* ni vivir-*para*.

---

[418] Para una discusión sobre estos debates, véase Paul B. Thompson, *The Spirit of the Soil. Agriculture and Environmental Ethics*, Nueva York: Routledge 1995.

Como mencioné antes, la agencia humana en la ecosmología de la permacultura es la naturaleza trabajando.
Esto significa que los humanos son participantes plenos en el devenir de los mundos naturales. Sin embargo,
tienen sus propias tareas mundanas; sus propias formas
naturoculturales de estar en esta relación. Crear «abundancia» trabajando con la naturaleza se afirma como una
habilidad y una contribución típicamente humanas. Ahora
bien, la abundancia no se concibe como un excedente de
vida —como rendimiento— que puede despilfarrarse, o
un biocapital autorregenerativo para invertir en un futuro
especulativo[419]. Por el contrario, es solo devolviendo el
excedente de vida —por ejemplo, mediante el compostaje— que puede nutrirse la producción de abundancia.
Trabajar-con-la-naturaleza es algo que l*s activistas consideran una sabiduría compartida y mantenida por prácticas
agrícolas alternativas que han sobrevivido de algún modo
dentro de, o a pesar de, la agricultura industrializada, por
ejemplo, en las prácticas sincréticas de poblaciones indígenas contemporáneas. Starhawk cita a Mabel McKay,
sanadora Powo:

> Cuando la gente no usa las plantas, estas escasean. Debes
> usarlas para que crezcan de nuevo. Todas las plantas son
> así. Si no se recolectan, si no se les habla ni se las cuida,
> mueren[420].

Y, sin embargo, que el trabajo humano sea vital en las
ecologías en las que nos implicamos, no significa que
esté en el centro. La ironía es que lograr reducir el

---

[419] Cooper, *Life as Surplus*.
[420] Citado en Starhawk, *The Earth Path*, 9; véase también Ruth
Mendum, «Subjectivity and Plant Domestication. Decoding the
Agency of Vegetable Food Crops», *Subjectivity*, 28, 2009, 316-333.

trabajo humano tanto como sea posible se considera un objetivo típico de una buena permacultura. En algunos lugares, el rol de la agencia humana podría ser simplemente dejar estar. Por ejemplo, algunas plantas deberían ignorarse porque no están ahí para los humanos, sino para otros —los animales[421]—. Podría decirse que dejar estar lo no humano, como una especie de descuido consciente, también forma parte de la tarea de los cuidados. Esto apunta a la duda sobre si algunos seres pueden estar fuera del alcance del cuidado, para bien o para mal, o requerir una forma de eticidad que alcance los límites de los esfuerzos relacionales encarnados, como en el caso de especies extintas que ya no podemos percibir[422]. Lo que busco aquí no es delimitar un imperativo de cuidado de alcance universal que defina las relaciones humanas con todos los seres de la Tierra, sino aprender específicamente de estos haceres que implican relaciones prácticas, particulares y cambiantes, en las que los humanos se vinculan con lo no humano de formas no reducibles al uso-humano-centrado y que son, también, radicalmente naturoculturales.

Una vez más, mi insistencia en esta forma de nombrar busca cortocircuitar la reducción de esta ética a uno u otro lado de los binarismos humanistas. Por supuesto,

---

[421] Quiero agradecer profundamente a las Grasshawgs, un grupo internacional de estudiantes de doctorado conectad*s virtualmente que trabajan con Eben Kirksey, por su generosa lectura de una versión previa de este capítulo y del capítulo 5, así como por sus sugerencias inspiradoras. En particular, Karin Bolender señaló cómo, a veces, los seres y las cosas pueden estar mejor fuera del alcance del cuidado humano.

[422] Kathryn Yusoff, «Insensible Worlds. Postrelational Ethics, Indeterminacy, and the (K)nots of Relating», *Environment and Planning D. Society and Space*, 31 (2), 2013, 208-226.

se podría argumentar que, dado que las personas permacultoras a menudo presentan la práctica como una mejor «ciencia», esta permanece dentro de una visión humanista epistemocéntrica[423]. Pero lo que he observado en mi trabajo con colectivos de permacultura y con el activismo inspirado en la permacultura es que el humanismo y el cientificismo se despliegan a menudo de manera algo defensiva, como respuesta a identificaciones externas de este movimiento con visiones ecológicas que colocan a los «otros» seres por encima de los humanos —por ejemplo, considerando a los humanos como una especie separada, destructiva, invasora, y a la ciencia y a la tecnología como fuerzas malignas— o que promueven un ideal nostálgico de vuelta a la naturaleza. Más allá de esta imagen «defensiva» o justificativa —que, sin embargo, tiene efectos performativos en la transformación del activismo de permacultura en una red de formaciones acreditadas—, el acento se pone más bien en un compromiso con «los pueblos» de la Tierra, incluyendo inseparablemente a seres humanos y no humanos dentro de un abanico de agencias y haceres distintos que se necesitan mutuamente. Sin cuidar de los humanos, no podemos cuidar de las ecologías en las que viven. El cuidado del «medio ambiente» —como algo que «nos» rodea— no sería una buena forma de conceptualizar esta ética.

Hay otra razón por la que el autoborrado altruista o el sacrificio —de los humanos— no responde mejor a estas relaciones que una perspectiva utilitarista. Si leo estas prácticas como marcadas por una forma de ética biopolítica sintonizada con una conciencia naturocultural, es también porque aquí el cuidado del propio

---

[423] Holmgren, *Permacultura*.

cuerpo-yo no es separable del cuidado de las personas y del cuidado de la Tierra. Este movimiento ejemplifica bien la interdependencia de las «tres ecologías» —del yo (cuerpo y psique), de lo colectivo, y de la Tierra— que Félix Guattari reclamaba con urgencia política para el futuro próximo, convencido de que ninguna de ellas podía realizarse sin las otras[424]. Como sostiene Starhawk, el equilibrio material-espiritual no puede alcanzarse a través del compromiso abstracto con el cuidado de la tierra. Al contrario, la referencia a una Tierra «ideal» conduce «nuestra salud espiritual, psíquica y física» a que «se desvitalice y desequilibre profundamente»[425]. A la inversa, en las formaciones de permacultura se insiste en no descuidar las necesidades del propio cuerpo-psique en nombre del «servir» —el agotamiento es tomado en cuenta como una condición típica del activismo—. Así, aunque el cuidado activista de un* mism* esté integrado en la obligación hacia un colectivo, no se considera «saludable» ni eficaz basar ese cuidado en una ética altruista frente a la destrucción ambiental. Como lo expresa Katie Renz, la permacultura «no es un esfuerzo desesperado ante el rostro demacrado de la escasez, sino un cultivo de una relación íntima con el entorno natural para crear abundancia para una misma, para las comunidades humanas y para la Tierra»[426]. Desde luego, el objetivo no es modesto ni autosacrificial. Ni siquiera lo es la sostenibilidad. Es la abundancia. De igual forma, el afecto que se cultiva en las formaciones de activismo por la Tierra no es la desesperanza frente a lo imposible, sino la alegría

---

[424] Félix Guattari, *Las tres ecologías,* Valencia: Pre-Textos 2005.

[425] Starhawk, *The Earth Path*, 6.

[426] Katie Renz, «Cultivating Hope at Earth Activist Training», *Hopedance,* 39, 2003.

de actuar por la posibilidad. En términos de Joan Haran, aquí la esperanza es una praxis[427].

En última instancia, la ética de la permacultura es una ética situada. Vuelvo aquí a uno de los lemas repetidos incesantemente en las formaciones y los manuales: «depende» es la respuesta a casi toda pregunta sobre permacultura. La actualización de los principios del cuidado siempre se crea en un hacer interrelacionado con las necesidades de un lugar, una tierra, un barrio, una ciudad, incluso cuando una acción particular se considera en relación con sus conexiones globales extendidas. Aquí, las agencias «personales» del cuidado cotidiano son inseparables de su sentido ecológico colectivo. Es importante recordar que la ética de la permacultura no se limita a plantar alimentos, criar animales o construir de forma sostenible. En muchas de sus versiones, y de manera especialmente fuerte dentro de la tradición del EAT *(Earth Activist Training),* también está relacionada con acciones públicas de desobediencia civil y de acción directa no violenta; creación de huertos de guerrilla, demostraciones públicas de técnicas en eventos de oposición alterglobalización, «bombardeo de semillas»[428]. De manera más general, la ética de la permacultura se concibe también como forma de organización, por ejemplo, promoviendo prácticas de un compartir democrático y colaborativo en lugar de la competencia. No se trata de una visión abstracta y externa sobre las prácticas de otras personas, sino de una transformación intrínseca del *ethos.*

---

[427] Haran, «Redefining Hope as Praxis».

[428] Starhawk, *The Earth Path* y *Webs of Power;* véase la entrevista con Olhsen en Carlsson, *Nowtopia,* 74-79.

Cuidados—*Ethos* y obligación

Hasta ahora he trabajado con un supuesto no explicado: he pensado la ética desde su cercanía al *ethos* en lugar de a la moralidad, tomando distancia de la Ética con mayúscula, entendida como el despliegue de posturas normativas, un dominio más fijo y experimentado de forma vertical. En lugar de considerarlos relevantes como una Ética, he hablado de los principios de permacultura como haceres éticos. Y, sin embargo, este libro está permeado por nociones de obligación y compromiso. Escapar de la «Ética» no significa ausencia de agencia ética y de atención, sino desplazar el foco a las intensidades y las gradaciones de la «eticidad» implicada en cualquier situación, incluso, especialmente, cuando la Ética no está (del todo) fijada. Cuando Tronto afirmaba que el cuidado no es reducible a una disposición moral, señalaba el desplazamiento de la moralidad normativa por una política del cuidado. Las formas en las que cuidamos lo cotidiano tiene una cualidad de «eticidad», integrada en procesos de relacionalidad situada, perceptible en el *ethos* más que en actitudes morales, principios y discursos.

Pensar de este modo responde a la exigencia de atender a la especificidad de los momentos, de las relaciones particulares, de las ecologías donde lo ético es una agencia personal *y,* al mismo tiempo, está incrustado en el «ethos» de una comunidad de vida. La atención a la especificidad situada se acerca a un enfoque constructivista de haceres y *deshaceres* de la ética incrustada en ensamblajes tecnocientíficos y naturoculturas. Como vimos previamente, la ética puede convertirse de esta forma en un objeto de investigación social, que no ve la ética como un conjunto añadido de preocupaciones, sino como entrelazada en la creación de mundos sociomateriales. Sin embargo, esto no es suficiente para considerar, entre las constricciones materiales incrustadas en las prácticas, aquellas que a lo largo de este libro sigo llamando «obligaciones». «Obligación» es un término cargado en la teorización ética y en la filosofía moral, y debo confesar que solo me di cuenta de ello —al menos de forma consciente— tiempo después de que se hubiera incorporado subrepticiamente en mi vocabulario para hablar del cuidado. Desde entonces, he llegado a percatarme de que mi uso del término contraviene mucho de lo que significa en teoría política[429]: justicia, contratos, promesas y reciprocidad individual. Precisamente por estos motivos, Tronto había propuesto que «una noción flexible de responsabilidad» era un concepto que sintonizaba más con una política del cuidado que el concepto de «obligación»; un concepto bastante más rígido en filosofía política y moral[430].

Mi uso de la obligación no procede de la teoría moral, sino de la filosofía de la ciencia. Se inspira en el uso que Isabelle Stengers hace del término en su «ecología de las prácticas». Debo admitir que el mío es una prolongación bastante desplazada de los conceptos de la filosofía de las prácticas de Stengers, adaptada a un proyecto de reflexión sobre la especificidad de las prácticas científicas modernas —y el éxito histórico del hecho experimental—, más que a pensar sobre el *ethos* ético cotidiano. Sin embargo, el pensamiento de Stengers ofrece caminos para este recorrido, porque evita tanto los órdenes epistemológicos como los relatos relativistas de las prácticas científicas.

---

[429] Agradezco al revisor de este manuscrito por advertir la inconsistencia en la primera versión.

[430] Tronto, *Moral Boundaries*, 131-132.

Esto es relevante para comprender las obligaciones éticas del cuidado, que poseen una necesidad contingente que emerge de restricciones materiales y afectivas, más que de órdenes morales. Hablar de prácticas de transformación del *ethos* cotidiano como «haceres éticos» es un intento de evitar definir de antemano un código de conducta o una definición normativa del cuidado correcto o incorrecto. Pero afirmar los cuidados como una actividad genérica no significa dar por hecho un *ethos* del cuidado, ni que su posibilidad surja de manera aleatoria. Probablemente por eso me resulta útil pensar el *ethos* como marcado por obligaciones, que son, para Stengers, una forma de «restricción». Las restricciones, para Stengers, «no tienen nada que ver con una limitación, prohibición o mandato que provendría del exterior [...] que sería soportado; tiene que ver con la creación de valores»[431]. Las restricciones no son aspectos negativos —ni de imposición— de la práctica; al contrario, son lo que «hace posible» la práctica, la hace específica y se desarrolla en estrecha relación con modos de ser y de hacer. En la filosofía de la práctica de Stengers, las restricciones están incrustadas en relaciones entre mundos y conocedor*s (científic*s) entrelazad*s en un contexto específico. Las restricciones no son «condiciones; no proporcionan una explicación ni un fundamento, ni una legitimidad para la práctica». Más importante aún: «Una restricción debe ser satisfecha, pero el modo en que se satisface sigue siendo, por definición, una pregunta abierta. Una restricción debe tomarse en cuenta, pero no nos dice cómo debe tomarse en cuenta»[432].

---

[431] Stengers, *Cosmopolitics I,* Minneapolis: University of Minnesota Press 2010, 42.

[432] *Ibid.,* 43.

Las prácticas desarrollan un *ethos* relacional con un mundo, un proceso a través del cual las restricciones materiales se co-crean —Stengers habla de captura recíproca—. A su vez, las restricciones re-crean posibilidades e imposibilidades relacionales y situadas. Bajo esta categoría, Stengers define los «requisitos» y las «obligaciones» como un tipo de «restricciones abstractas»; abstractas en el sentido de que más o menos se estabilizan, pueden repetirse, transportarse, traducirse como el núcleo de una práctica, y piden ser tomadas en cuenta para que una práctica específica se considere como tal. Las obligaciones aquí se refieren a lo que obliga a quienes practican a responder a «lo que exige un fenómeno» para poder abordarlo como foco de una práctica determinada. En esta «ecología de las prácticas», las constricciones, los requisitos y las obligaciones mantienen unido a un «colectivo heterogéneo» —especialistas competentes, dispositivos, argumentos y materiales en riesgo—, es decir, fenómenos cuya interpretación está en juego. Las formas en que estos entrelazamientos afirman lo que tiene «valor» son inmanentes, y por ello comportan una dimensión de «no equivalencia»; una práctica relacional no equivale a otra[433].

Aunque Stengers continúa desarrollando esta construcción conceptual para calificar el acontecimiento de la práctica científica moderna, sus nociones tienen también una cualidad genérica que concierne a la relación entre la inmanencia del practicar —en tanto re-crean comportamientos y relaciones de formas procesuales y contingentes, como un *ethos* continuamente en marcha— y aquellos patrones de comportamiento que perduran y que son considerados valiosos. Lo último incluiría entonces una

---

[433] *Ibid.,* 52-53.

dimensión de eticidad traducible y relativamente dura-
dera. Y el carácter genérico de estas nociones ecológicas
se hace visible en los procesos de creación de valor entre
las agencias más que humanas:

> Todo ser viviente puede ser abordado en términos de la
> cuestión de los requisitos de los cuales depende no solo
> su supervivencia, sino también su actividad [...] Todo ser
> viviente hace existir obligaciones que cualifican lo que de-
> nominamos su comportamiento: no todos los medios ni
> todos los comportamientos son iguales desde el punto de
> vista de lo viviente [...] Visto en este sentido genérico, el
> requisito refleja la dimensión normativa y arriesgada de la
> dependencia de un medio, es decir, de aquello que puede o
> no puede satisfacer necesidades y demandas[434].

Lo «normativo» no se refiere aquí a la Moralidad, sino a
aquellos aspectos de la necesidad que definen relaciones
de dependencia contingentes a un entorno ecológico, y a
los riesgos implicados en estas relaciones —por ejemplo,
cuando las necesidades y demandas no son satisfechas—.

En resonancia, más que en correspondencia, con esta
formulación que subvierte el significado habitual de la
normatividad, leo las obligaciones éticas del cuidado como
restricciones que logran perdurar a través de campos relacionales más o menos cambiantes. Trascienden instancias
específicas de producción de un *ethos* del cuidado, pero
no necesariamente para convertirse en normas morales,
ni siquiera en posturas fijas, sino porque requieren una
implicación con un hacer continuo. Estas obligaciones
éticas son compromisos que se estabilizan como necesarios para sostener o intervenir en un *ethos* particular —
agencias y comportamientos dentro de una ecología—.

---

[434] *Ibid.*, 55.

No son un *a priori* universal, no definen una «naturaleza» moral, ni social, ni siquiera natural: *devienen* necesarias para el sostenimiento y el florecimiento de una relación a través de procesos de vinculación continua. Las restricciones que marcan la eticidad en agencias van más allá de condiciones prefiguradas; no están predeterminadas, pero tampoco son arbitrarias ni aleatorias. Las relaciones siempre están conectadas a mundos específicos; hacen mundos específicos y crean interdependencias de formas que devienen *ethos*. Desde esta perspectiva, donde vivir significa entrelazar *ethos* y entorno, incluso aquellos movimientos que al principio pueden parecer individuales, estratégicos o instrumentales, tienen una dimensión de entrelazamiento afectivo e interdependiente.

La eticidad de los haceres prácticos puede, entonces, ser concebida también desde la perspectiva de cómo generan modos de hacer que perduran tanto como se transforman —creación de ethos—. En el cuidado, un ethos crea su ética, y no al revés. El sentido ético de los haceres prácticos es, por tanto, inseparable de las restricciones, pero estas no son necesariamente normas morales. Esto es distinto a explicar el ethos como modos de comportarse según normas y convenciones preexistentes que clasifican lo bueno y lo malo, lo verdadero y lo falso; o de explicar la «elección» ética como la acción de individuos objetivos, autónomos, en una situación dada. La moralidad no está fuera, ni antes, ni siquiera después del ethos. En su lugar, puede decirse que las normas y los principios son modos particulares de expresión de la formación y deformación del ethos, pero no expresan la totalidad del significado ético. Se trata de artificios explicativos situados, pertenecientes a un «modo de pensamiento» histórico prevalente en el pensamiento ético (occidental). Pensar la ética desde su cercanía con el ethos apunta hacia una concepción más inmanente de la formación de la ética: de lo ético como una práctica social, como una tecnología viva con implicaciones materiales en la reelaboración de las ontologías humanas y no humanas.

Concibo el cuidado como uno de esos haceres permeados por la eticidad e integrados en un *ethos* vivo. Es una obligación inseparable de la continuación material de la vida. Esto sitúa las obligaciones éticas del cuidado en un estatus distinto dentro de la política del *bios;* se inscriben en modos de sostenimiento, reparación y continuación de la vida a través de prácticas ecológicas que desestabilizan los binarismos tradicionales. La obligación ética de cuidar, mediante la cual el *ethos* genera compromiso, sucede a través de la implicación con restricciones relativas y continuas. Cuando cuidamos o tenemos algo o a alguien que nos cuida, las acciones particulares se vuelven *obligatorias:* crean y re-crean demandas y dependencias, se vuelven necesarias en un mundo específico para subsistir y, por tanto, de algún modo *obligan* a quienes habitan ese mundo. La trama mutua, aunque multilateral, de labores de cuidados está completamente impregnada de eticidad, incluso cuando las agencias implicadas no son intencionalmente éticas.

Involucrarse especulativamente con la eticidad en su devenir como algo no normativo puede requerir una forma de «suspensión del juicio», una decisión deliberada. Pero el juicio suspendido no significa necesariamente agnosticismo ético o político, ni la disolución de la obligación. Este es un punto crucial para mantener cerca las especificidades de las agencias humanas situadas y las responsabilidades en las tramas de cuidados más que humanos. Desde la perspectiva de la obligación ética delineada anteriormente, algo puede considerarse bueno sin que esta consideración sea impuesta desde afuera. Esto es especialmente relevante para los compromisos y obligaciones que emergen dentro de las prácticas cotidianas del «cuidado» mundano.

También podemos llevar este compromiso más lejos, ya que resuena con otro sentido en el que la ética es discutida críticamente por David Hoy: «Que las acciones sean al mismo tiempo obligatorias y *no exigibles* es lo que las sitúa en la categoría de lo ético». Esta noción de la ética excluye aquellas acciones que son impuestas y que no son «libremente asumidas»[435]. En los debates convencionales sobre ética, esta distinción suele referirse a acciones que aún no se han convertido en una «normativa» —o deontología— que requiera «cumplimiento» —una Ética— y que, por tanto, exigen reflexión ética y decisión por parte del individuo. Pero Hoy también señala que algunos asuntos permanecen esencialmente fuera del horizonte de la Ética institucionalizada y que, paradójicamente, eso es lo que las hace «éticas», porque pueden exigir del individuo y del grupo un compromiso: una forma de resistencia ética. Para Hoy, ese compromiso se refiere, por ejemplo, a acciones que apoyan «la resistencia ética de quienes no tienen poder».

Considero la eticidad del cuidado de esta forma especulativamente ética. Los compromisos con el cuidado siempre se realizan —o se benefician— por medio de vínculos interdependientes, incluso si no estamos forzados a ello por un orden moral o normativo, incluso si no queremos que se los etiquete como éticos. Como

---

[435] David Hoy, *Critical Resistance. From Poststructuralism to Post-Critique*, Cambridge: MIT Press 2004, 184.

he afirmado antes, para que los humanos —y muchos otros seres— estén vivos, o soporten la existencia, alguien o algo debe estar cuidando, en algún lugar. Se puede rechazar el cuidado en una situación —pero no absolutamente sin desaparecer—. Las obligaciones del cuidado, sin embargo, son asimétricas. Pensándolo especulativamente: cuando nos comprometemos con el cuidado, estamos en *obligación* con algo —como las lombrices— que tal vez no tiene poder para imponernos esa obligación. A su vez, las lombrices y otros seres cuidan de nuestros residuos incluso sin comprometerse intencionalmente a ello. Que las relaciones no sean recíprocamente simétricas no las hace menos vibrantes en eticidad. Lo que hace que alguien se sienta éticamente en obligación hacia las lombrices solo puede encontrarse en la transformación arraigada de las prácticas cotidianas, que desvelan modos asimétricos de obligación mutua. Y, sin embargo, en estos haceres circulan las posibilidades de tramas más que humanas radicales —es decir, enraizadas y arraigadas—, de la mayor eticidad posible. Si añadir una capa moralizante a estos haceres no funciona, es porque no es la normatividad lo que hace posible la obligación de cuidar, sino la constante reinmersión en una co-transformación que vuelve a obligar a la red interdependiente.

Se puede decir que las tramas del cuidado no tienen orígenes ni finales subjetivos donde asentarse. La circulación del cuidado precede a los individuos. Las nociones de restricciones, obligaciones y requisitos, aunque remiten a necesidades contingentes, no pueden clausurarse, no por abismos de incertidumbre existencial, sino quizás porque sentirse llamado a compromisos de cuidado tiene algo de «obligación inmanente» que se refuerza a medida que nos implicamos. Como lo expresa bellamente Elisabeth Povinelli, las obligaciones inmanentes crecen en un proceso continuo cuyo punto de inicio es difícil de determinar:

> [U]na forma de relacionalidad hacia la que una se siente atraída y que una descubre alimentando o cuidando. Este sentirse «atraída hacia» suele ser, en principio, una conexión muy frágil, un sentido de conectividad inmanente. Entonces se toman decisiones para enriquecer e intensificar estas conexiones. Pero incluso estas decisiones deben entenderse como retrospectivas, y el sujeto que decide, como alguien que se pospone continuamente en y por la elección. Puedo ser capaz de describir por qué me siento atraída hacia un espacio en particular, y puedo intentar nutrir esa obligación o romper con ella, pero aun así tengo muy poco que pueda describirse como «elección» o determinación en la orientación inicial[436].

Para bien y para mal, esta es la fuerza inmanente y ambivalente del cuidado; y probablemente también sea la razón por la que el cuidado nos hace tan susceptibles a las moralidades hegemónicas que todo lo impregnan.

Pausar: era la alegría (de las Grasshawgs)

Buscar formas de hablar de lo que encuentro singular en la ética del cuidado de la permacultura me ha llevado lejos de lo que me atrajo a este recorrido. Me detengo a reflexionar sobre ello. Aunque ha pasado un tiempo, recuerdo algunos momentos con bastante nitidez,

---

[436] Elizabeth Povinelli, «The Governance of the Prior», *Interventions*, 13 (1), 2011, 13-30: 28.

y son sobre todo recuerdos alegres los que he seguido fomentando[437].

Estoy en la mitad de la treintena, y no recuerdo tener las manos alegremente metidas en la tierra desde la infancia. En realidad, no recuerdo haber *disfrutado* de tocar la tierra húmeda y oscura sin sentir culpa, pero nadie en esta formación nos dice que no nos ensuciemos: ¿acaso no lleva uno de los docentes una camiseta que dice «Primero el barro» *[Dirt first]?* Nunca había escuchado a personas hablar del suelo bajo nuestros pies con tanto cariño. No podía dejar de pensar en mi profesora favorita de primaria, la señora Christy, quien supuestamente se quitó los zapatos durante una excursión escolar después de un aguacero y —¡puaj!— se metió en el barro. Yo no lo vi con mis propios ojos, así que no se si fue verdad o un rumor de clase. Ojalá lo hubiera visto. Aunque probablemente

---

[437] Una vez más, gracias a las Grasshawgs —véase en una nota anterior— por animarme a revelar más sobre la dimensión gozosa del cuidado y el afecto dentro del activismo ecológico, incluso en medio de una atmósfera de miedo y catástrofe. Laura McLauchlan, en particular, compartió sus reflexiones sobre las intensidades afectivas del cuidado que encuentra en su trabajo cercano con personas que intentan proteger a los erizos de su rápida extinción, enfrentándose a la tristeza cotidiana mientras cuidan de estas criaturas moribundas. Introducir la alegría en la reflexión sobre el cuidado también fue sugerido por Suzanna Sawyer, quien comentó una versión anterior del capítulo 5 (en el seminario *The Uncommons*, organizado por Marisol de la Cadena y Mario Blaser en UC Davis, junio de 2016), y relató la alegría y el juego de su hija al aprender a cuidar de las lombrices de tierra. ¿Cuál es la alegría del cuidado? Esta es una pregunta a la que este libro no le ha prestado suficiente atención. Espero que otras personas lo hagan. Tal vez se deba a que mi punto de partida ha sido la reivindicación del cuidado por parte de las luchas feministas en contextos de relaciones opresivas. Pero estoy profundamente agradecida por que me hayan recordado esto, ya que me permitió pensar en mi propia relación gozosa con las prácticas permaculturales del cuidado —y con otras que no discuto aquí, como el cuidado de niñ*s— para al menos sugerir el papel de la alegría en el verse afectada y en el cuidar.

me habría escandalizado igual que las otras niñas y niños urbanos, instruidos en no ensuciarnos. Pero hoy esas reticencias se han ido y me lo estoy pasando estupendamente bien en el barro.

¿Pasándolo bien? Y, sin embargo, el trasfondo de la formación sigue siendo el de las ecologías al borde del desastre. Después de todo, esto es *Earth Activism,* oposicional, revuelto. También es descrito por l*s participantes como un tiempo de sanación, de apoyo, para personas preocupadas, cansadas, enfadadas, precarias; ecologistas sin seguro de salud («Quiero hacerme agricultor»; «Créeme, no quieres»). Pero sí, estar en los campos y en los bosques, trabajar con la tierra, el agua y las plantas, aprender sobre patrones de funcionamiento más que humanos y a fomentar la abundancia, imaginar que realmente podríamos cambiar algo, un jardín cada vez. Todo eso sienta realmente bien. La sensación afectiva que se quedó conmigo durante mucho tiempo después de esa formación fue un sentimiento de renovación de la esperanza colectiva y de la alegría frente a un mundo aterrador y a menudo deprimente. Sentir agotamiento, ansiedad y desgaste no tenía por qué ser la única forma de cuidar. Este estado de ánimo —más allá de sentirse y pensar que eso estaba bien— se volvió crucial para una transformación de mis compromisos. Las tres ecologías necesitan sostenerse y alimentarse mutuamente: la psique, los colectivos, y la Tierra. Siento que fue la forma en el que el hacer y el disfrute se cultivaron juntos lo que tuvo ese efecto. Un privilegio, del que soy dolorosamente consciente, el poder habitar el trabajo de sostenimiento como una actividad gozosa. Todas las cosas *no* son iguales: no quiero decir que cuidar sea divertido en sí mismo. Pero estas experiencias cambiaron mi relación con el lado arduo del cuidado cotidiano. También ampliaron el marco, de una forma muy particular.

Recuerdo bien el día en el que estábamos aprendiendo a trabajar con el agua en los paisajes. Estábamos tumbad*s en el suelo, con los ojos cerrados, una voz suave acompañada por un ritmo de tambor delicado y constante nos guía en un trance que sigue el ciclo del agua. Ahora sé que esta práctica es una característica habitual del *Earth Activist Training* y también de algunos campamentos paganos. Aún recuerdo muy bien ese momento —y no solo porque descubriera que soy susceptible al trabajo del trance—, sino porque allí, «yo» soy una gota de lluvia que cae al suelo, siguiendo una voz que me dice que soy una molécula de agua en la tierra, mezclándome y deslizándome junto a otras criaturas, viajando a través de intestinos diminutos, y finalmente uniéndome a otras en un lecho de agua para descansar hasta que alguna fuerza me arrastre de nuevo. Por supuesto, todo esto es imaginación: ¿cómo sabría yo qué se siente al ser agua? No soy chamana. Sea lo que sea, el trance del ciclo del agua hizo algo. Recuerdo que imaginé-vi esa lombriz y que pasaba a través de ella, y sentí cariño por todo aquello, y todo eso se quedó conmigo, para darme cuenta de la cantidad de seres no humanos que viven ahí abajo, y de que nunca había pensado realmente en el suelo como algo tan vivo.

Recuerdo otro día que estábamos removiendo y mezclando cosas —polvos y trozos con agua— usando un palo de madera en una vieja lata de metal. Tuvimos la oportunidad de remover el caldero y reímos a carcajadas. Pero lo hacemos con cuidado: estamos preparando «tés de compost» para alimentar los suelos. Seguimos recetas al pie de la letra, según una concepción del suelo como redes tróficas —las tramas alimentarias de los seres que habitan los suelos— tomadas del trabajo de la científica del suelo Elaine Ingham, también conocida como la

Reina del Compost. Tomo notas detalladas de la receta, y aunque me había creído mi faceta de investigadora «de vacaciones», no pude evitar hacerme una nota mental para investigar a Ingham más adelante. Me pregunto si es esta una receta científica. ¿Es ciencia para la gente? ¿Ciencia para las lombrices? Pasarían algunos años antes de que volviera a reflexionar sobre esto. El compostaje, sin embargo, se convirtió en mi parte favorita. Parecía simple y sin pretensiones, una forma realizable de contribuir a la vida de los suelos para alguien que vive en la ciudad, y al mismo tiempo tan importante. Así es la vida: no me convertí en una cultivadora experta; más bien todo lo contrario. Así que, mientras tuve un jardín, me volví buena en compostar y en conversar con mis lombrices. Las tocaba con cuidado, intentando ejercer la presión mínima y no partirlas mientras removía el compost —una misión delicada, como cualquiera que lo haya intentado sabrá—.

Estas experiencias finalmente compostaron en un nuevo recorrido de investigación que me llevó a preocuparme por lo que está ocurriendo con el suelo y nuestras relaciones con él —véase el capítulo 5—. La noción de Povinelli de sentirse «atraída hacia» algo me resulta muy acertada: ninguno de estos fragmentos de experiencia puede explicar del todo cómo y cuándo ocurrió esto, cómo fui arrastrada hacia ese mundo de abajo. No «elegí» verme afectada por los suelos, por quienes viven en ellos y por lo que las personas hacen con ellos. Pero siento que esto sucedió a través de una inmersión corporal en haceres colectivos que encarnaban una ética, y por medio de cultivar de forma continua esa obligación experimentada como una alegría; cortando con otras relaciones, cuidados y haceres que inicialmente me habían llevado a las colinas sobre Bodega Bay.

Obligaciones de la permacultura y la eticidad del cuidado

La ética del cuidado de la permacultura puede leerse como obligaciones que se re-crean a través de los haceres cotidianos. Leer estas éticas a través de enfoques feministas las revela como articulaciones inmanentes, contingentes y situadas de relaciones del mayor cuidado ecológico posible. Esto me lleva de vuelta a los asuntos que abrieron este capítulo: comprometerse con la eticidad de los haceres cotidianos dentro de una política del cuidado, y el esfuerzo por las relaciones ecológicas descentradas de lo humano.

Lo personal-colectivo. He subrayado la importancia de una ética cotidiana «personal» dentro de una política de lo ordinario relacionada con lo colectivo, y no tanto basada en elecciones individuales. Ningún campo del pensamiento ético ha puesto más el foco en la política —biopolítica o no— de la cotidianidad de los modos de vida ordinarios y mundanos que la ética feminista del cuidado[438]. Como se ha analizado en capítulos anteriores, mi percepción de la ética del cuidado como un hacer está particularmente influida por las sociologías feministas del trabajo de cuidado[439], así como por las teorías políticas del cuidado[440]. Al reivindicar la importancia de valores históricamente desatendidos, desarrollados en la esfera de la vida mal llamada «reproductiva», las feministas insistieron en que las prácticas cotidianas de los cuidados en los ámbitos «privados» son políticas. Este

---

[438] Alison M. Jaggar, «Feminist Ethics», en H. LaFollette (ed.), *The Blackwell Guide to Ethical Theory*, Oxford: Blackwell 2001, 384-374.

[439] Ellen Malos, *The Politics of Housework*, Londres: Allison and Busby 1980; Precarias a la Deriva, «Una huelga de mucho cuidado»; Precarias a la Deriva, *A la deriva.*

[440] Tronto, *Moral Boundaries.*

movimiento cuestionó la reducción tradicional de la política a la vida pública, como se abordó anteriormente. Desde esta perspectiva, el cuidado es una cuestión ético-política, no solo porque se haga «público», sino porque pertenece a lo colectivo y convoca al compromiso. Las vidas personales están afectadas por lo que un mundo valora y considera como relevante *y* por lo transformable a través de la acción colectiva. Pensar las prácticas cotidianas de los cuidados como una actividad necesaria para el sostenimiento de cada mundo las convierte en un asunto colectivo. En este sentido, cuando una persona está obligada a cuidar de un* niñ* o de una persona anciana o de un animal, está realizando un trabajo para un colectivo, no solo para la perpetuación de su «yo» ni únicamente de «una» familia. En los movimientos de permacultura, donde el cuidado de la tierra es un hacer inseparable del cuidado de lo personal, la interdependencia ecológica no es un principio moral, sino una restricción material vivida; exigida y obligada. Concebida así, la obligación de cuidar se corresponde con una percepción de su persistencia y necesidad dentro de las tramas relacionales naturoculturales y contingentes de la vida y la muerte, compuestas por interdependencias multilaterales, eludiendo una comprensión del cuidado como un universal moral, impuesto desde fuera, como contrato racionalista utilitarista o como ideal altruista.

El cuidado como un hacer

El cuidado es una práctica necesaria, una actividad que sostiene la vida, una restricción cotidiana. Sus actualizaciones no se limitan a lo que consideramos tradicionalmente como relaciones de cuidados: el cuidado de niñ*s, ancian*s u otr*s «dependientes», actividades de cuidados en el trabajo doméstico, sanitario y afectivo —bien cartografiadas en etnografías del trabajo— o incluso en las relaciones amorosas. Reivindicar los cuidados no es solo «venerar los "valores femeninos"»[441], sino la afirmación de la centralidad de una serie de actividades vitales para la «sostenibilidad de la vida» cotidiana, que históricamente han sido asociadas a las vidas de las mujeres[442]. Este es un aspecto importante para pensar un significado naturocultural de la ética de los cuidados. Necesitamos una reformulación aún más radicalmente desplazada y no humanista de la noción genérica del cuidado de Joan Tronto y Berenice Fischer, que ya propuse más arriba ampliando «nuestro» mundo. Necesitamos interrumpir lo subjetivo-colectivo implícito en ese «nosotr*s»: el cuidado es todo lo que *se* hace —y no todo lo que «nosotr"s» hacemos— para sostener, continuar y reparar «el mundo» para que tod*s —en lugar de «nosotr*s»— podamos vivir en él lo mejor posible. Ese mundo incluye... *todo* lo que buscamos para entretejer en una trama compleja que sostiene la vida[443]. Lo que incluye ese «todo» depende de las ecologías específicas y de los entrelazamientos humanos / no humanos en cada situación. Lo que importa es el «entretejido» de cosas vivas que mantiene unidos los mundos tal y como los conocemos, que permite su perpetuación y renovación; e incluso aquello que contribuye a su descomposición, como hemos visto en el ejemplo del trabajo de compostaje de las lombrices. Reconocer la necesidad de cuidados en las relaciones más que humanas,

---

[441] Cuomo, *Feminism and Ecological Communities*, 126.

[442] Carrasco, «La sostenibilidad de la vida».

[443] Modificado de Tronto, *Moral Boundaries,* 103.

no como lo único que hay en una relación, ni como una conexión universal, sino como algo que atraviesa, que se transmite entre entidades y agencias, intensifica la conciencia sobre cómo los seres dependen unos de otros. Además, como vimos en el capítulo 2, si el cuidado es una forma de relación, también es una que crea relacionalidad; tanto como la corta, delineando espacios (no relacionales) donde el cuidado de alguien no es ni requerido ni rechazado. Pero es importante pensar que no estamos conectad*s en una esfera abstracta trascendente. Como señala Thom Van Dooren con Deborah Bird Rose, «todo está conectado con algo que está conectado con otra cosa» —y no con todo lo demás—[444]. Una noción a-subjetiva del cuidado en mundos más que humanos que tiene esto en cuenta, requiere de una imaginación ética especulativa para considerar las múltiples formas en las que agencias no humanas cuidan de muchas necesidades humanas *y no humanas,* en relaciones específicas de creación de *ethos,* tanto como lo hacen los humanos, no el Humano, no el Anthropos *per se,* sino humanos en mundos, que desarrollan formas de contribuir a un *lo mejor posible,* un bienestar que, a su vez, solo adquiere significado dentro de las restricciones ecológicas vitales para el sostenimiento, la reparación y las posibilidades del florecimiento.

Remediar el «descuido». La obligación ética de cuidar se opone al «descuido». Por descuido quiero decir lo que ocurre cuando los haceres del cuidado no se atienden; no cuando el cuidado no es requerido o cuando las cosas se cuidan mejor dejándolas estar. Además, los trabajos de cuidados suelen estar descuidados porque se consideran

---

[444] Van Dooren, *Flight Ways,* 60.

menos importantes —como tareas domésticas, insignificantes, sentimentales o centradas en lo personal— que aquellos que enfatizan la autonomía e independencia de los individuos; son tan infravalorados como quienes los realizan. Esto tiene una traducción ético-política. Cuando el cuidado se descuida, las obligaciones del cuidado llaman al compromiso de compartir los problemas y las cargas de lo descuidado. De nuevo, esto no es un principio moral abstracto de solidaridad, sino un hacer que adquiere significado y valor dentro de arreglos relacionales; prácticas, ecologías. En la Parte I, abordé el modo en el que este compromiso puede ser considerado intrínseco al conocimiento y a las tecnologías. En las prácticas naturoculturales de la permacultura, la obligación ética está integrada en prácticas que buscan remediar el descuido de las necesidades de la Tierra; incluidas las humanas. Como tal, estas éticas atraen la atención hacia los trabajos invisibles, pero *indispensables* de los seres y los recursos de la Tierra. La eticidad aquí tiene que ver con hacer que cuidemos aquello que los humanos —la mayoría de nosotr*s— hemos aprendido a descuidar colectivamente. Esto responde a la dilución de la obligación ética: no todo es ético, ni la carga del cuidado es universal y homogénea; los humanos serían *por esencia* cuidadores pastorales de los no humanos. La obligación ética de remediar el descuido es asimétrica y situada históricamente: *hoy* podría implicar que más humanos asuman la responsabilidad cotidiana de intervenir en mundos desequilibrados, de responder a una situación biopolítica en la que algun*s están en posición de cuidar a otr*s que necesitan ser cuidad*s, y de reconocer el valor del cuidado ejercido por agencias más que humanas.

El cuidado como preocupación afectiva. Es más fácil ver el cuidado como una restricción material y una obligación ética cuando lo asociamos con las prácticas materiales necesarias que nos permiten transitar el día. Pero ¿qué hay del cuidado como fuerza afectiva, contenido en la frase «me importa *[I care]»;* asociado al amor, al reconocimiento de que algo es importante, así como a la responsabilidad y, de algún modo, a la «preocupación» por el bienestar del otr*? Lo material y lo afectivo están entrelazados en una percepción ética del cuidado como algo que hacemos y sentimos. Pero pensar el cuidado como un hacer también cambia la forma en la que concebimos el cuidado como preocupación afectiva. Las feministas han mostrado cuánta energía puede consumir el trabajo afectivo y cómo incluso puede ser una mercancía; por ejemplo, en la atención al cliente y otros servicios[445]. En un mundo en el que las desigualdades hacen del cuidado una carga mayormente soportada por unas a expensas de otros, «cuidar» puede ser demoledor para las mujeres y otr*s cuidador*s marginalizad*s. Así, sentir una obligación de «cuidar» es más que un estado afectivo o moral: tiene consecuencias materiales para quienes la asumen; sea de forma coercitiva o no. Como dije previamente, en las prácticas de permacultura la condición para un cuidado colectivo sostenible es el mantenimiento de los recursos, incluida la propia energía. Por eso también cultivar la alegría forma parte del hacer. En una concepción del cuidado como bien colectivo, el cuidado debe ser compartido, distribuido,

---

[445] Arlie Russell Hochschild, *The Managed Heart. Commercialization of Human Feeling*, Berkeley: University of Californi 1983; Vora, «The Commodification of Affect in Indian Call Centers»; Emma Dowling, «The Waitress. On Affect, Method and (Re)presentation», *Cultural Studies–Critical Methodologies,* 12 (2), 2012, 109-117.

y el «excedente» de vida y de energía que produce debe volver a l*s cuidador*s para evitar el agotamiento afectivo y material; incluido el agotamiento de los no humanos subyugados en relaciones de «servicio» ecológico y de los humanos ligados a las lógicas productivistas de explotación de la naturaleza —como l*s trabajador*s agrícolas—.

El cuidado situado. La filósofa ecofeminista Chris Cuomo ha señalado supuestos problemáticos en las reivindicaciones simplistas de la ética del cuidado aplicadas al mundo natural, en particular, su reducción a los supuestos «valores femeninos», al interés por lo concreto en lugar de lo «abstracto», a la nutrición, la intimidad y la negación del ego[446]. Cuomo identificó dos problemas en estos supuestos. Primero, desde una perspectiva feminista, no podemos olvidar que asociar automáticamente a las mujeres con estas cualidades forma parte de los sistemas opresivos que infravaloran los cuidados. De forma más general, reconocer esto implica que hay situaciones en las que podemos voluntariamente abstenernos de cuidar, no solo porque es beneficioso dejar que algo o alguien siga su curso —como aquellos casos en los que una relación ecológica mejora sin la intervención *humana*—, sino para rechazar que el cuidado siga siendo asignado siempre a los mismos colectivos. Segundo, y de manera correlativa, Cuomo nos insta a recordar que «los significados y la relevancia ética de los actos de cuidado y compasión están determinados por sus contextos y objetos»[447]. El cuidado es una actividad necesaria, pero sus actualizaciones son siempre relacionalmente específicas. Afirmar esta necesidad no implica universalidad. En cada contexto, el cuidado

---

[446] Cuomo, *Feminism and Ecological Communities*, 127.
[447] *Ibid.,* 130.

responde a una relación situada. En la práctica, el hacer siempre está más «desordenado» que lo que expresan los principios. Como ya señalé, en la permacultura, «depende»: es un matiz que acompaña a las *formas* en que se realizan los actos de cuidado, y esto, una vez más, está afectado por restricciones relacionales; los requerimientos de una ecología, las obligaciones de quienes la practican *y* sus luchas.

Cuidado no inocente. Lejos de ser una actividad inocente, el cuidado en las naturoculturas no puede ser purgado de sus dilemas: por ejemplo, la tendencia al paternalismo pastoral, el poder que otorga a quienes cuidan, y el agotamiento desigual de recursos que implica en las divisiones de trabajo existentes y en la explotación de no humanos y humanos. En algunos contextos, cuidar es inseparable de matar: como cuando se arrancan malas hierbas en el jardín para posibilitar un crecimiento más fértil. Como dice Haraway, la vida interespecie también tiene que ver con una «relacionalidad mortal»[448]. Al involucrarse con la eticidad de estas cuestiones difíciles, Haraway propuso rechazar que algo o alguien pueda volverse «matable». A veces la cuestión de cómo cuidar podría significar tener que enfrentarse a por qué, cómo, para qué matar, y si hacerlo: por ejemplo, en las preocupaciones por el bienestar de los animales sacrificados para la alimentación[449]. Y no habría una respuesta sencilla. Todas estas razones y más confirman que el cuidado no trata de relaciones ideales del «sentirse bien», algo particularmente crucial de

---

[448] Haraway, *When Species Meet.*

[449] A. B. Evans y M. Miele, «Between Food and Flesh. How Animals Are Made to Matter (or Not to Matter) within Food Consumption Practices», *Environment and Planning D. Society and Space,* 30 (2), 2012, 298-314.

considerar en el contexto de los compromisos ecológicos contemporáneos en geografías fracturadas y afectadas de forma desigual en las naturoculturas. Las obligaciones del cuidado en las naturoculturas no pueden reducirse a la «mayordomía» o al cuidado «pastoral» en el que los humanos están *a cargo* del mundo natural. Tales concepciones continúan separando a un sujeto humano «moral» de un «objeto» naturalizado del cuidado. Tampoco debemos ir al otro extremo: diluir el pensamiento sobre obligaciones específicas del cuidado en relaciones situadas con no humanos —o peor, en una concepción naturalizada del *bios* colectivo: «Todos somos animales, punto»—. Estas son generalizaciones pobres que evitan el compromiso con las naturoculturas realmente situadas y con los esfuerzos especulativos que exige el pensamiento y la práctica ecológica.

Alterbiopolítica

La conciencia ecopolítica sobre el estado crítico de las ecologías de la Tierra y sus «recursos», en un contexto de extensión de la conciencia sobre la catástrofe naturocultural y las extinciones masivas, da un sentido agudo al principio de permacultura de retorno del excedente en lugar de continuar en relaciones perpetuas de extracción. También otorga un significado adicional a repensar una política naturocultural del cuidado en tiempos profundamente antiecológicos y, en muchos sentidos, anticolectivos. Que los buenos cuidados no están garantizados por la intención moral puede reafirmarse, en este contexto, volviendo al tópico háptico, y de un modo terrenal, permacultural: manos en la tierra. También devuelve al primer plano un aspecto fundamental de la ética de permacultura personal-colectiva: que son inseparables de una versión específica del cuidado como política. Los haceres éticos en la ética del cuidado permacultural marcan una diferencia en el corazón de la biopolítica, porque son intervenciones alterbiopolíticas. «Alter» se refiere aquí a la integración del movimiento de permacultura en las estrategias y luchas alterglobalización[450]; es decir, movimientos que afirman e intervienen en tramas-mundos de vida y posibilidades contra las lógicas coloniales, ecocidas y capitalocéntricas predominantes en los procesos de globalización y extensión de redes transnacionales. «Alter» se refiere también a una forma de confrontar los biopoderes mediante la creación de fuerzas diferentes de relacionalidades creadoras de mundos; que podrían, en palabras de Starhawk, cultivar «poder-con» y «poder-desde-dentro» en lugar de «poder-sobre»[451]. Es justo señalar que, al traer la ética de la permacultura para intervenir en debates sobre compromisos éticos dentro de la biopolítica, he desplazado el contexto de la intervención biopolítica y del debate ético, ya que estas no son las políticas con las que suele relacionarse la biopolítica dominante —con algunas excepciones notables que abordan la biopolítica desde un sentido naturocultural radical más cercano al que he tratado aquí[452]—.

---

[450] Starhawk, *Webs of Power. Notes from the Global Uprising*, Gabriola Island: New Society 2002.

[451] Starhawk, *Truth or Dare. Encounters with Power, Authority, and Mystery*, San Francisco: Harper & Row 1987.

[452] Vandana Shiva, Ingunn Moser y Network Third World, *Biopolitics: A Feminist and Ecological Reader on Biotechnology,* Atlantic Highlands: Penang 1995; Roberto Esposito, *Bíos. Biopolitics and Philosophy,* Minneápolis: University of Minnesota Press 2008.

Y, sin embargo, han sido estas conexiones desplazadas las que me han llevado a ver en qué medida las teorizaciones biopolíticas de nuevas formas de ética exponen un enfoque recalcitrante en un cuerpo humanista e individualista, aunque crítico y politizado: el cuerpo-yo, el cuerpo-ciudadano, o el de una preocupación «pública» sobre nuestros cuerpos. Bajo las condiciones contemporáneas de formas omnipresentes de biopoder y en el preocupante estado actual del *bios* planetario, tod*s lidiamos con miedos, riesgos, derechos y protecciones para asegurar la autopreservación de nuestra propia vida biológica. Los individuos pueden unirse o no en colectivos, pero la comprensión predominante de la ética en la biopolítica parte del modo en que los individuos transforman sus vidas y prácticas en resistencia o en adaptación a las violencias del biopoder como un hecho dado. En este sentido, son una versión compatible del *souci du soi* foucaultiano, un cuidado de sí que, aunque no está separado de su inscripción colectiva, empieza desde el cultivo de una relación sana de sí para vivir éticamente. La agencia ética aquí se enfoca en las prácticas que tienen como propósito la edificación de un «yo» ético. Pero, como he argumentado, en la Ética hegemónica, esta concepción de la agencia ética no se distingue fácilmente del imperativo contemporáneo del autocuidado y su postura anticolectiva.

Las formas alternativas de cuidado biopolítico en este capítulo no parten de, ni se orientan hacia, «nosotr*s mism*s», pero tampoco colocan a l*s demás por delante de nosotr*s. El cuidado está integrado en las prácticas que mantienen las tramas de relacionalidad y siempre ocurre en el «entre». Este sentido expande el significado de lo ético al conjunto de una situación; a las agencias, materialidades y aspectos prácticos implicados en los procesos de cuidado. Aquí, el foco no está tanto en los sujetos de la llamada acción ética o de la toma de decisiones, sino en cómo se cultiva un *ethos* a través de las relaciones y los haceres. Pensar esto tiene varias consecuencias. La potencia afectiva del cuidado está radicalmente integrada en la relacionalidad y, por tanto, y esto es crucial para mis propósitos, no está *controlada* por un «sujeto» o una fuente única de poder. La ética no consiste en aplicar principios morales por parte de un sujeto a un universo «material», sin sentido ni alma: la eticidad del hacer reside en situaciones concretas desordenadas, confusas, en las que se pone en juego *una obligación de cuidado.* Del mismo modo, esto hace bastante extraño pensar el cuidado como algo moldeado por un *control* moral sobre subjetividades que no cuidan. El cuidado ocurre más como un plano de «experiencia continua», que involucra una gama de elementos materiales vividos en relaciones descentradas y multilaterales, en lugar de como un producto de un sujeto delimitado[453]. En las comunidades específicas en torno a la ética de la permacultura, percibimos el cuidado como algo continuamente reactivado en los entrelazamientos inseparables entre lo «personal» —cómo una persona se implica afectivamente en sus vínculos— y lo «colectivo»; una trama de relaciones urgentes, con humanos y no humanos, incluidas en una comunidad de práctica situada.

Las relaciones fomentan el cuidado hacia algunas cosas más que hacia otras. En otras palabras, los actos de cuidado nunca están aislados, cuidamos de forma entrelazada con aquello que una situación específica requiere que sea cuidado y que atrae el cuidado, pero esto no significa que

---

[453] Stephenson y Papadopoulos, *Analysing Everyday Experience. Social Research and Political Change.*

aquello que cuidamos esté predeterminado por condiciones dadas. Si cuidar es ser atraíd*, estar entrelazad* con quienes reciben (nuestros) cuidados en una relación que no solo (nos) extiende, sino que (nos) obliga a cuidar, entonces *un mundo está siendo creado* en ese encuentro que, en lugar de determinar(nos), desplaza (nuestras) prioridades. No hay nada *anterior* al cuidado que venga a ser determinado por él: más bien, como vimos anteriormente en la discusión sobre Haraway y su pensar con cuidado, si «la realidad es un verbo activo», las realidades más que humanas tienen los cuidados inscritos en su propia estructura. Dentro de esta concepción expandida de lo ético como eticidad y del reconocimiento del cuidado como central en la misma posibilidad de relacionarse, los cuidados que nos obligan no pueden explicarse únicamente por los contextos de fuerzas e intereses que nos constriñen, ni pueden abstraerse de ellos. Cuando pensamos en aquello que cuidamos: por un momento parece fácil deshacerse de nuestro cuidado; pero enseguida nos damos cuenta de que nuestro cuidado no nos pertenece, y que aquello / a quienes cuidamos, de algún modo, nos *posee* a nosotr*s, *pertenecemos* a eso/aquello a través del cuidado que nos ha unido[454].

Mi esperanza es que esta concepción del cuidado abra caminos para pensar una circulación descentrada de la ética en mundos más que humanos. El cuidado como hacer y como *ethos* que genera obligación no necesita estar principalmente dirigido a la edificación ética de los sujetos humanos. Trata sobre haceres requeridos por comunidades vivas para vivir lo mejor posible. Vivir en naturoculturas

---

[454] Véase Joanna Latimer y Rolland Munro, «Keeping and Dwelling. Relational Extension, the Idea of Home, and Otherness», *Space and Culture,* 12 (3), 2009, 317-331.

exige una perspectiva sobre lo personal-colectivo que, sin descuidar los cuerpos individuales, no parte *de* ellos, sino de la conciencia de su interdependencia más que humana. Esto requiere una percepción descentrada del *bios* involucrado en sostener estas relaciones, una ética que incluye a no humanos de manera responsable, pero sin excepcionalismo ni paternalismo, como parte de esta comunidad viva. De este modo, una ética corporal en la biopolítica no trata únicamente de tener una mayor conciencia del modo en el que la política moldea «nuestra» existencia, sino de cómo cultivar mejor nuestra pertenencia al *bios* como forma de comunidad viva que va más allá de «nuestra» existencia[455]. En un mundo naturocultural en el que la política y la ética confluyen en la biopolítica, las intervenciones alterbiopolíticas consisten en trabajar dentro del *bios* con una ética de empoderamiento colectivo, que coloca el cuidado en el centro de la búsqueda de alternativas transformadoras que nutran un florecimiento esperanzado para todos los seres.

Con estas exploraciones éticas, este capítulo ha impulsado el recorrido de este libro hacia una reimaginación colectiva y continua de existencias ecológicas que se enfocan menos en lidiar con el biopoder, adaptándose o resistiendo, y más en crear formas alternativas de política y cuidados colectivos dentro del *bios*. El siguiente y último capítulo del libro profundiza en la posibilidad especulativa de alterar las concepciones humano-centradas de las tramas de cuidados ecológicos, trabajando con una noción de colectivos vivientes terrenales que abarcan agencias humanas y no humanas, más allá de las ideas bifurcadas e idealizadas de naturaleza y humanidad excepcional. No

---

[455] Esposito, *Bíos*.

son cosas fáciles de pensar ni de hacer, pero son vitales. El capítulo 5 se centra en cómo las relaciones humano-suelo están siendo transformadas en una atmósfera de urgencia sobre el estado descuidado de los suelos planetarios. En un campo relacional tenso donde el futuro oscila entre la esperanza y el desastre, me centro en enfoques científicos del suelo como algo vivo, y en prácticas ecológicas del cuidado del suelo que podrían estar alterando la concepción dominante del mismo como recurso para el consumo humano, abriendo la posibilidad de concebir los suelos como comunidades de parentesco.

CAPÍTULO 5
Tiempos de suelo
El ritmo del cuidado ecológico

Las relaciones entre los seres humanos y el suelo son un terreno cautivador para abordar los intrincados entrelazamientos de las necesidades materiales, las intensidades afectivas y los problemas ético-políticos de las obligaciones del cuidado en los mundos más que humanos marcados por la tecnociencia. Progresivamente, desde las primeras revoluciones agrícolas, el impulso predominante en las relaciones humano-suelo ha sido adaptar su fertilidad a la demanda de producción de alimentos y a otras necesidades, como la fibra o la tierra para la construcción. Pero a principios del siglo XXI, los suelos volvieron a ser tenidos en cuenta en la opinión pública y la cultura debido a los problemas antiecológicos globales. Los suelos han pasado a encabezar la lista de asuntos medioambientales que exigen atención mundial. La Organización de las Naciones Unidas para la Agricultura y la Alimentación declaró 2015 el «Año Internacional de los Suelos», expresando su preocupación por este «recurso finito no renovable a escala humana bajo la presión de procesos como la degradación, la mala gestión y la pérdida a causa de la urbanización»[456]. Los suelos se han convertido en un tema habitual de los medios de comunicación, llamando la atención sobre el «mundo oculto bajo nuestros pies»[457], una nueva frontera para el conocimiento y la fascinación sobre la vida que se forma en esta oscura alteridad. El persistente maltrato

---

[456] FAO, «International Years Council Minutes. United Nations: Food and Agricultural Organization of the United Nations», 2013.

[457] Jim Robbins, «The Hidden World Under Our Feet», *New York Times*, 11 de mayo, 2013.

y abandono de los suelos por parte del ser humano se pone de relieve en los reclamos que relacionan el valor económico, político y ético de los suelos con cuestiones de supervivencia humana. Los recientes titulares de los analistas medioambientales en la prensa británica lo reiteran: «Estamos tratando el suelo como basura. Es un error fatídico, ya que nuestras vidas dependen de él»[458] o «Agotamiento del suelo fértil: La civilización industrial está a punto de devorarse a sí misma».[459] Proliferan las advertencias contra un futuro sombrío y relativamente inmediato que podría ser testigo del agotamiento global de las tierras fértiles con sus correlativas crisis alimentarias. Aunque los suelos siguen siendo un recurso de extracción de valor para el consumo humano y una frontera reacia a la investigación científica, también se consideran cada vez más mundos vivos en peligro que necesitan de cuidados ecológicos urgentes.

Concluyo esta exploración especulativa de los significados del cuidado en mundos más que humanos iniciando otro viaje de investigación, basado en el paisaje específico del cuidado ecológico del suelo. En este libro he trabajado desde y para una visión que inserta las relaciones de cuidado en los haceres mundanos de mantenimiento y reparación que sostienen la vida cotidiana, más que en disposiciones morales. Es en parte debido a la devaluación de la importancia del cuidado que la

---

[458] George Monbiot, «We're Treating Soil Like Dirt. It's a Fatal Mistake, as Our Lives Depend on It», *Guardian*, 25 de marzo, 2015, https://www.theguardian.com/commentisfree/2015/mar/25/treating-soil-like-dirt-fatal-mistake-human-life.

[459] Nafeez Ahmed, «Peak Soil. Industrial Civilisation Is on the Verge of Eating Itself», *Guardian*, 7 de junio, 2013, https://www.theguardian.com/environment/earth-insight/2013/jun/07/peak-soil-industrial-civilisation-eating-itself.

investigación feminista sobre las prácticas del cuidado suele estar orientada a un compromiso ético-político de investigar la importancia de las cosas, las prácticas y las experiencias olvidadas, invisibilizadas o marginadas por las movilizaciones (tecnocientíficas) dominantes y «exitosas». De esta manera, prestar atención a las prácticas de cuidado puede ser una forma de involucrarse con atisbos de relacionalidades habitables alternativas, con otros mundos posibles en proceso, con «alterontologías» en el centro de las configuraciones dominantes[460]. Con este espíritu, la indagación crítica sobre las relaciones de cuidado entre humanos y suelos que se presenta en este capítulo no está impulsada tanto por la intención de desacreditar el sometimiento productivista de los suelos, sino por la aspiración de comprometerse especulativamente con tendencias imperceptibles que podrían interrumpir y reelaborar desde adentro estas relaciones dominantes, mediante la transformación del cuidado cotidiano del suelo. Entonces, como todos los demás capítulos, este está escrito desde la parcialidad de un compromiso especulativo: pensar con cuidado como una forma de suscitar concepciones y prácticas que tengan el potencial de interrumpir la reducción del suelo a un mero recurso para los seres humanos. La atención a las formas en que las nociones del «cuidado del suelo» podrían ser potencialmente transformadas, en estos tiempos de inestabilidad medioambiental, saca a la luz posibles ecologías alternativas prácticas, éticas y afectivas. Por lo tanto, me ocupo de los suelos como cuestiones de cuidado: las relaciones de cuidado entre humanos y suelos y las ontologías del suelo están entrelazadas. Lo que se piensa sobre el suelo afecta a los modos en que se le

---

[460] Papadopoulos, «Alter-ontologies».

cuida, y viceversa, las prácticas de cuidado tienen efectos en lo que los suelos llegan a ser.

El pensamiento especulativo sobre los cuidados más que humanos en este capítulo continúa mi investigación inmersiva en los cambios contemporáneos de las relaciones entre humanos y suelos, a los que me sentí atraída por mi interés en la permacultura. Pero, al involucrar el cuidado con la reflexión acerca de un contexto de futuros temibles en torno a la destrucción de los suelos de la Tierra, y al examinar los desafíos actuales a la confirmación de larga data de las relaciones productivistas, también surgió un tema adicional que no esperaba: la inquietud que plantea el cuidado dentro de las temporalidades antropocéntricas de la futuridad tecnocientífica. El cuidado, por supuesto, se ha asociado tradicionalmente a la «reproducción» más que a la «productividad», por lo que pensar especulativamente con el «tiempo del cuidado» donde prevalecen las líneas temporales productivistas sigue abriendo interrogantes interesantes. Por lo tanto, este libro termina invitando a prestar atención a una dimensión temporal del cuidado que los capítulos anteriores solo insinuaban implícitamente: el cuidado como fomento de la resistencia de los objetos a lo largo del tiempo —mantenimiento *versus* descomposición—, el cuidado háptico de las políticas imperceptibles de lo cotidiano —en lugar de la irrupción de los acontecimientos—. Al explorar este rasgo elusivo, pero importante de las prácticas del cuidado —es decir, la reticencia de la temporalidad del cuidado a los ritmos productivistas— reflexiono sobre cómo el tiempo del cuidado implica «hacer tiempo» para relacionarse con una diversidad de líneas temporales —tales como las que intervienen en el suelo vivo— que conforman el entramado de las agencias más que humanas. Las relaciones entre humanos y suelos tienen una historia compleja y fascinante, con actualizaciones locales muy diferentes. Aquí me centro en su historia contemporánea en las tradiciones impulsadas por las revoluciones agrícolas industriales, en lugar de explorar relaciones alternativas con el suelo en otras culturas y geografías. Esto se debe en parte a que es aquí donde estoy situada y donde mi investigación se encuentra en el momento de escribir estas líneas, pero también a que busco indicios de que el sometimiento y la subordinación tradicionales de los múltiples ritmos temporales del cuidado del suelo a las temporalidades lineales del productivismo tecnocientífico podría ser cuestionado dentro de los mismos legados de las revoluciones agrícolas. Por eso, al igual que en los capítulos anteriores, no busco crear un espacio para el cuidado por fuera de los predicamentos y hegemonías actuales, sino dentro de ellos.

Mi punto de partida es la ciencia del suelo, un campo científico que ha estado estrechamente entrelazado con las preocupaciones sociales y económicas a lo largo de las décadas, una relación que afecta profundamente a sus programas de investigación. Aunque la importancia de los suelos para las necesidades agrícolas ha vinculado el conocimiento del suelo a las economías humanas de supervivencia desde la antigüedad, no fue hasta mediados del siglo XIX que los avances científicos en química, física y biología se fusionaron en el campo interdisciplinar de las ciencias del suelo. Estrechamente entrelazado con la historia moderna, el suelo se convirtió en un objeto específico de los estudios científicos, experimentales y de campo, aplicados y no aplicados. Se trata de un campo fascinante que está cambiando rápidamente. Y parte de estos cambios están perturbando la relación tradicional con el productivismo y exponiendo al suelo como un mundo vivo y no como un mero receptáculo e insumo para la nutrición de los cultivos.

Sin embargo, para indicar que algo podría estar cambiando, primero profundizo en el contexto histórico que otorga significado a la discusión de las nociones científicas actuales de las interdependencias ecológicas del suelo en términos de sus implicaciones temporales. A continuación, me centro específicamente en una de esas nociones, el modelo de «red trófica» de la ecología del suelo, que define el suelo como un mundo vivo multiespecie. Con el fin de pensar especulativamente sobre el potencial de esta visión para alterar las nociones del cuidado del suelo más allá de la ciencia, exploro cómo se ha convertido en una figuración de las relaciones entre el ser humano y el suelo a través de diferentes esferas de la práctica del suelo. La importancia de la noción de red trófica va más allá de su poder explicativo o de su valor epistémico para la ciencia, ya que implica a los seres humanos en obligaciones eco-éticas de cuidado. Desde una perspectiva temporal, estas obligaciones exigen una intensificación de la implicación para *hacer tiempo* para las temporalidades específicas del suelo. Enfocarse en las experiencias temporales del cuidado ecológico ayuda a revelar una diversidad de temporalidades interdependientes de seres y cosas, humanos y no, en el centro de las escalas temporales futuristas predominantes en las expectativas tecnocientíficas. Es la futuridad tecnocientífica lo que el tiempo del cuidado podría interceptar, porque implicarse con las temporalidades del suelo de una forma más cuidadosa implica una alteración de los modos actuales de dominación temporal en mundos más que humanos, incluida su validación por las nociones prevalecientes de la innovación.

Futuridad tecnocientífica

Las prácticas agrícolas humanas han agotado los suelos en todo el mundo mucho antes de la industrialización[461], empujando a las poblaciones humanas a abandonar los suelos estériles en busca de tierras fértiles. En el actual régimen productivista mundial, se reconoce que las opciones se reducen, ya que la extensión de las tierras agrícolas por la tala de bosques es un factor documentado del cambio climático, y la intensificación de la producción en las tierras disponibles está destruyendo el recurso. La necesidad vital de suelo que tiene la humanidad sirve para argumentar que la aceleración de su pérdida podría ser más preocupante que el bien documentado pico del petróleo[462]. El «pico del suelo» —y sus correlativos «pico del nitrato» y «pico del fósforo»— hace referencia a las advertencias de colapso «económico» por las que un recurso está ligado al agotamiento sin esfuerzos equivalentes de renovación, ya que «se vuelve más difícil de extraer y más caro»[463]. Innumerables relatos se refieren a las tensiones sobre el suelo provocadas por el crecimiento de la población humana, advirtiendo de olas de hambruna, recitando habitualmente cifras que se acercan a los diez mil millones para 2050, anunciando brotes de hambruna si no se toman medidas urgentes para garantizar la seguridad alimentaria. Sin embargo, el agotamiento del suelo también se atribuye de forma

---

[461] Daniel Hillel, *Out of the Earth. Civilization and the Life of the Soil,* Berkeley: University of California Press 1992.

[462] Shiva, *Soil not Oil;* Matthew Wild, «Peak Soil. It's Like Peak Oil, Only Worse», *Energy Bulletin,* 13 de mayo, 2010.

[463] Patrick Dery y Bart Anderson, «Peak Phosphorus», *Energy Bulletin,* 13 de agosto, 2007.

generalizada a las formas industrializadas e insostenibles de agricultura, por lo que muchos consideran que la intensificación de la producción de alimentos mediante innovaciones tecnocientíficas es una respuesta errónea y peligrosa a la seguridad alimentaria[464]. Al igual que otras advertencias medioambientales, como la que insta a la gente a «Despertar, enloquecer; y recomponerse»,[465] en respuesta a los «puntos de inflexión» del cambio climático, la emergencia temporal de las advertencias sobre el colapso del suelo es clara: el momento de cuidar más y mejor los suelos es *ahora*.

Es probable que la inminente pérdida de suelo afecte al modo en que los herederos de las revoluciones agrícolas cuidamos de este universo vital. Y lo que esto podría significar también está marcado por las tensiones en esta atmósfera temporal. El futuro de los suelos parece ser arrastrado por una línea temporal acelerada hacia un sombrío futuro medioambiental, mientras que el tiempo restante para actuar en el presente se ve comprimido por la urgencia. Y así, el ritmo temporal que requiere el cuidado ecológico del suelo como recurso renovable lento podría estar de nuevo en contradicción con estas condiciones de emergencia, yendo en contra del acelerado ritmo lineal

---

[464] Isobel Tomlinson, «Doubling Food Production to Feed the 9 Billion. A Critical Perspective on a Key Discourse of Food Security in the UK», *Journal of Rural Studies*, 29, 91-90, 2011; John McDonagh, «Rural Geography II. Discourses of Food and Sustainable Rural Futures», Progress in Human Geography, 38 (6), 2014, 838-844.

[465] *Wake Up, Freak Out— Then Get a Grip* es el título de la película de animación del artista británico Leo Murray que pretende divulgar la investigación sobre el cambio climático, https://wakeupfreakout. org. Para un estudio fascinante sobre cómo el imaginario «eco-catastrófico» reorganizó la praxis política en los movimientos ecologistas, véase la tesis doctoral de Nicholas Beuret (*Organizing against the End of the World)*.

de intervención característico de la respuesta futurista tecnocientífica, tradicionalmente montado sobre un ritmo productivista. La percepción de la futuridad tecnocientífica como un paisaje temporal específico, noción tomada de la socióloga del tiempo Barbara Adam, «subraya las características temporales de la vida. Al pensar con paisajes temporales, las prácticas temporales contextuales se hacen tangibles. Los paisajes temporales son, por tanto, la encarnación de enfoques practicados del tiempo»[466]. Los paisajes temporales son dispositivos para pensar el tiempo de la época en términos de sus actualizaciones, resistencias y contradicciones cotidianas. En otras palabras, las escalas temporales epocales, prácticas y encarnadas están entrelazadas; se hacen y deshacen mutuamente. Pensar la futuridad tecnocientífica como un paisaje temporal brinda espacio para pensar las prácticas como hacedoras de tiempo e imaginar qué haceres y agencias podrían alterar la abrumadora atmósfera de ansiedades ecológicas, tan consistente con la hegemonía de las cronologías orientadas al futuro en las sociedades tecnocientíficas.

Las características de este particular paisaje temporal de la futuridad han sido esclarecidas en los estudios sobre ciencia y tecnología y en la sociología desde varias perspectivas críticas. En primer lugar, la futuridad tecnocientífica ha sido discutida en relación con la persistencia de un paradigma moderno que asocia el futuro con el progreso, con un imperativo ético-político de «avanzar» que sigue siendo sólidamente la orientación de las concepciones del tiempo lineales, «progresivistas», mientras que el pasado actúa como un significante discriminatorio del retraso en

---

[466] Barbara Adam, *Timescapes of Modernity. The Environment and Invisible Hazards*, Nueva York: Routledge 1998, 10.

el desarrollo[467]. Desde la perspectiva de este paisaje temporal hegemónico, a medida que la fe en el progreso lineal moderno se ve cada vez más cuestionada por una crisis medioambiental, prevalece la incertidumbre y la regresión catastrófica parece ineludible[468]. En segundo lugar, el futuro orienta las prácticas. Actúa como la inagotable fuerza de la «expectativa» tecnocientífica —es decir, el motor socioafectivo de las economías políticas impulsadas por la innovación[469]— así como de la ciencia «promisoria»[470]. Aquí la innovación tecnocientífica es situada y se ve afectada por un paisaje temporal compartido de futuridad típico de las economías capitalistas tardías, un paisaje temporal que alimenta «estrategias preventivas» y somete las prácticas en el presente a un *ethos* productivista cada vez más comprometido con la extracción especulativa del

---

[467] Astrid Schrader, «The Time of Slime. Anthropocentrism in Harmful Algal Research», *Environmental Philosophy*, 9 (1), 71-94, 2012; Martin Savransky, «An Ecology of Times. Modern Knowledge, Non-Modern Temporalities», en C. Lawrence and N. Churn (eds.), *Movements in Time. Revolution, Social Justice, and Times of Change*, Newcastle upon Tyne: Cambridge Scholars Publishing 2012.

[468] Beuret, «Organizing against the End of the World»; El título de la reunión de la Asociación Británica de Sociología del 2015, «Sociedades en transición: ¿Progresión o regresión?» resume nuestra falta de imaginación temporal impuesta según una lógica de progreso lineal y unidireccional.

[469] Nik Brown y Mike Michael, «A Sociology of Expectations. Retrospecting Prospects and Prospecting Retrospects», *Technology Analysis and Strategic Management,* 1 (15), 2003, 3-18; Adam Hedgecoe y Paul Martin, «The Drugs Don't Work. Expectations and the Shaping of Pharmacogenetics», *Social Studies of Science,* 33 (3), 2003, 327-364; Mads Borup *et al.,* «The Sociology of Expectations in Science and Technology», *Technology Analysis & Strategic Management,* 18 (3-4), 2006, 285-298; Alex Wilkie y Mike Michael, «Expectation and Mobilisation. Enacting Future Users», *Science, Technology & Human Values,* 34 (4), 2009, 502-522.

[470] Paul B. Thompson, *The Spirit of the Soil. Agriculture and Environmental Ethics,* Nueva York: Routledge 2005.

valor económico futuro[471]. En tercer lugar, se encuentra el estado afectivo «anticipatorio» de la futuridad tecno-científica que Vincanne Adams, Michele Murphy y Adele Clarke han caracterizado lúcidamente como un estado de ansiedad permanente, «en el que nuestros "presentes" se entienden necesariamente como contingentes a un futuro astral en cambio permanente que puede o no conocerse con certeza, pero sobre el que, no obstante, hay que actuar»[472]. La innovación impulsada por la tecnociencia, centrada en la novedad, fomenta la incertidumbre y la expectativa ante un avance inminente que podría cambiarlo todo para bien o para mal. Cualquier acto significativo en el mundo del capitalismo promisorio implica asumir riesgos y actuar con rapidez.

En esta forma de futuridad, la experiencia cotidiana del tiempo es de precariedad permanente: una sensación continua de urgencia y crisis nos llama a actuar «ahora», mientras que el presente de la acción se ve disminuido, hipotecado a un mañana siempre incierto. Avanzar y producir industriosamente puede dar el ritmo necesario para poner en marcha la práctica, pero la continuidad de la existencia también se ve constantemente desafiada, inyectando dramatismo y miedo al hacer cotidiano. El «entusiasmo»[473] característico de la innovación futurista impulsada por el progreso es codependiente del miedo a

---

[471] Cooper, *Life as Surplus;* Papadopoulos, Stephenson y Tsianos, *Escape Routes;* Dumit, *Drugs for Life;* Simon Lilley y Dimitris Papadopoulos, «Material Returns. Cultures of Valuation, Biofinancialisation, and the Autonomy of Politics», *Sociology,* 48 (5), 2014, 972-988.

[472] Vincane Adams, Michele Murphy y Adele E. Clarke, «Anticipation. Technoscience, Life, Affect, Temporality», *Subjectivity,* 28, 2009, 247.

[473] Nik Brown, «Hope against Hype. Accountability in Biopasts, Presents, and Futures», *Science Studies,* 16 (2), 2003, 3-21.

la fatalidad y la esperanza de salvación[474]. El incansable trabajo que supone gestionar la anticipación y el cálculo[475] ante futuros inciertos en el capitalismo tardío es el equivalente de los esfuerzos imposibles de la modernidad por gestionar y controlar el tiempo[476].

Las tres líneas de crítica propuestas anteriormente caracterizan diferentes escalas, aunque íntimamente entrelazadas, de un modo dominante de futuridad en la tecnociencia: el marco temporal de una época todavía signada por un imperativo lineal de progreso frente a los temores de regresión; el tiempo integrado en prácticas acompasadas a un *ethos* productivista; y el tiempo experimentado y encarnado de la futuridad inquieta. Lo que muestran estos análisis de la temporalidad es que el futuro es crucial para «constituir» el presente de la vida cotidiana en la tecnociencia[477]. Asimismo, exponen, y de algún modo ratifican, el carácter intrínsecamente futurista de las nociones dominantes de innovación tecnológica y científica. Sin embargo, también hay motivos para cuestionar nuestra ambivalente fascinación con el futuro.

---

[474] Haraway, *Testigo_Modesto@Segundo_Milenio;* Kortright, «From Doomsday to Promise. Visions of Evolution in C4 Rice», en Margreet van der Burg and Harro Maat (ed.), *International Rice Research and Development. 50 years of IRRI for Global Food Security, Stability, and Welfare,* Nueva York: CABI 2015.

[475] Adele E. Clarke, «Anticipation Work. Abduction, Simplification, Hope», en Geoffrey C. Bowker, Stefan Timmermans, Adele E. Clarke y Ellen Balka (eds.), *Boundary Objects and Beyond. Working with Leigh Star,* Cambridge: MIT Press 2016.

[476] Adam, *Timescapes of Modernity.*

[477] Mike Michael, «Futures of the Present. From Performativity to Prehension», en Nik Brown, Brian Rappert y Andrew Webster (eds.), *Contested Futures. A Sociology of Prospective Techno-Science, Aldershot: Ashgate 2001.*

Pensar desde la especificidad de los paisajes temporales intercepta las determinaciones temporales. Las críticas sociohistóricas de la temporalidad muestran cómo diferentes sociedades y épocas fomentan y promueven diferentes experiencias del tiempo. A la inversa, al observar la temporalidad desde la perspectiva de la experiencia cotidiana, el tiempo no es una categoría abstracta, o solo una atmósfera, sino una experiencia vivida, encarnada, situada histórica y socialmente. El tiempo no es algo dado; no es que tengamos o no tiempo, sino que lo hacemos a través de prácticas[478]. La temporalidad no solo viene impuesta por una época o un paradigma dominante, sino que se elabora a través de disposiciones sociotécnicas y prácticas cotidianas. Si queremos pensar la posibilidad de una diversidad de prácticas y ontologías, el régimen temporal progresista, productivista y anticipatorio, aunque dominante, no puede ser el único, ni está exento de coexistir con otros paisajes temporales, así como implica tensiones dentro de una variedad de escalas temporales que comulgan y podrían disputarse entre sí.

El renovado énfasis en la diversidad temporal de las ciencias sociales y las humanidades hace aún más convincente la necesidad de explorar —y poner en práctica— temporalidades alternativas. El trabajo interdisciplinar marcado por una crítica ecológica de las temporalidades

---

[478] Frank A. Dubinskas (ed.), *Making Time. Ethnographies of High-Technology Organizations,* Filadelfia: Temple University Press 1988; Richard Whipp, Barbara Adam e Ida Sabelis (eds.), *Making Time. Time and Management in Modern Organizations,* Oxford: Oxford University Press 2002; Peter Frank Peters, *Time, Innovation, and Mobilities,* Londres: Routledge 2006; véase también S. Wyatt, «Review. Making Time and Taking Time», *Social Studies of Science,* 37 (5), 2007, 821-824.

lineales y antropocéntricas[479] es especialmente relevante para este capítulo. De hecho, se revela una diversidad de eco-temporalidades cuando se consideran escalas multi-especie, más que humanas[480]. Estas reflexiones revisten una importancia específica para la investigación sobre las relaciones y ontologías entre humanos y suelos. El suelo se crea mediante una combinación del tiempo largo y lento de los procesos geológicos, como aquellos que tardan miles de años en descomponer la roca —que Stephen Jay Gould calificó de «tiempo profundo»[481]— y de ciclos ecológicos relativamente más cortos mediante los cuales los organismos y las plantas, así como los seres humanos que cultivan alimentos, descomponen materiales que contribuyen a renovar la capa superficial del suelo. Las escalas de tiempo micro y macro que están en juego en las relaciones ecológicas implican marcos temporales distintos a los de la vida y la historia humanas[482]. No se trata solo de un problema filosófico o científico, sino también ético y político. En palabras de Jake Metcalf y Thom Van Dooren, prestar atención al tiempo como algo

---

[479] Michelle Bastian, «Inventing Nature: Re-writing Time and Agency in a More-Than-Human World», *Australian Humanities Review. Ecological Humanities Corner,* 47, noviembre, 2009, 99-116.

[480] Astrid Schrader, «Responding to Pfiesteria piscicida (the Fish Killer). Phantomatic Ontologies, Indeterminacy, and Responsibility in Toxic Microbiology», *Social Studies of Science,* 40 (2), 2010, 275-306; Tim Choy, *Ecologies of Comparison. An Ethnography of Endangerment in Hong Kong*, Durham: Duke University Press 2011; Deborah Bird Rose, «Multispecies Knots of Ethical Time», *Environmental Philosophy*, 9 (1), 2012, 127-140.

[481] Stephen Jay Gould, *Time's Arrow, Time's Cycle. Myth and Metaphor in the Discovery of Geological Time*, Cambridge: Harvard University Press 1987.

[482] Myra J. Hird, *The Origins of Sociable Life. Evolution after Science Studies*, Houndmills, Basingstoke: Palgrave Press 2009.

materialmente producido, como tiempo vivido, llama la atención sobre las «rupturas en el tiempo ecológico». Esto requiere pensar en paisajes temporales que puedan ser «habitables tanto para los humanos como para los no humanos»[483]. Se trata de una tarea crucial hoy en día, afirman, cuando «el bienestar ecológico depende de alinear las dimensiones temporales de muchos seres, y de las consecuencias de la interrupción y el desplazamiento entre los tiempos»[484]. El énfasis en la diversidad temporal tiene implicaciones en la forma en que vivimos juntos y en cómo pertenecemos a las comunidades, es decir, en la creación de «pertenencias temporales» para humanos y no humanos[485]. Tanto si llamamos a esta época «Antropoceno»[486] para enfatizar el impacto del progreso tecnocientífico humano, o «Capitaloceno»[487] para reflejar las políticas capitalistas de *algunos* humanos, llamar la atención sobre los entrelazamientos y fricciones dentro de experiencias y escalas temporales más que humanas tiene implicaciones ético-políticas, prácticas y afectivas[488].

---

[483] Jake Metcalf y Thom Van Dooren (eds.), «Temporal Environments. Rethinking Time and Ecology», *Special Issue of Environmental Philosophy*, 9 (1), 2012, v.

[484] *Ibid.*, vi.

[485] Michelle Bastian, «Time and Community. A Scoping Study», *Time and Society*, 23 (2), 2014, 137–66; Michelle Bastian creó y coordina el hermoso proyecto de investigación *Temporal Belongings* (Pertenencias temporales), que examina las conexiones entre las comunidades y la temporalidad. Véase aquí: http://www.temporalbelongings.org.

[486] J. Zalasiewicz *et al.*, «The Anthropocene. A New Epoch of Geological Time?», *Philosophical Transaxtions A*, 369 (1938), 2011, 835-841.

[487] Jason W. Moore, «The Capitalocene, Part I. On the nature and origins of our ecological crisis», *The Journal of Peasant Studies,* 44 (3), 2017, 594-630.

[488] Donna Haraway, «Anthropocene, Capitalocene, Plantationocene, Chthulucene. Making Kin», *Environmental Humanities*, 6, 2015, 159-165.

Por último, comprometerse con diferentes modos de experimentar el tiempo podría tener un significado adicional para la forma en que vemos la temporalidad de la ciencia y la tecnología. En particular, dedicar tiempo al tiempo del cuidado podría alterar los «imaginarios de la tecnología» que, como ha sugerido Steve Jackson[489], reservan el lenguaje de la innovación para lo nuevo «brillante y reluciente» y para los logros cuasi-teleológicos «en la cúspide de algún cambio o proceso». Discutiré cómo los enfoques contemporáneos para el cuidado del suelo interrumpen esta visión de la innovación. Aquí, la atención al cuidado y el cuestionamiento de la innovación se unen para interrogar el «sesgo productivista»; que Jackson también identifica en los estudios de ciencia y tecnología y que llama a cuestionar[490]. En este sentido, una política feminista del cuidado en la tecnociencia —similar a la atención que Jackson y otros prestan a las prácticas de «mantenimiento» y «reparación»[491]— parece especialmente relevante. Por lo tanto, de forma más genérica, me gustaría explorar cómo la temporalidad del cuidado, del cuidado del suelo en este caso, ofrece una indagación sobre diferentes modos de «hacer tiempo» al concentrarse en experiencias ocultas o marginadas como «improductivas» en la pulsión futurista dominante.

Centrarse en experiencias de cuidado del suelo que ofrezcan modos alternativos de implicación con los ritmos temporales de mundos más que humanos puede contribuir a alterar la primacía de la futuridad tecnocientífica, al reconocer la diversidad temporal y cuestionar la tracción

---

[489] Jackson, «Rethinking Repair», 227.

[490] Véase también Papadopoulos, «Alter-ontologies» y «Politics of Matter».

[491] Denis y Pontille, «Material Ordering and the Care of Things».

antropocéntrica de las escalas temporales y las nociones de innovación predominantes. Para empezar, sitúo la relevancia de un debate sobre el conocimiento de la ciencia del suelo con relación a cuestiones de temporalidad, al destacar las tensiones contemporáneas en torno al futuro de la ciencia del suelo y cómo esta puede contribuir a la materiación del suelo en una época de disrupción ecológica.

El futuro de la ciencia del suelo y la crisis de época

La ciencia del suelo es una disciplina relativamente joven que no surgió como tal hasta mediados del siglo XIX, cuando los avances de la química, la física y la biología se combinaron con programas de investigación impulsados por la preocupación por la producción de alimentos. Sin embargo, hasta hace poco, los relatos más importantes de la historia de la disciplina habían sido escritos por científicos que adoptaban una perspectiva clásica «internalista», dirigida a los científicos del suelo, y basados en figuras científicas, paradigmas y cambios conceptuales centrales[492]. Abordar adecuadamente esta compleja historia va mucho más allá de los propósitos de este libro. Lo que es importante mencionar es lo escasas y dispersas que son las indicaciones en esta literatura de los entrelazamientos de avances científicos con los contextos socioeconómicos, por no hablar de las conexiones con el capitalismo agrícola[493].

---

[492] Igor Arcadie Krupenikov, *History of Soil Science. From Its Inception to Present*, Nueva Delhi: Amerind Publishing 1993; Dan H. Yaalon y S. Berkowicz (eds.), *History of Soil Science. International Perspectives*, Reiskirchen: Catena Verlag 1997.

[493] Jason W. Moore, «The End of the Road. Agricultural Revolutions in the Capitalist World-Ecology, 1450–2010», *Journal of Agrarian Change,* 10 (3), 2010, 389-413.

Jean Boulaine señala cómo la primera revolución agrícola en la Gran Bretaña del siglo XVII se alimentó de la introducción de fertilizantes naturales extraídos e importados por primera vez de las Américas colonizadas. Cuando estos recursos se agotaron, los fertilizantes se desarrollaron artificialmente, impulsando la química del suelo mediante su contribución a la fabricación industrial[494]. Desde hace tan solo veinte años, los debates sobre el futuro de la ciencia del suelo han ido acompañados de un interés por los relatos históricos de la disciplina y por la comprensión de su relación con contextos socioeconómicos más amplios[495]. El análisis de las relaciones entre los avances en este campo y los momentos de crisis que afectan al suelo como recurso podría contribuir a estos esfuerzos.

Un ejemplo famoso es el fenómeno del *dust bowl* de la década de 1930, por el que poderosas tormentas de viento se llevaron la capa superficial del suelo de amplias tierras cultivadas, devastando los medios de subsistencia y provocando el desplazamiento de cientos de miles de personas en las altiplanicies norteamericanas. El historiador medioambiental Daniel Worster[496] demostró cómo este desastre, que aún sobrevive en el imaginario de la devastación medioambiental en Estados Unidos y más allá, trajo consigo una oleada intensificada de técnicas mejoradas para la explotación del suelo, basadas en insumos agroquímicos y sistemas de riego innovadores. Douglas

---

[494] Jean Boulaine, «Early Soil Science and Trends in Early Literature», en Peter McDonald (ed.), *The Literature of Soil Science*, Ithaca: Cornell University Press 1994, 20-42.

[495] J. Bouma y Alfred. E. Hartemink, «Soil Science and Society in the Dutch Context», *Wageningen Journal of Life Sciences*, 50 (2), 2002, 133-140.

[496] Donald Worster, *Dust Bowl. The Southern Plains in the 1930s,* Nueva York: Oxford University Press 1979.

Helms, historiador del Servicio de Conservación del Suelo de Estados Unidos, muestra cómo el *dust bowl* tuvo un efecto inmediato en la inversión científica y social en los suelos, incluyendo un aumento del apoyo público a las políticas de conservación del suelo de Estados Unidos y en el crecimiento de las empresas de topografía y cartografía del suelo[497.]

Otro ejemplo bien conocido es cómo, a finales de la década de 1950, la preocupación por el constante crecimiento poblacional y la inminente hambruna, sobre todo en Asia, contribuyeron a que la opinión pública apoyara el complejo tecnocientífico que puso en marcha la llamada Revolución Verde, lograda mediante la combinación de fertilizantes artificiales, reservas de semillas de alto rendimiento de desarrollo reciente y pesticidas químicos, lo que llevó a un cultivo intensivo y a un rendimiento sin precedentes. Hoy persisten las controversias sobre los efectos sociales y medioambientales de la

---

[497] Douglas Helms, «Land Capability Classification. The U.S. Experience», en D. H. Yaalon (ed.), *History of Soil Science. International Perspectives,* Reiskirchen: Catena Verlag 1997, 159-175; El regreso del *dust bowl* a los imaginarios contemporáneos queda atestiguado por la superproducción de ciencia ficción *Interstellar* de 2014, dirigida por Christopher Nolan, que describe el fin del mundo como un *dust bowl* generalizado, acompañado de una correlativa crisis alimentaria mundial, aunque todo ello visto desde la perspectiva estadounidense. También incluye relatos inspirados en el desastre histórico. Curiosamente, la lección en este caso es de nuevo otra forma de intensificación tecnocientífica, pero que no ocurre en la Tierra. Debemos abandonar una Tierra agotada para encontrar otro planeta que terraformar. Este anhelo está bien representado por el inquieto protagonista, un ingeniero espacial y piloto relegado a la granja familiar porque el mundo tuvo que abandonar las aventuras de exploración espacial para centrarse en asuntos de supervivencia terrestre. Y él lo detesta: «Es como si hubiéramos olvidado quiénes somos [...] Exploradores, pioneros, no *cuidadores* [...] No fuimos hechos para salvar el mundo. Fuimos hechos para abandonarlo».

Revolución Verde[498]. Las dramáticas consecuencias para los agricultores de la destrucción de los suelos y el agua que causó esta oleada de intensificación agrícola siguen acaparando la atención pública[499]. Sin embargo, el atractivo de una nueva Revolución Verde como respuesta a las amenazas actuales de seguridad alimentaria futura no se ha desvanecido. Sigue siendo un modelo para «liberar el potencial de la agroindustria» en las tierras sin explotar del continente africano[500]; el concepto se mantiene vivo en los círculos científicos en versiones reformadas y más «sostenibles»[501], a menudo dirigiendo la atención, aunque sin consenso científico, al poder de los cultivos modificados genéticamente que podrían hacer frente a los suelos empobrecidos.

Históricamente, la emergencia social y las sombrías incertidumbres sobre los recursos y las prácticas del suelo no son nuevas para los científicos del suelo. La fertilidad, la erosión, la contaminación, el agotamiento de nutrientes y la captura de carbono son solo algunos de los problemas que la ciencia del suelo moderna ha tenido que resolver. Estos casos en la historia de las relaciones entre humanos y suelos también pueden leerse en términos

---

[498] Harry M. Cleaver, «The Contradictions of the Green Revolution», American Economic Review, 62 (1–2), 1972, 177-186; Vandana Shiva, *The Violence of Green Revolution. Third World Agriculture, Ecology, and Politics,* Londres: Zed Books 1991; Paul B. Thompson, *The Ethics of Intensification. Agricultural Development and Cultural Change,* Dordrecht: Springer Science+Business Media 2008.

[499] Kenneth R. Weiss, «In India, Agriculture's Green Revolution Dries Up», *Los Angeles Times,* 2012.

[500] Banco Mundial, «Growing Africa. Unlocking the Potential of Agribusiness», 2013.

[501] Pedro A. Sánchez, «The Next Green Revolution», *New York Times*, 6 de octubre, 2014 y «Tripling Crop Yields in Tropical Africa», *Nature Geoscience*, 3 (5), 2010, 299-300.

de cómo exponen una combinación de inquietud por el futuro —ante desastres como el *dust bowl* o el temor a hambrunas masivas— con respuestas ambiciosas basadas en innovaciones a gran escala que confirman el impulso productivista tecnocientífico. *A posteriori,* podemos ver cómo el esfuerzo de extracción de valor del suelo rara vez se ha visto frenado por las catástrofes. En el contexto actual, la atmósfera de urgencia y ansiedad ante el agotamiento inminente de los recursos parece impulsar la expansión acelerada de las redes de mercados de futuros promisorios en torno a recursos naturales vitales, gracias a nuevas oportunidades de explotación que a veces incluso son abiertas por la degradación ambiental, como en el caso de la extracción de petróleo en zonas árticas recientemente accesibles[502]. En el caso de los suelos, estos movimientos económicos pueden verse en la carrera por acaparar tierras fértiles[503]: cuanto menos queda, más valiosa se vuelve como inversión, y su explotación intensificada se acelera aún más.

Las preocupaciones contemporáneas de la ciencia del suelo en torno a su propio rol histórico y sociopolítico pueden ser leídas sobre este trasfondo porque hoy la ciencia está llamada a movilizarse en un contexto de cambio ecológico global, y posiblemente de catástrofe, para afrontar las crecientes preocupaciones por el estado de los suelos y

---

[502] Leigh Johnson, «The Fearful Symmetry of Arctic Climate Change: Accumulation by Degradation», *Environment and Planning D. Society and Space,* 5, 2010, 828-847.

[503] Saturnino M. Borras *et al.*, «Towards a Better Understanding of Global Land Grabbing. An Editorial Introduction», *Journal of Peasant Studies,* 38 (2), 2011, 209-216; Por «acaparamiento de tierras» se entiende la apropiación de tierras por parte de inversores en detrimento de las comunidades locales. Véase https://farmlandgrab.org

su capacidad de proveer[504]. Esta no es la única razón por la cual los suelos «vuelven a estar en la agenda global», pero sí contribuye a un «renacimiento» de la ciencia del suelo como forma privilegiada de responder a la crisis de los suelos[505]. Por el contrario, se pone en juego la identidad científica del campo. El físico del suelo Benno Warkentin se pregunta: «¿Podemos garantizar que la ciencia del suelo como disciplina no se pierda en la futura competición de respuestas a las necesidades de la sociedad?». Así pues, mientras el carácter aplicado de la ciencia del suelo parece ser indiscutible, existen argumentos para preservar un valor «básico» de la ciencia del suelo: centrarse en responder a las demandas de la sociedad podría dar lugar a «remiendos tecnológicos» potencialmente peligrosos[506]. En un contexto en el que la relevancia social de la ciencia se ha vuelto difícil de separar de las aventuras industriales de las promesas del capital, los reclamos para mantener a la ciencia en un rol fundamental podrían estar perdiendo sus connotaciones tradicionalmente conservadoras —mantener «pura» a la ciencia— para acercarse más a un modo de resistencia subestimado.

Alfred Hartemink, un científico que ha dedicado considerables esfuerzos a promover el compromiso con la historia y el futuro de la disciplina recuerda no obstante el

---

[504] Además de las publicaciones citadas en este capítulo, véanse Landa y Feller (*Soil and Culture,* 2010) y Warkentin *(Footprints in the Soil. People and Ideas in Soil History,* Amsterdam: Elsevier 2006). En 1982, la Unión Internacional de Ciencias del Suelo creó un grupo de trabajo que desembocó en la creación de una comisión sobre Historia, Filosofía y Sociología de la Ciencia del Suelo.

[505] Alfred E. Hartemink, «Soils Are Back on the Global Agenda», *Soil Use and Management*, 24 (4), 2008, 327-330; Alfred E. Hartemink y Alex McBratney, «A Soil Science Renaissance», *Geoderma*, 148 (2), 2008, 123-129.

[506] G. J. Churchman, «The Philosophical Status of Soil Science», *Geoderma,* 157 (3-4), 2010, 215.

entrelazamiento de la iniciativa científica con la necesidad de mirar hacia el futuro cuando afirma:

> Para cualquier disciplina científica es bueno mirar atrás y reconocer qué se ha conseguido, cómo se ha hecho y si se puede aprender algo del pasado. Sin duda es una actividad respetable, pero no producirá avances científicos. Si se quiere seguir siendo relevante en la ciencia es más saludable mirar hacia adelante[507].

Quizás más que cualquier otra práctica social moderna, la ciencia está integrada de forma activa y performativa en el paisaje temporal progresista, prometedor y productivista de la época. En concreto, el progresismo inherente a la ciencia moderna reacciona contra cualquier noción sospechosa de «dar marcha atrás a los relojes». Como se ha descrito en la sección anterior, dentro de tal concepción el progreso se valora por sus logros o se teme y se culpa por sus repercusiones. Se pueden cuestionar los avances de la ciencia, pero no una progresión general ineluctable hacia lo nuevo o hacia un «gran avance». En otras palabras, en la épica narrativa de la movilización científica que Isabelle Stengers identificó como núcleo de la identidad social de la ciencia moderna[508], o avanzamos o retrocedemos. Sin embargo, a pesar de la tracción de la futuridad de época para la ciencia, los debates y tensiones sobre el futuro de la ciencia del suelo revelan fricciones. Un tema importante en torno al cual pueden cristalizarse estas tensiones en la actualidad es el desafío de aumentar el rendimiento agrícola a la vez que se promueve el cuidado sostenible del suelo.

---

[507] Alfred E. Hartemink (ed.), *The Future of Soil Science. CIP–Gegevens Koninklijke Bibliotheek, Den Haag.* Wageningen: IUSS Union of Soil Sciences 2006, vii.

[508] Stengers, *L'invention des Sciences Modernes.*

Las anteriores palabras de Hartemink están extraídas de *El futuro de la ciencia del suelo,* un volumen que editó en 2006 para la Unión Internacional de Ciencias del Suelo (IUSS) en el que se pidió a importantes científicos del suelo de todo el mundo que compartieran sus ideas sobre las tendencias y direcciones en este campo. Estas intervenciones ponen de manifiesto las tensiones existentes en la forma en que los científicos del suelo ven el futuro de este campo en este momento concreto. Al reflexionar sobre el futuro de su ciencia, algunos se aferran a una visión inherentemente progresista:

> Mientras los alarmistas expresaban su recelo y señalaban con el dedo, los científicos del suelo, junto con los fitomejoradores y los agrónomos, inauguraron la Revolución Verde al aumentar la producción agrícola mediante el cultivo de variedades sensibles a los insumos en suelos fértiles e irrigados. Como ocurrió en el siglo XX, quienes sostienen posturas neomalthusianas volverán a equivocarse gracias a la adopción de prácticas de manejo recomendadas para una gestión sostenible de los recursos del suelo[509].

Así como la ciencia del suelo participó en la épica de la Revolución Verde y aumentó la producción, también puede participar en el gran desafío al que se enfrenta el mundo para alimentarse con prácticas más sostenibles que eviten las dificultades anteriores por las que «desgraciadamente, los impresionantes avances en la producción de alimentos en el siglo XX se lograron a costa de la calidad del medio ambiente»[510]. La ciencia puede

---

[509] Rattan Lal, «Soil science in the era of hydrogen economy and 10 billion people», en Hartemink, *The Future of Soil Science,* 76.
[510] *Ibid.*

seguir avanzando, como siempre: las tensiones sobre el medio ambiente por el aumento de la demanda no son necesariamente (enmarcadas como) conflictivas, sino que forman parte de una historia progresiva de sabiduría acumulada. Por supuesto, lo que sigue en juego es cuál podría ser el camino a seguir con respecto a los daños de las tecnologías del pasado. Como afirma otro científico en la misma publicación:

> Los países industrializados bien alimentados y con poblaciones estancadas o en declive pueden darse el lujo de tener estas ideas, por muy válidas que sean para sus condiciones, pero [...] los países en desarrollo no pueden —y no deben— dejarse llevar por la creencia errónea de que pueden arreglárselas sin utilizar fertilizantes[511].

Esta postura aleccionadora revela la inserción de los debates científicos en las tensiones y controversias en torno a la perspectiva de otra Revolución Verde, como el rumbo a seguir, si nos preocupamos por el destino de la gran mayoría.

La visión sin fisuras del liderazgo medioambiental de la ciencia del suelo se problematiza aún más al hacer hincapié en su integración con los requisitos socioeconómicos. Para Dick Arnold, «la ciencia del suelo opera simultáneamente en los ámbitos de la ecología y de la economía, cada uno de los cuales marca el tiempo con relojes diferentes», por lo que el futuro de los suelos depende de cómo la economía/sociedad compensará la sostenibilidad con la explotación[512]. Aquí, una narrativa

---

[511] John Ryan, «International agricultural research. Soil science at the crossroads», en Hartemink, *The Future of Soil Science,* 123.

[512] Dick Arnold, «Future of Soil Science», en Hartemink, *The Future of Soil Science,* 7.

subyacente distinta implica que una ciencia ecológica del suelo seguirá a una sociedad ecológicamente progresista, en la que «las oportunidades de impartir el conocimiento y la sabiduría de la ciencia del suelo son invaluables»[513]. Aún más pesimistas son quienes reconocen un fracaso histórico de los científicos del suelo a la hora de convencer a los agrónomos de formas de producir sin dañar el medio ambiente, algo que el científico del suelo francés y ex presidente de la Sociedad Internacional de Ciencias del Suelo Alain Ruellan destacó en su reseña crítica de este volumen.

El campo de la ciencia del suelo es vasto y transdisciplinar, y la variedad de voces científicas no debería reducirse a las dinámicas y tensiones que aquí expongo. En toda la literatura contemporánea que aborda el papel social de la ciencia del suelo, la mayoría de los científicos asocian el futuro de la disciplina con un compromiso con la sostenibilidad. Y es a este propósito al que intento contribuir al arrojar luz sobre las tendencias que desplazan las lógicas dominantes de la explotación del suelo. Entonces, ¿qué se puede aprender al iluminar las tensiones en torno al futuro? Creo que es importante examinar la suposición de una alineación de la ciencia del suelo con una temporalidad ecológica, orientada por un reloj que de un modo «natural» marque un tiempo diferente al de la «economía» —o lo «social»— insostenible. Esto oculta la forma en que no solo la economía, sino también la ciencia, se han volcado decididamente por una orientación típicamente lineal hacia el futuro basada en la producción y el beneficio a través de la innovación. Si la lógica productivista no se modera, sino que se acelera, en tiempos de futuridad

---

[513] *Ibid.*, 8.

ansiosa, y si, como he argumentado, la temporalidad progresiva tecnocientífica está profundamente entrelazada con el productivismo, la alternativa parece sombría o «infernal»[514]: intensificar la ganancia agrícola —y agotar aún más los suelos— o el mundo se morirá de hambre. L*s científic*s preocupados por el medio ambiente tendrán que encontrar formas de trabajar bajo presiones que probablemente no desaparecerán. Y mientras que en el nivel de movilización científica épica sigue siendo difícil desvincular la ciencia del futuro tecnocientífico, existen reorientaciones conceptuales y prácticas dentro de la ciencia del suelo que podrían alterar esta alineación temporal desde-adentro, al desplazar el *ethos* productivista que subordina el cuidado del suelo y, más en general, las relaciones entre humanos y suelos a la extracción de valor económico futuro.

Del productivismo al servicio ¿y al cuidado?

El biólogo del suelo Stephen Nortcliff habla de un cambio de enfoque respecto a la investigación de las décadas de 1970 y 1980, cuando la preocupación por la sostenibilidad se centraba en «mantener el rendimiento» más que en el «sistema del suelo»: «¡Cómo han cambiado las cosas al entrar en el siglo XXI! Aunque mantener la producción agrícola sigue siendo importante, ahora se hace hincapié en el uso sostenible de los suelos y en limitar o eliminar los efectos negativos sobre otros componentes

---

[514] Isabelle Stengers y Philippe Pignarre, *Brujería capitalista. Prácticas de desembrujo,* Barcelona: IF Publications 2021.

medioambientales»[515]. Nortcliff no es el único. Parece que se está produciendo una reevaluación disciplinaria. Podría tratarse de un cambio significativo en la orientación histórica de la ciencia del suelo, como resume el científico del suelo Peter McDonald:

> La ciencia del suelo no es una ciencia aislada. Históricamente, esta disciplina ha estado integrada en todos los aspectos de la gestión de las pequeñas explotaciones agrícolas. Durante años, la responsabilidad de mantener un buen rendimiento de las cosechas recaía en el suelo. La investigación sobre la fertilidad del suelo reflejó este énfasis orientado a la producción durante la mayor parte del siglo XIX [...] el centro de sus esfuerzos era, y en gran medida sigue siendo, beneficiar a las cosechas en general[516].

Garantizar el rendimiento mediante la producción es, obviamente, un impulso esencial del esfuerzo agrícola. Pero la investigación crítica sobre la agricultura se refiere al productivismo más específicamente en términos de la intensificación que impulsó la reforma agrícola en Europa a partir del siglo XVII. Esto culminó a mediados del siglo XX con la industrialización y comercialización de la agricultura y la expansión internacional de este modelo a través del conjunto de máquinas, insumos químicos y mejoras genéticas de la Revolución Verde. En *The Spirit of the Soil,* el filósofo de la tecnología agrícola Paul B. Thompson aboga por una ética de la producción y resume el productivismo como la consagración del aforismo:

---

[515] Stephen Nortcliff, «Soil science in to the 21st century», en Hartemink, *The Future of Soil Science,* 105.

[516] P. McDonald, «Characteristics of Soil Science Literature», en P. McDonald (ed.), *The Literature of Soil Science,* Ithaca Cornell University Press 1994, 43.

«Haz crecer dos brotes de hierba donde antes crecía uno»[517]. Las críticas al productivismo abordan la absorción de las relaciones agrícolas dentro de la lógica comercial de intensificación y acumulación característica de las economías capitalistas. En otras palabras, el productivismo es el proceso por el cual una lógica de producción sobredetermina otras actividades de valor[518]. La intensificación agrícola no es solo una orientación cuantitativa —aumento de la cosecha—, sino también un modo de vida y un modo cualitativo de concebir las relaciones con el suelo. Aunque parece obvio que las prácticas de los cultivadores y agricultores ya sean a gran o pequeña escala, pre o postindustriales, están orientadas al rendimiento, el productivismo coloniza todas las demás relaciones: la vida cotidiana, las relaciones con otras especies y la política —por ejemplo, el sometimiento de los agricultores al complejo industria-agroindustria—. La creciente influencia de las lógicas de aceleración e intensificación productivistas a lo largo del siglo XX puede leerse en los enfoques científicos del suelo. Un ejemplo notable es la contribución de la química a la transformación del cultivo en un esfuerzo productivista. El físico del suelo Benno Warkentin explica cómo los primeros estudios sobre nutrición vegetal se basaron primero en un enfoque de «equilibrio bancario» por el que se medían los nutrientes asimilados por las plantas con la idea de que estos tenían

---

[517] Paul B. Thompson, *The Spirit of the Soil. Agriculture and Environmental Ethics,* Nueva York: Routledge 1995, 61; Un dicho que se cree inspirado en la novela de Jonathan Swift, *Los viajes de Gulliver:* «Quien hace crecer dos espigas de maíz, o dos briznas de hierba donde antes crecía una sola, merece más de la humanidad, y presta un servicio más esencial a su país que toda la clase política junta».

[518] Papadopoulos, Stephenson y Tsianos, *Escape Routes;* Papadopoulos, «Politics of Matter».

que «volver a añadirse al suelo en cantidades *iguales* para *mantener* la producción de los cultivos». Pero el énfasis en el «equilibrio» cambió a partir de 1940 con el incremento en el uso de los aditivos para el suelo ajenos al terreno, aportando materiales fertilizantes artificiales, extraños a los ciclos materiales y temporalidades estacionales de un lugar, con el fin de reforzar el rendimiento. El objetivo de este incremento era garantizar «la disponibilidad de nutrientes para un *máximo crecimiento y tiempo disponible* más que en las cantidades totales eliminadas por los cultivos»[519], es decir, no tanto mantener, sino intensificar el aporte de nutrientes a los suelos más allá de los ritmos de absorción de los mismos cultivos. Estos desarrollos confirman una tendencia constante en la gestión moderna de los suelos a pasar del mantenimiento —por ejemplo, dejando partes de la tierra a veces en barbecho— a la maximización, y se podría decir que acumulación preventiva, de la capacidad de nutrientes del suelo más allá del ritmo de renovación de los ecosistemas del suelo[520]. Esto pone de manifiesto cómo la tensión entre producción y sostenibilidad en el corazón de la ciencia del suelo implica temporalidades desajustadas entre el suelo como entidad lentamente renovable y las soluciones tecnológicas aceleradas que exige la producción intensificada.

Esto no quiere decir que los científicos del suelo —o incluso los profesionales que se rigen por el credo productivista— no se hayan ocupado de los suelos. La remediación de los suelos desgastados ha estado en el centro del

---

[519] Benno P. Warkentin, «Trends and Developments in Soil Science» en P. McDonald (ed.), *The Literature of Soil Science,* Ithaca: Cornell University Press 1994, 9.

[520] Daniel Hillel, *Out of the Earth. Civilization and the Life of the Soil,* Berkeley: University of California Press 1992.

desarrollo de la ciencia del suelo desde sus comienzos y estaba relacionada con las preocupaciones socioeconómicas que influyeron en los primeros estudios del suelo[521]. Numerosos científicos del suelo se han comprometido a conservar los suelos y a trabajar con los agricultores para impulsar formas de cuidado que mantengan la productividad: el «cuidado del suelo» es una noción ampliamente utilizada[522]. No obstante, los movimientos que cuestionan el productivismo parecen problematizar las concepciones del cuidado del suelo en vista de una toma de conciencia social más amplia de las presiones insostenibles que sufre el suelo. En la ciencia y fuera de ella, el persistente *ethos* productivista se solapa hoy con una «era medioambiental» que comenzó en la década de 1970 y que se vio influenciada por una concepción de los límites medioambientales al crecimiento que sitúa «a la tierra viva [...] en una posición central»[523]. Esto dejó su marca en la ciencia del suelo: much*s investigador*s, por ejemplo, señalan la destrucción y el deterioro insostenibles de los hábitats naturales asociados al uso excesivo de productos agroquímicos[524]. La mayoría de los relatos sociohistóricos de las ciencias del suelo desde principios de la década de 1990 reconocen este giro «ecológico»: «En la era actual de la ciencia del suelo [...] los interrogantes se plantean en función de los paisajes, tienen un carácter ecológico y se preguntan por la sostenibilidad de los recursos naturales»[525].

---

[521] Warkentin, «Trends and Developments in Soil Science», 14.

[522] Dan H. Yaalon, «Soil Care Attitudes and Strategies of Land Use through Human History», *Sartoniana,* 13, 2000, 147-59.

[523] J. Bouma y Alfred. E. Hartemink, «Soil Science and Society in the Dutch Context», *Wageningen Journal of Life Sciences,* 50 (2), 2002, 137.

[524] *Ibid.,* 134.

[525] Warkentin, «Trends and Developments in Soil Science», 3-4.

¿Qué puede aportar a estas transformaciones un análisis crítico de la articulación de la temporalidad del productivismo y las relaciones de cuidado? En cierto sentido, existe una ambivalencia inherente a estas relaciones, por la que el futuro se considera central y se «descuenta» al mismo tiempo, como subraya Adam con respecto al pensamiento a corto plazo que presiona para explotar los recursos naturales hoy a expensas de las generaciones futuras[526]. Y, sin embargo, la temporalidad de las prácticas productivistas orientadas a las sociedades capitalistas tardías sigue estando fuertemente orientada al futuro: se centra en el «resultado», en inversiones prometedoras —lideradas por los llamados futuros agrícolas— y en la gestión eficiente del presente para poder producirlo. Esto es coherente con la forma en que, como se ha descrito anteriormente, la futuridad inquieta hace precario el presente experimentado: subordinado a, suspendido por, o aplastado bajo la inversión en resultados futuros inciertos. Los relatos de Worster sobre las condiciones de vida de los agricultores que sobrevivieron a la destrucción de los sucesivos *dust bowls* para ver el regreso de la agricultura intensificada y el éxito de la agricultura a gran escala son también historias de descontento, deuda y ansiedad, que se hacen eco de las experiencias de l*s agricultor*s de todo el mundo que viven bajo las presiones de la producción[527]. Entonces, aunque la escala temporal de la explotación productivista del suelo descarta el futuro al centrarse en el beneficio de las generaciones actuales, el presente también se descarta, ya que las prácticas cotidianas, las relaciones y las

---

[526] Adam, *Timescapes of Modernity,* 74.

[527] Worster, *Dust Bowl;* Shiva, *Soil not Oil;* Daniel Münster, «"Ginger is a gamble": Crop Booms, Rural Uncertainty, and the Neoliberalization of Agriculture in South India», *Focaal,* 71, 2015, 100-113.

temporalidades encarnadas de l*s profesional*s integrad*s en este tiempo industrial acelerado también están comprimidas y son precarias. El productivismo no solo reduce lo que cuenta como cuidado, por ejemplo, a una «conducta» de gestión de tareas a seguir[528], sino que también inhibe la posibilidad de desarrollar otras relaciones de cuidado que se salgan de sus objetivos restringidos. Reduce el cuidado de una relación de interdependencia co-construida a un mero control del *objeto* del cuidado.

Y no son solo las temporalidades humanas, sino también las más que humanas, las que están sometidas a la realización de esta escala temporal particularmente lineal centrada en la productividad intensificada. Se podría argumentar que, dentro del modelo productivista, el impulso del cuidado del suelo ha sido sobre todo para los cultivos, es decir, mayormente para las plantas como productos comercializables —lo que también plantea la cuestión de qué tipo de cuidado se da a las plantas reducidas a la condición de cultivo—. En la visión utilitarista del cuidado, los suelos desgastados deben ser «puestos de nuevo a trabajar» mediante tecnologías de ingeniería del suelo: alimentados con litros de fertilizantes artificiales con poca consideración por los efectos ecológicos más amplios o convertidos en anfitriones de cultivos mejorados que trabajarán sorteando el empobrecimiento y el agotamiento del suelo. En resumen, el cuidado del suelo en un marco productivista tiene como objetivo aumentar la eficiencia del suelo para producir a expensas de todas las demás relaciones. Desde la perspectiva de una política feminista del cuidado en las relaciones entre los humanos y el suelo, se trata de una forma de cuidado de explotación e

---

[528] Latimer, *The Conduct of Care*.

instrumentalmente regimentada, orientada por una temporalidad antropocéntrica unidireccional.

Esta dirección podría verse afectada por cambios perceptibles en la forma en que las ciencias del suelo están replanteando el suelo como un cuerpo natural, con consecuencias importantes sobre cómo cuidarlo. Podemos ver cambios apoyados en la noción de que los suelos tienen más «utilidad» que la producción agrícola. El énfasis en la multiplicación de las «funciones del suelo»[529] significa que se valoran para otros fines distintos de la agricultura o la construcción. Esto apunta a una diversificación de las aplicaciones de las ciencias del suelo a medida que los suelos se convierten en proveedores de una serie de «servicios ecosistémicos» —por ejemplo, incluyendo el valor social, estético y espiritual— más allá de las necesidades agrícolas comerciales[530]. El enfoque de los servicios ecosistémicos examina los elementos implicados en un entorno o paisaje ecológico desde la perspectiva de lo que ofrecen a los seres humanos más allá del valor puramente económico e intenta calcular otras fuentes de valor, no necesariamente «ponerles precio», una distinción importante para muchos defensores de este enfoque. Se trata de un avance significativo para las relaciones entre humanos y suelos, con un potencial de transformación que no debe subestimarse. Sin embargo, esta noción tiene sus limitaciones para transformar las ecologías afectivas dominantes en las relaciones entre el ser humano y el suelo, y no solo porque se limite a una visión calculadora

---

[529] J. Bouma, «Soils Are Back on the Global Agenda. Now What?», *Geoderma,* 150 (1–2), 2009, 224-225.

[530] D. A. Robinson et al., «On the Value of Soil Resources in the Context of Natural Capital and Ecosystem Service Delivery», *Soil Science Society of America Journal,* 78 (3), 2014, 685.

de las relaciones. Incluso si aceptáramos mantenernos dentro de una lógica de valoración y prestación de servicios, una noción de servicios ecosistémicos al menos debería calcular los proporcionados por los seres humanos para sostener una ecología en particular y a la comunidad no-humana. La noción de servicios ecosistémicos, aunque representa un intento importante desde el interior de las sociedades centradas en el capital de cambiar los parámetros de una valoración puramente economicista de la naturaleza para la producción, no es suficiente para acercarnos a una relación de cuidado que trastoque la noción de los otros-que-humanos como «recursos» y el esquema binario estéril de relaciones utilitarias versus altruistas con los otros-que-humanos. Sue Jackson y Lisa Palmer sostienen que una noción de cuidado podría interrumpir esta lógica y mejorar la forma en que se conceptualizan los servicios ecosistémicos:

> Si ampliamos el concepto de relación desde la humanidad a toda la existencia y fomentamos una ética del cuidado que reconozca la acción de todos los "otros", ya sean otras personas u otras naturalezas, y el cultivo específico de estas relaciones por parte de los humanos, evitaremos la ampliación de una brecha entre naturaleza y cultura, brecha que en el marco de los servicios ecosistémicos interpreta a la naturaleza como proveedora/productora y al ser humano como consumidor[531].

Al pensar-con una política feminista de los cuidados que recuerde las explotaciones disputadas en el tipo de trabajo de servicio al que suele hacerse del cuidado, también podemos interrogarnos sobre las connotaciones implicadas

---

[531] Sue Jackson y Lisa R. Palmer, «Reconceptualizing Ecosystem Services. Possibilities for Cultivating and Valuing the Ethics and Practices of Care», *Progress in Human Geography,* 39 (2), 2015, 122-145.

en la propia noción de «servicio». Aunque podría parecer que el servicio nos lleva más allá de una lógica de intercambio —¿acaso el servicio no se refiere también a lo que hacemos con fines altruistas o por sentido del deber?—, las sociedades fuertemente estratificadas están marcadas por una historia de servidumbre. Las luchas en torno a la relegación del cuidado doméstico al trabajo de las mujeres mostraron cómo el objetivo no es solo hacer más valioso o reconocido este «servicio», sino también cuestionar la propia división del trabajo que lo sustenta. Un enfoque feminista de los cuidados más que humanos abriría, como mínimo, una interrogación especulativa: *¿cui bono?*[532] *[¿a quién sirve?]* como una pregunta que revela las limitaciones de un enfoque de servicio para transformar las relaciones entre humanos y suelos mientras siga basándose en concebir las entidades naturoculturales como recursos *para* el consumo humano, interrogando así una comprensión de los suelos que los plantea como funciones o servicios para el «bienestar humano»[533]. Una interrogación tanto de la lógica productivista como de la lógica de servicio puede nutrirse de las críticas ecofeministas sobre la instrumentalización, degradación y evacuación de la agencia más que humana[534] y la conexión de estas lógicas ecológicamente opresivas con los binarismos de género y racialidad, y su clásica segregación de los ámbitos de la vida[535]. Pensar-con cuidado nos invita a cuestionar las relacionalidades

---

[532] Star, *Ecologies of Knowledge.*

[533] Millennium Ecosystem Assessment, *Ecosystems and Human Well-Being. Synthesis,* Washington D. C.: Island Press 2005.

[534] Véase, por ejemplo, Val Plumwood, «Nature as Agency and the Prospects for a Progressive Naturalism»; Bastian, «Inventing Nature», *Capitalism Nature Socialism,* 12 (4), 2001, 3-32.

[535] Mellor, *Feminism and Ecology.*

unilaterales y las bifurcaciones excluyentes del vivir, el hacer y las agencias. Nos lleva a pensar desde la perspectiva del mantenimiento de una red de relaciones múltiples involucradas en la posibilidad misma de los servicios ecosistémicos y no solo en los beneficios para los humanos. A continuación, volviendo a la rearticulación de las relaciones de cuidado y temporalidad, propongo una concepción del suelo «como algo vivo» que puede cuestionar aún más su persistente condición de *servir* como insumo para la producción agrícola u otras necesidades humanas. Un modo de cuidado más atento al suelo también podría revelar otras formas de experimentar el tiempo en el núcleo de las relaciones productivistas, a la vez que, como diría Haraway, «seguir con el problema» de la relación de los humanos con el suelo como recurso esencial para la supervivencia.

El suelo vivo: devenir en la red trófica

Como parte del giro ecológico, la investigación en ecología del suelo ha adquirido mayor importancia en el centro de las ciencias del suelo, concentrándose en las *relaciones* entre entidades y procesos biofísicos, orgánicos y animales[536]. Además, varios informes sobre el desarrollo de la disciplina en los últimos diez años relacionan la creciente importancia de la perspectiva ecológica con el desplazamiento de la biología al centro de un campo tradicionalmente dominado por la física y la química. En este contexto, llama la atención que la noción de «suelo vivo», antes asociada sobre todo a

---

[536] Lavelle, «Ecological Challenges for Soil Science»; Patrick Lavelle y Alister V. Spain, *Soil Ecology,* Dordrecht: Kluwer Academic 2003.

visiones orgánicas y radicales de la agricultura[537], sea ahora la corriente dominante. Esto no significa que la ciencia del suelo concibiera tradicionalmente a los suelos como materia inerte. Incluso las concepciones del suelo como reservorio de nutrición para los cultivos se centran en procesos e interacciones fisicoquímicas vivas. Además, la microbiología del suelo ha sido una parte crucial de la ciencia del suelo desde sus inicios, así como importantes trabajos precursores de la biología del suelo —como los de Charles Darwin sobre las lombrices de tierra—. Esto no significa ni que la biología y la ecología apoyen el ambientalismo *per se* ni que otras orientaciones disciplinarias de la ciencia del suelo deban estar ahora conectadas con la biología. El cambio de tendencia perceptible es la importancia creciente de la «biota», desde la fauna microbiana a la invertebrada y, por supuesto, las plantas, raíces y hongos, en la misma definición de suelo. Que este giro no haya sido evidente lo afirman los ecologistas que reclaman un cambio en las definiciones del suelo:

> ¿Forman parte del suelo los organismos vivos? Nosotros incluiríamos la frase «con sus organismos vivos» en la definición general de suelo. Así, desde nuestro punto de vista, el suelo está vivo y se compone de componentes vivos y no vivos que tienen muchas interacciones [...] Cuando consideramos el sistema del suelo como un entorno para los organismos, debemos recordar *que la biota ha participado en su creación, así como en su adaptación a la vida en él*[538].

En esta concepción, el suelo no es solo un hábitat o medio para plantas y organismos; tampoco es solo material descompuesto, el producto final orgánico y mineral de la

---

[537] Lady Eve Balfour, *The Living Soil,* Londres: Faber and Faber 1943.
[538] David C. Coleman, D. A. Crossley y Paul F. Hendrix, *Fundamentals of Soil Ecology,* Amsterdam: Elsevier 2004, xvi.

actividad de los organismos. Los organismos *son* el suelo. Un suelo vivo solo puede existir con y a través de una comunidad multiespecie de biota que lo *conforma,* que contribuye a su creación.

Uno de los aspectos más significativos de estos cambios en la concepción del suelo es el creciente interés por investigar la biodiversidad como factor de fertilidad del suelo y de estabilidad del sistema[539]. Esto va más allá del interés biológico; por ejemplo, el reconocimiento de la importancia de los grandes poros en las estructuras del suelo otorga un lugar central a la creciente investigación sobre la fauna del suelo, como las lombrices de tierra, que algunos han bautizado como los «ingenieros del suelo»[540]. En palabras de un físico del suelo: «A medida que la apreciación de las relaciones ecológicas en la ciencia del suelo se desarrolló a partir de 1970, los estudios sobre el papel de los animales del suelo en el proceso de descomposición y en la fertilidad del suelo han sido más comunes»[541]. Más investigaciones se centran en la pérdida de biodiversidad del suelo tras las alteraciones[542] y en la importancia ecológica de la salud del suelo para las especies no edáficas[543]. En la actualidad, vari*s científic*s del suelo se dedican a llamar la atención sobre la biodiversidad de los suelos en el marco de campañas educativas y proyectos de fertilidad del suelo en todo el

---

[539] David A. Wardle, *Communities and Ecosystems. Linking the Aboveground and Belowground Components,* Princeton: Princeton University Press 2002, 238 y 234.

[540] Lavelle, «Ecological Challenges for Soil Science».

[541] Benno P. Warkentin, «Trends and Developments in Soil Science», en P. McDonald (ed.), *The Literatureof Soil Science,* Ithaca: Cornell University Press 1994, 8.

[542] Jeroen P. van Leeuwen et al., «Food Webs and Ecosystem Services during Soil Transformations», *Applied Geochemistry,* 26 (S142), 2011.

[543] Wardle, *Communities and Ecosystems.*

mundo[544]. Los suelos se han convertido en una cuestión de preocupación y cuidado no solo por lo que proporcionan a los seres humanos, sino también para garantizar la subsistencia de las comunidades del suelo en general.

Esta evolución no está desconectada de la preocupación por la capacidad del suelo para seguir prestando servicios —se despliegan toda una serie de cálculos para valorar los servicios de la biota— o de una noción que contabiliza la fertilidad del suelo en función de su capacidad para proporcionar rendimiento en la cosecha. La producción sigue siendo motivo de preocupación, ya que la «pérdida de materia orgánica», la disminución o desaparición de grupos de la biota del suelo y la consiguiente disminución de las propiedades físicas y químicas del suelo» se identifican como causas importantes de la «disminución del rendimiento en cultivos a largo plazo»[545]. Sin embargo, estos enfoques plantean importantes dudas en el centro de una comprensión de los suelos como compuestos de insumos fisicoquímicos. Los suelos como seres vivos, por ejemplo, plantean otros interrogantes sobre los efectos de las intervenciones humanas para mejorar tecnológicamente los suelos empobrecidos, por muy bien intencionadas que sean. Por ejemplo, los insumos agroquímicos pueden beneficiar el rendimiento de los cultivos, pero las comunidades del suelo pueden sufrir una desestabilización o destrucción a largo plazo, haciendo que los suelos y los agricultores dependan de los fertilizantes. Asimismo, la protección de las estructuras del suelo conecta con una reevaluación generalizada de la labranza en

---

[544] Véase, por ejemplo, «Global Soil Biodiversity Initiative» [Iniciativa para la Biodiversidad del Suelo: Un esfuerzo científico], https://globalsoilbiodiversity.org

[545] Mike Swift, «Foreword», en Patrick Lavelle y Alister V. Spain (eds.), *Soil Ecology,* Nueva York: Kluwer Academic 2001, xx.

la agricultura y otras tecnologías que alteran y destruyen las frágiles y complejas estructuras del suelo[546]. En resumen, explotar las especies del suelo para la producción amenaza con destruir los agentes vivos de esta misma productividad[547]. Una vez más, la reconceptualización del suelo como algo vivo pone de relieve cómo las prácticas productivistas ignoran la compleja diversidad de los procesos de renovación del suelo en favor de temporalidades lineales destinadas a acelerar la producción abundante.

Lo que está en juego en estos movimientos es la propia naturaleza del suelo y las formas de cuidarlo. La atención a los suelos como un mundo vivo y multiespecie implica cambios en las formas en que los humanos mantienen, cuidan y fomentan esta vitalidad[548]. Entonces, ¿cómo afecta esto a los compromisos temporales en el cuidado del suelo como un mundo multiespecie? Me acerco a ellos a través del ejemplo de la «red trófica», un modelo ecológico de la vida del suelo que, habiéndose hecho popular en los movimientos de cultivador*s alternativ*s, prospera en los límites de la ciencia del suelo.

Los modelos de redes tróficas no son nuevos, pero cobraron cada vez más importancia en la ecología del suelo a partir de la década de 1990[549]. Estos modelos son

[546] Tales tendencias son visibles en la información puesta a disposición de los agricultores en los Servicios de Conservación de Recursos Naturales del Departamento de Agricultura de Estados Unidos (USDA) en YouTube. Por ejemplo, el clip «La ciencia de la salud del suelo: La compactación» nos invita a «imitar a la madre naturaleza» y limitar el uso de maquinaria de arado.

[547] M. A. Tsiafouli *et al.*, «Intensive Agriculture Reduces Soil Biodiversity across Europe», *Global Change Biology*, 21 (2), 2014, 973-985.

[548] María Puig de la Bellacasa, «Encountering Bioinfrastructure. Ecological Struggles and the Sciences of Soil», *Social Epistemology*, 28 (1), 2014, 26-40.

[549] Stuart L. Pimm, John H. Lawton, y Joel E. Cohen, «Food Web Patterns and Their Consequences», *Nature*, 350, 1991, 669-674.

valiosos para que los científic*s describan las interacciones increíblemente complejas entre especies que permiten la circulación de nutrientes y energía. Siguen patrones de depredación y alimentación, así como de uso y procesamiento de la energía. Las especies de la red trófica del suelo pueden incluir algas, bacterias, hongos, protozoos, nematodos, artrópodos, lombrices de tierra, animales más grandes como conejos y, por supuesto, plantas. No solo explican cómo las especies se alimentan unas de otras, sino también cómo los desechos de una especie se convierten en el alimento de otra[550]. Las concepciones del suelo basadas en las redes tróficas cuestionan el uso de fertilizantes artificiales, pesticidas y, en general, los modelos de agricultura intensiva. Esto se debe a que su configuración interdependiente en forma de red implica que la alteración o eliminación de cualquiera de sus elementos puede destruirlas. A menudo conceptualizadas como «comunidades» del suelo, aunque se basen en relaciones «tróficas» —quién se come a quién—, los modelos de redes tróficas hacen hincapié en un mundo vivo subterráneo, rebosante de vida y, sin embargo, siempre frágil. Por supuesto, la ecología del suelo no es un campo unificado y, aunque es rico en modelos holísticos de ciclos vitales, también lo es en reduccionismos. Si me interesan los movimientos que conciben el suelo como un mundo multiespecie es por cómo podrían afectar no solo a la naturaleza del suelo en sí, sino también a las formas en que los humanos

---

[550] David C. Coleman, E. P. Odum y D. A. Crossley Jr., «Soil Biology, Soil Ecology, and Global Change», *Biology and Fertility of Soils,* 14, 1992, 104-111; David A. Wardle, «How Soil Food Webs Make Plants Grow», *Trends in Ecology & Evolution,* 14, 1999, 418-420; Elaine Ingham, «The Soil Foodweb. Its Role in Ecosystems Health», en Craig R. Elevitch (ed.), *The Overstory Book. Cultivating Connections with Trees,* Holualoa: Permanent Agriculture Resources 2004, 62-65.

mantienen, reparan y fomentan la vida del suelo, es decir, los organismos implicados en redes de cuidado más que humanas.

Los modelos interdependientes como la red trófica alteran la unidireccionalidad del cuidado entendido dentro de los paisajes temporales lineales del tiempo productivista tradicionalmente centrado en las relaciones de cuidado entre humanos y cultivos. Los enfoques relacionales de los ciclos de la vida del suelo pueden interpretarse en sí mismos como interrupciones del tiempo lineal productivista, simplemente porque las relaciones ecológicas exigen tener en cuenta una diversidad de escalas temporales[551]. Sin embargo, los modelos de redes tróficas también afectan a las relaciones con el suelo en la medida en que convierten a los seres humanos en «miembros» de pleno derecho de la comunidad del suelo, en lugar de meros consumidores de sus productos o beneficiarios de sus servicios. Este énfasis en la interdependencia de las comunidades del suelo es lo que resulta atractivo para explorar el cuidado más que humano como una obligación esencial que pasa a través de los haceres y las agencias implicadas en el mantenimiento, continuidad y reparación necesarios de las florecientes redes vivas. Recordando los debates de los capítulos anteriores sobre las cualidades no recíprocas del cuidado, vemos que, aunque el cuidado suele representarse como una práctica individual entre «una persona cuidadora» y «una cuidada», es raro que una cuidadora reciba el cuidado que da de la misma persona a la que cuida. Las mismas cuidadoras suelen ser cuidadas por otra persona. La reciprocidad de los cuidados es asimétrica y multilateral, compartida colectivamente. Una concepción

---

[551] Bird Rose, «Multispecies Knots of Ethical Time».

solidaria del suelo hace hincapié en este arraigo en las relaciones de interdependencia. Cuidar de las comunidades del suelo implica hacer un esfuerzo especulativo hacia el reconocimiento de que la cuidadora (humana) también depende de la capacidad del suelo para «cuidar» de una serie de procesos que son vitales para algo más que su existencia. Pensar modelos multiespecie como las redes tróficas desde el cuidado implica observar la dependencia de la cuidadora (humana) no tanto desde la producción o el «servicio» del suelo, sino desde una relacionalidad inherente. Esto se pone de relieve en la forma en que las capacidades del suelo en las redes tróficas se refieren a un acuerdo relacional multilateral en el que los alimentos, la energía y los residuos circulan en intercambios no recíprocos. Las redes alimentarias son, por lo tanto, un buen ejemplo para reflexionar sobre la eticidad vibrante de las redes de interdependencia, el *ethos* a-subjetivo, pero necesario del cuidado que circula a través de estos organismos que se ocupan de las necesidades de los demás en relaciones más que humanas.

Un enfoque basado en el cuidado no solo debe tener en cuenta cómo los suelos y otros recursos producen o prestan servicios a los seres humanos, sino también cómo están específicamente obligados a hacerlo, cómo los prestan. La capacidad de los suelos globales agotados para sostener estas redes de relaciones se ha vuelto cada vez más dependiente del cuidado que los seres humanos les brindan. En resonancia con las narrativas del Antropoceno que reconocen el impacto de las acciones humanas situadas en la creación de la tierra, lo que la concepción anterior podría requerir no es solo que los organismos, sino también los seres humanos, se incluyan de manera más decisiva en el concepto de suelo. A su vez, el cambio en las formas de cuidar el suelo afectaría a la ontología del suelo. Volviendo a la redefinición del suelo como algo vivo[552], podríamos incluir una reformulación como la siguiente: «Cuando consideramos el sistema del suelo como un entorno para los humanos, debemos recordar que *los humanos han participado en su creación, así como en la adaptación a la vida en él»*.

Aunque l*s científic*s llevan mucho tiempo hablando de «comunidades del suelo» para referirse a los organismos que participan en la ecología del suelo, la idea de que los seres humanos forman parte de las comunidades del suelo no prevalece en la literatura científica. Las ilustraciones científicas de la red trófica del suelo rara vez representan a los seres humanos como parte de esta red relacional, por ejemplo, como productores de «residuos orgánicos» y beneficiarios de la producción de las plantas. Esto podría estar relacionado con el papel tradicional que se otorga al elemento antropogénico en la literatura científica sobre el suelo, donde generalmente se le considera como un «elemento» de los ecosistemas del suelo y de los procesos de formación que «queda separado» debido al mayor impacto de sus actividades en un periodo de tiempo más corto que el de otros organismos. El «ser humano» aparece sobre todo como una irrupción desequilibrada en los ciclos ecológicos del suelo —o una víctima en el caso de la contaminación del suelo— más que como un «miembro» de una comunidad del suelo[553]. Sin embargo, las nociones de los humanos como miembros, o incluso de los humanos *como suelo,* prosperan fuera de la ciencia, incluyendo

---

[552] Coleman, Crossley y Hendrix, *Fundamentals of Soil Ecology*.

[553] Daniel Hillel, *Out of the Earth. Civilization and the Life of the Soil,* Berkeley: University of California Press 2004.

también la forma en que los científicos hablan del suelo —y de la tierra— más allá de su trabajo institucional «oficial»[554]. Se podría argumentar que las ecologías afectivas alternativas con el suelo quedan oscurecidas dentro de la ciencia. Pero en el espíritu de presentar las cuestiones de hechos, las cosas científicas, como cuestiones de cuidado, parece ser una opción más fértil intentar una articulación de diferentes horizontes de práctica y modos de relacionarse con el suelo a través de su potencial para transformar las relaciones entre humanos y suelos. Las conexiones con métodos «no científicos» de conocer el suelo, cuya relevancia a veces también mencionan los científicos[555], podrían cobrar aún más importancia a la luz de un argumento a favor de un cambio en los modelos del suelo, que pase de ser considerado un «cuerpo natural» a un cuerpo «humano-natural»[556] y de la introducción de nuevos enfoques, como la «antropopedología», que amplíen la perspectiva de la ciencia del suelo a las relaciones entre el ser humano y el suelo[557].

Ahora bien, como todas las narrativas del Antropoceno, estas ideas requerirían matizar de qué *Anthropos* se está hablando, planteando preguntas como: si las marcas de la Tierra que deben ser consideradas son aquellas que

---

[554] Francis S. Hole, «The Pleasures of Soil Watching», *Orion Nature Quarterly, Spring,* 1988, 6-11; Warkentin, Footprints in the Soil.

[555] Thomas P. Tomich et al., «Agroecology. A Review from a Global-Change Perspective», *Annual Review of Environment and Resources,* 36, (1), 2011, 193-222.

[556] Daniel deB Richter y Dan H. Yaalon, «"The Changing Model of Soil" Revisited», *Soil Science Society of America Journal,* 76 (3), 2012, 766.

[557] Daniel deB Richter *et al.,* «Human–Soil Relations Are Changing Rapidly: Proposals from SSSA's Cross-Divisional Soil Change Working Group», *Soil Science Society of America Journal,* 75 (6), 2011, 2079.

alteraron dramáticamente la composición geológica del planeta desde la era industrial o los ensayos atómicos, ¿no deberíamos, como sostiene Jason Moore, declarar más bien un Capitaloceno? O, como ha pedido Chris Cuomo, ¿deberíamos rechazar por completo este re-centramiento de la noción de *Anthropos* por enmascarar las dominaciones capitalistas y coloniales?[558] O, ¿no podríamos proponer —cuestionando la tendencia del pensamiento antropocénico a evacuar aún más la agencia del mundo otro-que-humano y a reinstaurar al Hombre como centro de la creación— poblar nuestra imaginación especulativa con visiones de épocas coexistentes más que humanas que amplifiquen la proliferación de procesos simbióticos con múltiples agencias no-humanas, como nos invita a hacer Haraway con un *Chthuluceno*[559]? Todas estas dudas contribuyen a complejizar las narrativas de las eticidades agenciales en juego al reincorporar a los humanos dentro del concepto de suelo. Es necesario cuestionar los relatos no situados de las relaciones *antropocentradas* si queremos ofrecer a los seres humanos situados un lugar dentro de, y no por encima de, otras criaturas terrestres, en reconocimiento de modos específicos de agencia: una tarea vital para el pensamiento y la práctica medioambientales, a lo largo de las ciencias sociales y las humanidades, pero también para desbordar los imaginarios colectivos.

La exploración de eticidades del cuidado descentradas por medio de visiones de la red trófica de relaciones entre humanos y suelos puede nutrirse de tales imaginaciones colectivas para contribuir a un desplazamiento de las agencias

---

[558] Véase la petición *online* «Contra el Antropoceno "oficial"».

[559] Donna Haraway, «Anthropocene, Capitalocene, Plantationocene, Chthulucene. Making Kin», *Environmental Humanities,* 6, 2015, 159-65.

humanas sin diluir sus obligaciones situadas. La articulación de las ciencias con otros ámbitos de prácticas, incluso sutiles, es importante en este caso. Obviamente, mi lectura de los modelos de redes tróficas va más allá de su potencial explicativo para alterar las concepciones científicas del suelo. El pensamiento especulativo está profesamente excluido de las preocupaciones científicas, quizá incluso más que las posturas políticas. Pero cuando se entiende como parte de una transformación naturocultural en las relaciones de cuidado entre el ser humano y el suelo, la red trófica no es solo un modelo científico. Se podría decir que los modelos científicos exitosos deben parte de su poder a su potencial figurativo. Más allá de la ciencia, la red trófica es una figuración cargada de relaciones con el suelo, que yo interpreto aquí en el sentido de restaurar lo que Thompson llama el «espíritu del suelo», con lo que apunta a una comprensión de la actividad humana como parte de la vida de la tierra y «el espíritu de criar alimentos y comerlos como un acto de comunión con un todo mayor»[560].

La búsqueda de indicios de un *ethos* transformador en las relaciones entre el ser humano y el suelo nos lleva más allá de la ciencia y sus aplicaciones en las articulaciones de ecologías afectivas alternativas e imaginarios tecnocientíficos, en los que la ciencia participa, pero no necesariamente impulsa. El modelo de la red trófica del suelo es interesante en este sentido, porque se ha convertido, más allá de la ciencia, en un símbolo de compromiso ecológico alternativo, especialmente en los movimientos ecologistas en los que se están desarrollando visiones alternativas de la práctica del suelo, como la agroecología, la permacultura y otras aproximaciones radicales a la práctica agrícola. Es en

---

[560] Thompson, *The Spirit of the Soil,* 18.

estas concepciones donde las tendencias transformadoras en las relacionalidades con el suelo pueden leerse de forma más visible por cómo fomentan una relación de cuidado diferente, susceptible de alterar la naturaleza lineal de la extracción tecnocientífica y productivista orientada al futuro en paisajes temporales antropocéntricos.

Hacer tiempo para (el cuidado de) la tierra

Más allá de la ciencia, los modelos de redes tróficas y las ideas científicas sobre el suelo como algo vivo están explícitamente hechas para hablar de cuidados y relaciones alternativas entre humanos y suelos, con implicaciones para el futuro productivista dominante. Conocí estos modelos siguiendo el trabajo de Elaine Ingham, una científica del suelo especializada en redes tróficas muy influyente en las enseñanzas de compostaje que se imparten en los cursos de permacultura de *Earth Activist Training*. Originalmente, Ingham es una microbióloga que trabajó en el campo de la ecología del suelo. Su trabajo sobre las redes tróficas ha sido citado en publicaciones científicas hasta principios de la década de 2000, pero luego se hizo visible sobre todo por su labor más allá del mundo académico. Dejó la Universidad Estatal de Oregón para dirigir su empresa de análisis de suelos basados en redes tróficas y posteriormente se convirtió en directora del Instituto Rodale, que promueve la agricultura ecológica[561]. Ingham también dirige su propio Instituto de Estudios Sostenibles y tiene una gran presencia en Internet como célebre asesora de cuidados alternativos del suelo.

---

[561] Véase https://rodaleinstitute.org.

Entre sus múltiples intervenciones, me atrajo una serie de conferencias *online* en las que Ingham populariza entre profesionales una noción «biológica» del suelo: el suelo no es «suciedad». La suciedad es suelo sin vida, afirma. Aquí presenta los fundamentos de la microbiología para informar sobre técnicas accesibles de muestreo y posterior análisis del suelo, incluyendo cómo elegir un microscopio de segunda mano y prepararlo para tomar muestras del suelo. En un vídeo titulado «Cómo tomar una muestra de suelo: Introducción a la microbiología del suelo»[562],Ingham camina por un parche de hierba poco atractivo explicando cómo tomar muestras del suelo para examinar «la biología presente». A continuación, presenta en tono divertido el instrumento que va a utilizar: «este equipo de alta tecnología realmente caro llamado descorazonador de manzanas». Muestra cómo introducirlo en el suelo con movimientos circulares, «como si atravesara una manzana», para llegar a la parte descompuesta bajo las plantas y las raíces. El objetivo es llegar a «la biología» del suelo. Observando el aspecto poco saludable de una pequeña parcela de hierba que está tocando, que probablemente revela «problemas de salud», afirma que la vida en este suelo necesita un poco de ayuda «biológica»: «Pero *¿qué* biología necesitamos?», se pregunta. «Eso es lo que realmente nos interesa averiguar de esta forma». En el siguiente clip, «Cómo preparar y observar una muestra de suelo bajo el microscopio», Ingham ha vuelto a entrar en la casa, donde había instalado un microscopio y otros instrumentos, y explica cómo dar una estimación del número de bacterias presentes en el suelo. Esta metodología para evaluar la salud del suelo se basa en un recuento estimado

---

[562] Este clip y los siguientes están disponibles en YouTube buscando los títulos citados y «Elaine Ingham».

de microorganismos, y pretende detectar las necesidades del suelo para alimentarlo con materia orgánica adecuadamente equilibrada, como compost y tés de compost producidos *in situ*[563].

La *Reina del Compost* es ampliamente conocida en el mundo de los amantes del suelo por haber producido técnicas con base científica que mejoran las prácticas de l*s agricultor*s. Sin embargo, Ingham también tiene una ambición política explícita en su búsqueda educativa: liberar a l*s agricultor*s de los fertilizantes industriales. «Salten del vagón químico», dice en un vídeo publicitario de sus cursos. Su trayectoria refleja la renegociación contemporánea de los espacios científicos entre el mundo académico, los negocios y el compromiso público: realizar análisis de suelos o asesorar a l*s agricultor*s no son carreras atípicas para l*s científic*s del suelo. Pero a lo largo de su trabajo de divulgación del modelo de la red trófica del suelo, hay una sensación de que está convirtiendo en accesible la ciencia del suelo de la clásica manera *para la gente*. Como activista con credenciales científicas —y viceversa—, Ingham también se comunica con un mundo de científic*s del suelo aficionad*s que apenas están empezando a sumarse a las formas institucionalizadas afines a los modos más establecidos de proyectos de «ciencia ciudadana»[564].

Se trata de un trabajo científico, pero desplazado, situado, implicado, involucrado y «distribuido» en la tecnociencia[565].

---

[563] Elaine Ingham, *The Compost Tea Brewing Manual,* Eugene: Unisun Communications 2000.

[564] Florian Charvolin, André Micoud y Lynn K. Nyhar (eds), *Des Sciences citoyennes? La Question de l'amateur dans les sciences naturalistes,* La Tour-d'Aigues: Éditions de l'Aube 2007.

[565] Papadopoulos, «From Publics to Practitioners»; Papadopoulos, *Experimental Politics.*

Esta ciencia activista no está en la posición purista de alguien ajeno a ese mundo. La visión de Ingham moviliza la práctica del suelo «informada por la ciencia» como una promesa de rendimiento futuro: rendimiento sin esfuerzo, sin productos químicos y abundante en cosechas[566]. Podría decirse que el mensaje es convincente porque sigue hablando del *ethos* de la producción como una esperanza compartida para l*s agricultor*s de beneficiarse de productos abundantes procedentes de un suelo fértil. No obstante, en este caso la producción se basa en los buenos cuidados y no en lo contrario; y los buenos cuidados están ligados al conocimiento y la apreciación de la vida del suelo. Estas prácticas hablan de intensificación, no tanto de la producción, sino más bien del vínculo con los suelos. Estos modos de cuidado del suelo involucran a l*s profesionales con los agenciamientos y mediaciones que hacen que la comunidad del suelo funcione bien, es decir, que sean capaces de ocuparse de las «funciones» biológicas de maneras que serían invisibles con prácticas de análisis ajenas. Ingham invita a l*s especialistas a sumergirse en el suelo y desarrollar su «sentimiento por el suelo», parafraseando a Evelyn Fox Keller[567].

La implicación afectiva con los suelos es casi ajena a las prácticas agrícolas[568], como afirma Guy Watson, agricultor del Reino Unido y fundador de *Riverford Organics:* «Algunos agricultores hablan de relaciones afectivas intensas con los suelos, de cómo se sienten sumamente

---

[566] Ingham, *An Introduction to the Soil Foodweb.*
[567] Evelyn Fox Keller, *A Feeling for the Organism. Life and Work of Barbara McClintock,* Nueva York: W. H. Freeman 1984; véase también Natasha Myers, «Molecular Embodiments and the Body-Work of Modelling in Protein Crystallography», *Social Studies of Science,* 32, (2), 2008, 163-199.
[568] Daniel Münster, «Cultivating Hope in South India: The Affective Ecologies of Zero Budget Natural Farming» [comunicación], 2016.

protectores de su suelo, tratándolo con el compromiso, la preocupación y la empatía que normalmente se reservan a los miembros cercanos de la familia. He visto a agricultores orgánicos olfatear e incluso saborear su tierra, y develar sus virtudes con familiaridad y afecto». También en este caso, conocer *la vida* en el suelo mediante la visión y el tacto actúa como un poderoso significante de una mayor proximidad y cuidado con su oscura alteridad:

> Un puñado de tierra sana puede contener millones de formas de vida de decenas de miles de especies diferentes [...] Los pesticidas, los fertilizantes, los desparasitadores de animales [...] pueden reducir drásticamente estas poblaciones, no solo en un pequeño porcentaje, sino en un 10% o incluso en un 100%. Imagínense la protesta del Fondo Mundial para la Naturaleza si se pudiera ver la carnicería. Entonces, si no puedes ver los hongos, bacterias e invertebrados y no te sientes inclinado o capacitado para probar tu suelo, ¿cómo sabes que está sano?[569]

La idea de que la implicación afectiva puede provocarse «viendo» los suelos como seres vivos no es ajena a los círculos científicos y académicos. Un científico que participa en el proyecto *Global Soil Biodiversity* afirma que mostrar imágenes de los organismos a agricultores y cultivadores abre la «caja negra» del suelo y nos invita a «identificarnos [...] con la fauna del suelo»[570]. Pero probar el suelo al «saborear el suelo», tratar el suelo como familia, las nociones de sumergirse en el suelo y mezclarse con su sustancia, hablan de una implicación sensorial con un suelo que no es concebido como algo separado. Y estos afectos íntimos nos

---

[569] Guy Watson y Jane Baxter, *Riverford Farm Cook Book,* Londres: Fourth Estate 2008, 14.

[570] «Identificarse con la fauna del suelo», https://blog.globalsoilbiodiversity.org/article/2013/10/21/identifying-soil-fauna.

siguen remitiendo a los compromisos hápticos y a las obligaciones inmanentes del cuidado. Podríamos identificar como elemento común en estos casos un deseo de reducir la distancia y la separación en anhelos visuales-hápticos de cercanía (analizados en el capítulo 4). La pregunta es, entonces, ya sea al ver, tocar o saborear, ¿qué representa este sentimiento por el suelo? ¿Qué significa «identificarse» con la fauna del suelo? Al hablar de las implicaciones hápticas, hice hincapié en la «incognoscibilidad del otro», y la precaución se mantiene tanto para las imágenes microscópicas de inmersión precisa como para la idealización del contacto directo con el suelo. ¿Qué/cómo veo? ¿Qué/cómo toco? La cercanía no es necesariamente cuidar más o mejor, entonces ¿qué reclama la práctica de Ingham en su forma de dar cuenta de seres previamente ignorados o desatendidos?

La importancia de plantear estas preguntas me recuerda las reflexiones de Astrid Schrader sobre el cuidado, cuando se pregunta: «¿Cómo empezamos a cuidar de otros de cuya existencia quizás ni siquiera sabíamos? Y, más aún, ¿cómo enseñamos a otros a cuidar?»[571]. Desafiando explícitamente la identificación —«Sencillamente, no podemos encontrarnos a nosotr*s mism*s en estas criaturas»—, plantea preguntas cruciales como: «¿Podemos concebir una noción menos antropocéntrica del cuidado que esté atenta a las indeterminaciones de sus prácticas?»[572]. Schrader

---

[571] Astrid Schrader, «Abyssal Intimacies and Temporalities of Care: How (Not) to Care about Deformed Leaf Bugs in the Aftermath of Chernobyl», *Social Studies of Science,* 45 (5), 2015, 3.

[572] Hugh Raffles, *Insectopedia,* Nueva York: Pantheon Books 2010, 44, citado en Schrader, «Abyssal Intimacies and Temporalities of Care», 15; Schrader explora maravillosamente los significados del cuidado generados por las reacciones negativas de algunos estudiantes a las insinuaciones de «preocuparse por» los insectos deformados por la radiación post-Chernobyl, frente a tantas vidas humanas devastadas. Schrader habla de la

explora la afectividad del cuidado como una «intimidad abisal» intermedia que deja indeterminado al sujeto del cuidado, al acto de cuidar indeterminado y, por lo tanto, reconfigura el tiempo y el espacio en relación con el otro y la producción de conocimiento científico. «La intimidad abisal no requiere reconocimiento, sino que describe un compromiso creativo que se basa en el retraimiento del yo, una pasividad que permite una escucha activa, una apertura a las sorpresas»[573]. Se trata de cuestiones cruciales para aprender a percibir las vidas del suelo que antes se descuidaban. Una forma de pasividad —como retraimiento del yo, pero también de los resultados identificados— parece vital en una concepción de la red relacional del cuidado que cuestiona las relaciones productivistas, en formas afines a la indeterminación de ser «atraído a», en la concepción inmanente de Povinelli de la obligación.

Schrader está hablando específicamente de la afectividad de «preocuparse por» aquellos por los que no nos hemos preocupado antes, una relación que no concluye necesariamente en un acto de cuidado directo. Este énfasis en el aspecto afectivo del cuidado me permite plantear

_____

«preocupación por» como una relación afectiva que no implica necesariamente «preocuparse por» como respuesta a una necesidad específica. Al explorar las temporalidades asociadas a las distintas formas de experimentar el cuidado afectivo cuando este se reduce a una «acción de ayuda directa», Schrader muestra cómo el cuidado puede verse limitado por una visión progresista orientada a un fin o a un objeto de cuidado definido (Schrader, «Abyssal Intimacies and Temporalities of Care», 15). Señala cómo este tipo de cuidado también está limitado por una lógica de intercambio e igualdad que presupone que esta capacidad es limitada —y que por tanto acentúa el sentido (aquí, en las reacciones de los estudiantes) de que el cuidado debe darse a los humanos antes que a los «bichos»—. En cambio, Schrader hace hincapié en una dimensión pasiva del cuidado, un cuidado abierto, potencialmente ilimitado, diferente de la afectividad orientada a la actividad.

[573] _Ibid.,_ 9.

un contraste con los proyectos «educativos» activistas de Ingham que, en mi opinión, cambia la posición del cuestionamiento ético. Sus esfuerzos no se dirigen a aprender a preocuparse, a verse afectado por algo que antes no era motivo de preocupación. Ingham se dirige a un público ya afectado. Reconocer el valor de las bacterias y otros microbios no humanos apunta a un compromiso afectivo en el que conocer-cuidar es una práctica intrínseca del suelo, ya sea en la agricultura o en la ciencia. Pensar con los haceres/trabajos-afectos-ética/políticas nos permite enfatizar esta integración en la práctica cotidiana. Y, por tanto, la intensificación de la cercanía no se produce sobre un abismo; se trata de aprender a cuidar de forma diferente dentro de los modos existentes de cuidar, desplazando las afectividades a medida que los haceres se mueven. La razón por la que Ingham sugiere que los profesionales se comprometan a «hacer ellos mismos» los análisis del suelo es para crear un sentido de carácter comunitario de estas acciones, la red viva que provee. En otras palabras, la maravilla aquí no es el reconocimiento ético de seres que consideramos radicalmente distintos de los humanos. Como nos recuerda Papadopoulos, las alterontologías se producen cuando determinados seres humanos crean reordenamientos más que humanos con determinados seres no humanos. Se trata de un llamado transformador, porque conecta con una necesidad ya reconocida de cuidar los suelos, al tiempo que desplaza gradualmente este *ethos* con otras sensibilidades afectivas y éticas. Invitar a l*s profesionales del suelo a dedicar tiempo a ver bacterias u otros seres microscópicos, contarlos, sentirlos, aprender a alimentarlos bien, despierta la curiosidad hacia una red de acciones, obligaciones y reciprocidades asimétricas que pueden concebirse con facilidad: el suelo del cual dependes depende a su vez de aquellos que dependen de ti. Esto es lo que los fertilizantes y los pesticidas pueden destruir. El reconocimiento aquí no es simétrico ni identificatorio. La cercanía se basa en una relación cotidiana más que en la fascinación o la aversión. No se trata tanto de traducir el cuidado en acción —la acción ya existe en las prácticas de mantenimiento de los suelos— o de preocuparse por algo que antes se desconocía, sino de alterar las relaciones existentes de cuidado mediante modos alternativos de afectividad. Lo que esto aporta es que el reconocimiento ético de lo otro-que-humano puede no siempre suscitar preguntas sobre alteridades otras-que-humanas, sino más bien sobre cambios modestos en nuestra ética de vivir con muchos otros, creando caminos mundanos para nuestras acciones que reconozcan el modo en el que ya somos compañeros cotidianos ordinarios. La red trófica, como figura de relaciones de cuidado alternativas con el suelo, funciona así: ofrece nuevas obligaciones dentro de las ya existentes, obligaciones inmanentes que podrían desarrollarse de forma ordinaria y sin incidentes.

Volviendo a las articulaciones del cuidado y la temporalidad, me detengo en la manera en que estas reorientaciones del cuidado del suelo, al subordinar la producción a la relación inmersa, perturban la linealidad de la futuridad productivista y la extracción del suelo dominantes en la tecnociencia contemporánea. Con respecto a la futuridad progresista de la época, y en medio de los reclamos a dar respuestas urgentes y globales a la inseguridad alimentaria, estas reorientaciones a pequeña escala de las habilidades de l*s agricultor*s están destinadas a aparecer como intentos insignificantes de «retrasar los relojes» a la práctica preindustrial. Del mismo modo, desde la perspectiva de las concepciones «brillantes y relucientes» de la innovación, tareas como «contar bacterias» para comprobar la salud del suelo recuerdan a proyectos escolares de ciencias. El trabajo de Ingham proyecta una sensación de caducidad, exagerada por el uso de herramientas como un descorazonador de manzanas y un microscopio de segunda mano. Desde la perspectiva de la temporalidad integrada en la práctica, cabe preguntarse por qué una persona que es agricultora o jardinera ocupada y preocupada por las limitaciones de producción dedicaría tiempo a estas tareas lentas y laboriosas, en lugar de meter la tierra en un sobre y enviarla a una empresa de análisis de suelos. De hecho, lo que vemos aquí es parecido a lo que Patrick Bresnihan suscita en su etnografía de las prácticas de «comunización» de los pescadores. Bresnihan expone modos de gestión de las poblaciones de peces que están en desacuerdo, aunque cohabitan, con la gestión estándar de la sostenibilidad. En este caso, están en juego compromisos alternativos con el tiempo que no solo generan un modo de producción diferente, sino un modo de vida diferente, incluida una relación diferente con el trabajo. Esta relación temporal no se centra en la «eficiencia», y por ello parece inconcebible desde la perspectiva de los «cálculos racionales de un sujeto liberal que traza sus actividades a lo largo de una trayectoria más o menos individualizada y lineal», es decir, la perspectiva de la «gestión [...] donde el futuro se organiza hacia un objetivo específico y técnicamente definido de sostenibilidad biológica»[574]. De manera similar, la experiencia encarnada del tiempo al hacer tiempo para los suelos altera la práctica productiva lineal de maneras que siguen siendo irrelevantes, pero también potencialmente

---

[574] Patrick Bresnihan, «The More-Than-Human Commons. From Commons to Commoning», en S. Kirwan, L. Dawney, and J. Brigstocke (eds.), *Space, Power, and the Commons. The Struggle for Alternative Futures,* Nueva York: Routledge 2015.

disruptivas, para la perspectiva de las trayectorias de la futuridad productiva en la tecnociencia.

Para ilustrarlo mejor, me baso en un análisis de los «nichos temporales» extraído de un influyente manual de permacultura, un movimiento que cuenta con numerosos defensores de la red trófica. El autor, Bill Mollison, habla de una inmersión encarnada en los ciclos ecológicos que implica un largo periodo de «observación reflexiva y prolongada» antes de actuar sobre la tierra y sus procesos. Este principio, conocido como «TAPO»[575], es una regla de diseño técnico y un principio ético de formación en la práctica de la permacultura[576]. El objetivo de la observación inmersiva es tomarse el tiempo necesario para «experimentar» los «calendarios» específicos que tienen lugar dentro de la organización de los ciclos vitales —que implica a las especies, el clima, las interacciones localizadas, etc.— que constituyen nichos temporales en una ecología particular[577]. El imperativo de la observación es permanente porque cada ciclo es un «acontecimiento»: «la dieta, la elección, la selección, la estación, el clima, la digestión y la regeneración difieren cada vez que [el ciclo] ocurre»[578]. Es en esa variación donde las posibilidades de diversidad prosperan. Los profesionales del cuidado del suelo hablan a menudo de tipos similares de inmersión en las repeticiones de los ciclos de la vida del suelo, mediante los cuales aprenden las necesidades del paisaje y por los que un entorno ecológico concreto también

---

[575] Por sus siglas en inglés: *Thoughtful And Protracted Observation* (N. de las T.).

[576] Andrea Ghelfi, *The Science Commons. Network Production, Measure, and Organisation in Technoscience* [tesis doctoral], Leicester: University of Leicester 2015.

[577] Bill Mollison, *Permaculture. A Designer's Manual*, Sisters Creek/Tasmania: Tagari Publications 1988, 28.

[578] *Ibid.*, 23.

«aprende» y se adapta a la práctica humana. En esta concepción, TAPO consiste en aprender a trabajar con estos ciclos como un modo de implicación relacional necesario para un cuidado ecológico adecuado. TAPO es un *ethos* que contribuye a la co-creación de una ecología particular, a las obligaciones multilaterales mutuas y al hacer interdependiente que conlleva.

Los ecologistas del suelo han sido conscientes durante mucho tiempo de los ciclos de crecimiento y descomposición interdependientes en el suelo vivo que articulan múltiples temporalidades. La inmersión temporal de la TAPO se orienta específicamente a repensar la práctica ecológica humana en sus obligaciones materiales con dimensiones éticas y afectivas, es decir, el cuidado. La TAPO requiere dedicar tiempo a los tiempos del suelo y, según sostengo, puede leerse como una forma de cultivar el «tiempo del cuidado». En primer lugar, el carácter repetitivo de la observación continua de los ciclos del suelo permite el cuidado. El trabajo de cuidado mejora cuando *se repite,* creando la especificidad de una relación mediante la implicación y el conocimiento intensificados. Requiere atención y ajustes finos a los ritmos temporales de un «otro» y a las relaciones específicas que se entretejen[579]. En segundo lugar, la inmersión temporal de la TAPO implica la práctica humana en una red

---

[579] Este enfoque de los ajustes temporales resuena con las nociones de «alineaciones» temporales exploradas en los estudios sobre ciencia y tecnología en relación con el trabajo colaborativo (Steven J. Jackson *et al.,* «Collaborative Rhythm. Temporal Dissonance and Alignment in Collaborative Scientific Work», *Computer Supported Cooperative Work,* marzo, 2011, 19-23) y analizadas existencialmente como un proceso de «torsión» por Geoffrey Bowker y Leigh Star *(Sorting Things Out).* Otros procesos de sincronización tecnocientífica en las culturas de la naturaleza son los suscitados por Astrid Schrader («Responding to *Pfiesteria piscicida* (the Fish Killer)»; «The Time of Slime»).

interdependiente, aunque diversa. La diversidad temporal, más que la conexión inmediata (con la naturaleza) o el mero control de otros ritmos, necesita persistir en estas sintonías y reajustes. Una forma de cuidado no funciona necesariamente con otra disposición, ni temporalidades diferentes cohabitan en armonía. Diferentes tipos de suelo necesitarán diferentes cuidados y los miembros de la red trófica se perciben a menudo como competidores.

TAPO es la observación específicamente inmersa o encarnada de una comunidad ecológica específica que demanda; observar ciclos y procesos aquí no consiste solo en tomar conciencia de ellos, sino en la exigencia de sintonizar con estos ritmos. En términos más generales de las relaciones entre humanos y suelos, los especialistas en el suelo no son tanto «responsables» de la gestión ecológica y la producción de alimentos, sino que son miembros atentos de una comunidad ecológica específica, la red trófica del suelo. Este *ethos* altera la ubicación de los seres humanos como observadores ajenos o beneficiarios centrales de servicios objetivados: aunque se basa en gran medida en el papel que desempeñan los seres humanos en los paisajes de los que forman parte, los seres humanos no son el destino final de los procesos de los que se encargan los ecosistemas humano-suelo. El *tan bien como sea posible* de las redes de cuidado depende de una malla potencialmente inconmensurable de organismos interdependientes. Dentro de estas concepciones, para cuidar adecuadamente el suelo, los seres humanos no pueden ser solo productores o consumidores en la comunidad de organismos creadores de suelo, sino que deben trabajar, y estar, en relación con el suelo como un mundo vivo significativo. Los participantes en una red trófica encarnan de algún modo el tiempo del ciclo comiendo o convirtiéndose en alimento para otros participantes en el ciclo de muerte y descomposición[580]. Existen aquí afinidades con la relación íntima con el suelo cultivado por agricultor*s descrita por Kristina Lyons en sus etnografías inmersivas sobre las relaciones entre el ser humano y el suelo en las llanuras amazónicas. Lyons hace hincapié en los modos de relación que no separan el suelo de las plantas ni de los seres humanos. Todos estos seres juegan un papel en la participación corporal y sensorial: los seres humanos se convierten en «uno de los muchos actores que trabajan en el acto de vivir y luchar juntos», pero también cultivan una obligación específica: tener «ojos para ella», para la *selva*[581]. Otra obligación creada en esta red relacional es lo que Lyons denomina «descomposición como política de vida» a través de la circulación de residuos-alimentos/muerte-vida/descomposición-regeneración[582]. La inmersión en una red trófica como *política de vida* crea obligaciones eco-éticas prácticas y específicas, como el retorno cíclico de los residuos orgánicos —es decir, a través del compostaje, como he comentado en el capítulo anterior—. Una tarea de cuidado aquí es, como les gusta decir a l*s jardiner*s,

---

[580] Sobre la importancia ecoética de que varias especies coman juntas, véase Haraway *(When Species Meet)*. Véase también Kristina Marie Lyons, («Soil Practitioners and 'Vital Spaces'. Agricultural Ethics and Life Processes in the Colombian Amazon», Department of Anthropology, University of California, 2013) sobre la concepción específica encarnada de la red trófica de los profesionales del suelo en las llanuras amazónicas colombianas.

[581] Kristina Marie Lyons, «Soil Science, Development, and the 'Elusive Nature' of Colombia's Amazonian Plains», *Journal of Latin American and Caribbean Anthropology,* 19 (2), 2014, 212-236.

[582] Kristina Marie Lyons, «Decomposition as Life Politics: Soils, Selva, and Small Farmers under the Gun of the U.S.-Colombia War on Drugs», *Cultural Anthropology,* 31 (1), 2016, 56–81.

cultivar la tierra[583] «devolviendo el excedente» para seguir creando tanto suelo como el que consumimos: una puesta en práctica del cuidado interdependiente.

Modelos ecológicos como el de la red trófica no tratan solamente de conocer mejor el suelo para extraer más eficientemente de él, sino de otra forma de relacionarse, de los tráficos más densos, hápticos, implicados y encarnados en una comunidad más que humana de hacedores de suelo. Centrándonos en estas formas de cuidado ecológico inmersivas, podemos intuir cambios en las relaciones entre el ser humano y el suelo basados en ecologías materiales, éticas y afectivas: cómo calificar las ecologías afectivas implicadas en estas prácticas transformadoras del cuidado del suelo y en las formas de hacer tiempo para las relacionalidades ecológicas. Observar los haceres imperceptibles de cuidado enriquece el paisaje temporal dominante con una serie de reordenamientos relacionales. En estas relaciones de cuidado, el presente es denso, condensado con una multiplicidad de líneas temporales entrelazadas e *implicadas,* más que comprimido y subordinado a la consecución lineal de un resultado futuro. A lo largo de este libro he utilizado a menudo la noción de implicación como sinónimo de compromiso, de relaciones y de política comprometidas. La implicación adquiere un significado temporal más profundo pensando con Carla Hustak y Natasha Myers[584], que hablan de «impulso involutivo» para nombrar la ocasión de un nuevo acuerdo relacional entre especies. Lo involutivo tiene una cualidad temporal no lineal: no se trata de un movimiento evolutivo, ni de

---

[583] Raymond Bial, *A Handful of Dirt,* Nueva York: Walker and Company 2000.

[584] Myers, *Rendering Life Molecular;* «Sensing Botanical Sensoria».

una coevolución, sino de una *intensificación* de las implicaciones y los envolvimientos mutuos. Es de esperar que las experiencias compartidas y las sintonías temporales de las relaciones de cuidado con el suelo vivo sean involutivas, intensificando la atención dentro de relaciones ya existentes de interdependencia e implicación mutua, en lugar de fijar expectativas éticas en un acontecimiento teleológico que cambiaría la actividad de las especies.

El ritmo disruptivo del cuidado

Reinterpretar el cuidado como una intervención disruptiva es involucrarse en la materiación de mundos. Encuentro que las cuestiones temporales en las relaciones entre humanos y suelos son un terreno esclarecedor para abordar las complejas ambivalencias de las redes vivas del cuidado en los mundos más que humanos de la tecnociencia y las naturoculturas. Me siento inclinada a pensar en el tiempo del cuidado como aquello que cohabita, pero permanece imperceptible desde la perspectiva de la ciencia anticipatoria-futurista. Este libro concluye abordando el tiempo del cuidado como algo disruptivo, con la esperanza de abrir posibilidades para pensar el cuidado en mundos que ignoran su potencial transformador.

He abordado el cuidado en términos genéricos como un hacer que siempre es específico —una forma de cuidado no es necesariamente transferible a otro lugar—. Los debates materialistas feministas sobre la experiencia de los cuidados como organismos socialmente encarnados han sido cruciales para esta comprensión. Las personas se ven «obligadas» a cuidar en prácticas y acuerdos relacionales reales, en limitaciones materiales desordenadas más que a través de disposiciones morales. La pregunta abierta *¿cómo cuidar?* —que planteé en el capítulo 1 como premisa para debates específicos sobre el cuidado— fundamenta la ética de los cuidados en situación. Esta pregunta sigue siendo una cuestión muy problemática que implica desentrañar lo que se hace realmente en nombre del cuidado, por muy buenas que sean las intenciones. El cuidado no solo es político, desordenado y sucio; es una trampa para much*s, también en la tecnociencia. Pero preguntarse *cómo cuidar* es una incógnita abierta sobre el significado ético-político de los haceres del cuidado como obligación inmanente. Así, mientras que una postura crítica puede llamar la atención sobre cuestiones como quién cuida de quién, qué formas de cuidado se priorizan a expensas de otros, una política de pensamiento especulativo también es un compromiso para buscar qué otros mundos podrían crearse a través del cuidado, sin dejar de lado el problema de nuestras propias complicidades e implicaciones. Las visiones feministas del cuidado hacen hincapié en el significado ético-político de las acciones de cuidado que constituyen el sustrato de la vida cotidiana, no como un ámbito acogedor y *separado* en el que pueden prosperar relaciones «agradables». El pensamiento no inocente reside en el inevitable entrelazamiento entre la postura crítica y la especulativa: no existe una posición desde la que pretender tener la respuesta de lo que significa, o no, el cuidado en la medida de lo posible. Y que no exista tal posición exterior también significa que nuestras implicaciones tienen efectos. Manteniéndose dentro de esta postura inestable, este libro ha propuesto, sin embargo, que prestar atención a los mundos del cuidado, manteniendo unida una pluralidad de significados ontológicos —hacer/trabajar, afectos/sentimientos y ética/

política— es una forma disruptiva y esperanzadora de implicarse con las eticidades vivas y consecuentes que se están reconfigurando drásticamente en los mundos más que humanos de la tecnociencia.

Por ello, observar las relaciones entre el ser humano y el suelo a través de las articulaciones de la temporalidad y el cuidado expone críticamente la priorización de la futuridad tecnocientífica antropocéntrica y hace visibles paisajes temporales alternativos *coexistentes,* que posiblemente enriquecen las imaginaciones temporales. Permeadas por el estatus ancestral del suelo como recurso, como receptáculo de cultivos, y por una temporalidad sometida al aumento del rendimiento, las relaciones productivistas con el suelo siguen siendo predominantes, por lo que es probable que la intensificación agrícola y el aumento de la fertilización química sean las respuestas inmediatas de la agroindustria y de los políticos a las futuras alarmas sobre la seguridad alimentaria. He hecho hincapié en los cuestionamientos al tratamiento dominante de los suelos desde adentro: desde las tensiones en la ciencia del suelo en torno al imperativo del progreso, hasta el alejamiento del productivismo hacia concepciones del suelo como algo vivo, y las prácticas correlacionadas de implicación con el suelo como una red trófica de la que los seres humanos forman parte. Estas inmersiones en los tiempos del suelo no existen en una temporalidad no contaminada que se sitúe como alternativa al margen de la crisis actual. Las experiencias de intensificación del tiempo del cuidado podrían interrumpir el impulso futurista, pero no están desvinculadas del tiempo tecnocientífico. Aprendí a apreciar esto a través del trabajo etnográfico de Chris Kortright sobre la investigación del arroz transgénico. Kortright muestra cómo existen formas de trabajo de cuidado creativo e intenso en las prácticas científicas que trabajan en el desarrollo de plantas de arroz transgénico destinadas a servir a una segunda revolución verde, modificada genéticamente[585]. Si bien este es otro contexto que aboga por una ampliación de los marcos —¿*para qué se está haciendo el cuidado?*—, también muestra que el cuidado más que humano no existe en un espacio temporal alternativo, ya que ser «cuidado» de una forma u otra es una condición para todos los seres que viven en la actual red desigual y asimétrica de interdependencias más que humanas. Podríamos incluso argumentar, siguiendo a Dimitris Papadopoulos, que las prácticas que he abordado en estos dos últimos capítulos son también tecnocientíficas, creando ontologías alternativas desde dentro de este paisaje temporal[586]. Y así, la pregunta sobre en qué mundos llegará a inscribirse (nuestro) cuidado para sostenerlos se vuelve aún más urgente.

El cuidado es un hacer cotidiano necesario, y como tal conlleva un carácter imperativo que puede convertirse en la justificación moralista bajo la cual circulan y se justifican los regímenes de poder y control. El trabajo feminista ha analizado y cuestionado las formas en que las necesidades cotidianas del cuidado se convirtieron en una carga asumida en gran medida por las mujeres. Como ya se ha señalado, esta crítica fundamenta la relevancia ético-política de cuestiones eco-éticas como: ¿quién proporciona el «servicio» ecosistémico y para quién? Y, sin embargo, la atención crítica a las discrepancias en

---

[585] Kortright, «On Labor and Creative Transformations in the Experimental Fields of the Philippines».

[586] Papadopoulos, «Politics of Matter».

los haceres cotidianos del cuidado también hace visibles ecologías afectivas alternativas y tráficos encarnados, escalas temporales desajustadas y una gran cantidad de trabajo de resistencia en juego en el intento de sostener lo mejor posible relaciones interdependientes en mundos que privilegian la autonomía y la autosuficiencia. Enfatizando estas alternativas, pensar con cuidado interviene en la materiación de mundos. En este sentido, expongo a continuación tensiones y transformaciones percibidas en paisajes temporales alternativos del cuidado del suelo que podrían estar reformulando desde adentro las nociones predominantes de futuridad e innovación. Estoy interpretando formas de hacer tiempo para el suelo como «tiempo del cuidado» que se hace irrelevante desde la perspectiva de la futuridad orientada al progreso, productivista e inquieta que he identificado anteriormente como el paisaje temporal tecnocientífico predominante a nivel epocal, práctico y encarnado.

Empezando con el tiempo encarnado: centrarse en el cuidado pone de manifiesto las implicaciones materiales y afectivas que están en juego a la hora de mantener y fomentar las relaciones interdependientes entre los humanos y el suelo. Esto incluye ajustes de acuerdo con los ciclos, articulando futuro y pasado en un tiempo incrustado en el presente, así como diferentes escalas temporales ecológicas. Las antropologías feministas de las prácticas de cuidado pueden apoyar esta observación, ya que exponen las labores de mantenimiento mundano de todos los días, el trabajo repetitivo que requiere regularidad y reiteración de tareas[587]. Cualquier persona

---

[587] Mol, *The Logic of Care;* Mol, Moser y Pols, *Care in Practice;* Singleton y Law, *«Devices as Rituals».*

que haya estado implicada en el cuidado de niñ*s, mascotas, parientes ancianos, un huerto, células en una placa de Petri, sabe que el trabajo de cuidado lleva tiempo e implica un tipo particular y para nada excepcional de *hacer tiempo*. Requiere tener que ocuparse de las tareas materiales de mantenimiento necesarias que absorben tiempo, pero que fundamentan la posibilidad cotidiana de vivir lo mejor posible, ya sea limpiar vómitos o cavar zanjas. Desde el punto de vista afectivo, este aspecto del tiempo del cuidado puede ser agradable, pero también muy agotador, ya que implica estar pendiente y ajustarse a las exigencias temporales de quien recibe el cuidado. Desde el punto de vista ético y político, este trabajo sigue estando desatendido y recibe uno de los salarios más bajos, incluso dentro de regímenes sociotécnicos que someten a l*s cuidador*s a una gran presión moral debido a la importancia económica de su trabajo.

El tiempo del cuidado no consiste en armonizar tiempos dislocados. Siguiendo el significado intrínsecamente relacional del cuidado abordado en el capítulo 3, el cuidado, como concomitante a heterogeneidades complejas, no puede ser holístico en el sentido de pretender recuperar «un sentido de unidad». Va en la dirección opuesta, ya que requiere «una comprensión *de las dificultades reales en el camino de fomentar el crecimiento de relaciones de cuidado concretas, multifacéticas,* entre individuos, sociedades y seres no humanos y sistemas en los que viven»[588]. Además, la diversidad temporal es crucial en los ajustes y reajustes de las implicaciones intensificadas, porque una forma de cuidado no funciona necesariamente en un

---

[588] Roger J. H. King, «Caring about Nature. Feminist Ethics and the Environment», *Hypatia. A Journal of Feminist Philosophy,* 6, (1), 1991, 80.

esquema diferente, y tendrá que reajustarse a medida que evolucione la relación —por ejemplo, distintos tipos de suelo necesitarán cuidados diferentes, incluso el mismo suelo en distintas épocas del año—. Dada la reticente diversidad de los suelos, lo inesperado y lo indeterminado forman parte del trabajo de cuidado porque están en juego relaciones específicas y, por lo tanto, necesitan una buena cantidad de «retoques»[589]. Pero también es cierto que el cuidado específico mejora cuando se vuelve a hacer, en las particularidades de una relación de conocimiento que se densifica a medida que avanza y que *se implica*. He señalado antes cómo la temporalidad futura, urgente, veloz, suspende y comprime el presente. Podría pensarse que el tiempo del cuidado suspende el futuro y distiende el presente, espesándolo con una miríada de demandas multilaterales. Sería un error depurar el tiempo del cuidado separándolo de otras escalas temporales; por ejemplo, es mi anhelo ver a mi hijo crecer en el futuro, y estos pensamientos también se ven afectados por un sentido de mortalidad, miedos y posibles ansiedades, y por supuesto por el peso de los presentes que pasan y las lecciones de cuidado que estamos repitiendo, recreando. El tiempo del cuidado no es un «aprovéchalo mientras puedas *ahora»,* que ignora el futuro y borra el pasado. Pero incluso cuando uno cuida de personas moribundas, con esperanza y anticipación ansiosa, incluso cuando el cuidado se ve obligado por la urgencia de disfrutar del presente fugaz, cargado de arrepentimientos y alegrías pasadas y del peso de las experiencias acumuladas, se requiere una cierta suspensión de los sentimientos de emergencia, miedo y proyecciones futuras —y de los

---

[589] Mol, Moser y Pols, *Care in Practice.*

pasados pesados— para centrar la atención en el cuidado. En particular, con respecto a la futuridad ansiosa, los sentimientos de emergencia y miedo, así como las proyecciones temporales, a menudo deben dejarse de lado para centrarse y seguir adelante con las tareas necesarias para el mantenimiento cotidiano del cuidado. Sin este modo de atención, el cuidado sería una carga imposible, siempre al borde de la ruptura.

Volviendo al cuidado del suelo, aunque la probabilidad y la repetición de los ciclos ecológicos coexisten con la incertidumbre y la inquietud ante acontecimientos futuros inesperados —basta con pensar en el tiempo, las plagas, las catástrofes y el cambio climático—, cierta repetitividad esperada —basada en la confianza de la continuidad de los procesos vitales relativos— forma parte de las relaciones ecológicas de cuidado. Cuidarse, incluso de lo inesperado, sigue siendo una obligación inmanente e inevitable para quienes viven en redes más que humanas. Del mismo modo, las relaciones de cuidado se hacen más difíciles cuando estamos sometid*s a las presiones de la gestión y las limitaciones de tiempo orientadas a la producción. Las personas cuidadoras remuneradas y no remuneradas a menudo no piden tanto que se les pague, o que se les pague más, sino que se les otorgue más tiempo para cuidar bien[590]. La atención asistencial requiere una cierta abstracción de la discontinuidad del tiempo y la compresión del presente que caracteriza a la tecnociencia preventiva. El *ethos* arriesgado de la prometedora y ansiosa tecnociencia futurista oculta la calidad y la persistencia de estas

---

[590] Amanda Ehrenstein, «Social Relationality and Affective Experience in Precarious Labour Conditions. A Study of Young Immaterial Workers in the Art Industries in Cardiff», *School of Social Sciences,* 2006.

acciones cotidianas. No se trata de promover una noción conservadora del tiempo; llamar la atención sobre esta escala temporal es más bien un rechazo del binario que la descarta con respecto no solo a las concepciones del tiempo lineales y previsibles desde el punto de vista de la gestión, sino también a su contrapartida posmoderna: la consagración de la incertidumbre. Observando la idealización del abismo de futuridades inciertas y de posibilidad desde la perspectiva del tiempo del cuidado, podemos preguntarnos si esta visión heroica del futuro —expectativa o fatalidad— solo puede llegar a ser dominante para aquell*s de cuyas infraestructuras vitales se ocupan otr*s.

El tiempo del cuidado también es indivisible del tiempo productivista. Desde la perspectiva dominante de la innovación tecnocientífica, la productividad persigue la contribución económica de las prácticas mediante la «transformación de materiales de un estado menos valorado a otro *más valorado*»[591]. Los enfoques feministas del cuidado han mostrado cómo el trabajo de reproducción y mantenimiento de la vida se ha considerado tradicionalmente marginal al trabajo de la creación del valor, identificado con la perpetuación personal y biológica —más cercana a nuestra «animalidad»—. Este proceso puede leerse desde una perspectiva temporal en la medida en que todas las esferas de la práctica son colonizadas por la lógica productivista; el tiempo del cuidado es devaluado como «improductivo»[592] o «meramente» reproductivo. Esto parece particularmente importante para el tiempo entrelazado con la reproducción y el mantenimiento de la vida ecológica. Contribuyendo a pensar los significados

---

[591] Thompson, *The Spirit of the Soil,* 11.

[592] Barbara Adam, *Time. Key Concepts,* Cambridge: Polity 2004, 127.

políticos, económicos y sociales del cuidado, la filósofa ecofeminista Mary Mellor articuló perspicazmente un enfoque del tiempo que hace hincapié en la importancia del «tiempo biológico» con respecto al tiempo de producción. El tiempo biológico representa para Mellor los ciclos del cuerpo humano, las necesidades diarias —sueño, alimentación, excreción, cobijo y vestido— de la salud y el ciclo vital. Junto con el «tiempo emocional», es el tiempo que tod*s necesitamos, y aunque parte de él lo asumen las instituciones sociales y el trabajo mal pagado, el sustrato de estas actividades sigue dependiendo del mundo «privado», de lo que ella llama un «altruismo inmediato» impuesto de forma abrumadora a las mujeres. Basándose en las críticas feministas a esta división, Mellor argumenta que el mundo de la producción como tiempo «acelerado» solo es posible porque algunos, aunque dominantes, son capaces de ignorar la integración biológica y ecológica del tiempo a expensas de las mujeres y otr*s cuidador*s, así como de las ecologías más amplias. El tiempo productivista puede aparecer como un paisaje temporal separado «en el que la gente no tiene que lavar la ropa en agua llena de aguas residuales o sin tener que caminar kilómetros para encontrar agua limpia, forraje fresco o leña. En el que la gente no tiene que luchar con pesadas bolsas de la compra y niños pequeños en cochecitos para subir y bajar de los autobuses o atravesar peligrosas carreteras para llegar a la escuela. Se trata de un mundo en el que no se camina al ritmo del niño que empieza a andar o del anciano con enfisema». Idealizar el tiempo del cuidado seguiría reforzando esta división tradicional de género. Mellor señala esto al criticar las utopías verdes basadas en la esperanza de que «tod*s» nos liberemos de las cargas del productivismo, un mundo basado en la artesanía y las tecnologías a pequeña escala. Estas utopías a menudo no piensan en otros trabajos que hay que hacer, pero que quedan relegados o son invisibles para el productivismo. Para Mellor, este paisaje temporal sigue siendo el eslabón perdido entre la «locura de la alta velocidad» y la «velocidad de la sostenibilidad»[593]. Pensando con el tiempo del cuidado, continúo las reflexiones de una crítica que ya es clásica, pero cuyo potencial transformador permanece. Dentro de los paisajes temporales productivistas aún predominantes, una política del cuidado expone la importancia del trabajo de cuidado para crear mundos habitables y llenos de vida. Al referirme al «tiempo del cuidado», enfatizo la afectividad y la ética que están en juego en las acciones que sostienen la vida en todas sus esferas, no solo en las que tradicionalmente se consideran trabajo de cuidados. Desde la perspectiva del productivismo, el tiempo consagrado a la reproducción, mantenimiento y reparación de la vida ecológica del suelo, así como a entablar relaciones afectivas con el suelo, es tiempo derrochado.

Otro aspecto importante de este compromiso es la resistencia a la reducción del trabajo de cuidado a los términos económicos tradicionales[594]. Valorar los cuidados según estándares de «eficiencia» transforma su práctica en una «conducta» gestionada que hay que controlar[595]. Por eso, en contextos de control gerencial que subestiman el valor del cuidado e incluso penalizan su práctica, los actos de cuidado pueden incluso ser considerados como

---

[593] *Ibid.*, 261.

[594] Rose, *Love, Power, and Knowledge.*

[595] Latimer, *The Conduct of Care.*

una especie de resistencia[596]. Aunque esto no quiere decir que las temporalidades del productivismo y del cuidado no coexistan y se capturen mutuamente. Como he mostrado antes en relación con la ecología contemporánea del suelo y los modelos alternativos del suelo vivo, mantener la propia productividad del suelo es un buen argumento para rechazar la intensificación y permitir su renovación. Se podría incluso pensar que el propio énfasis en crear relación, la esencia ética de la ontología relacional, está de alguna manera impulsado por el productivismo, como sugiere provocativamente Kathryn Yussof[597]. Reconocer la persistencia del productivismo dentro de las nociones alternativas del cuidado del suelo al tiempo que se insiste en las fricciones temporales que lo interrumpen hace que estas alternativas se comuniquen desde dentro de lo hegemónico. En lugar de centrarse en demostrar el valor productivo o económico de las actividades de cuidado, en lugar de afirmar el cuidado como un mundo ideal separado, y en lugar de rechazar el cuidado como inevitablemente implicado, afirmar la importancia del tiempo del cuidado llama la atención sobre, y hace tiempo para, una serie de prácticas y experiencias vitales que siguen siendo rebajadas, o aplastadas, o simplemente no mensurables en el *ethos* productivista tal y como lo conocemos, y dentro de los paisajes temporales progresistas de futuridad ansiosa. Como compromiso especulativo, pensar-con cuidado es una obligación contingente al paisaje temporal dominante en el que se sostiene la «resistencia ética de l*s otr*s sin poder», al cuidar de aquellos —humanos y no humanos— más vulnerables bajo los acuerdos basados en el productivismo.

---

[596] Singleton y Law, «Devices as Rituals».

[597] Yusoff, «Insensible Worlds».

Por último, quizá lo más disruptivo de las formas de dedicar tiempo al suelo que he explorado es cómo transgreden el imperativo progresivo, el mandamiento «No retrocederás» de la ciencia moderna[598] que sigue alimentando el credo de «innovar o perecer». De hecho, el modo implícito de futuridad progresiva y lineal en las concepciones habituales de la innovación difícilmente podría reconocer estas reconfiguraciones del cuidado del suelo. Por eso, como señaló Jackson, poner en primer plano la importancia del cuidado, el mantenimiento y la reparación para el propio sostenimiento material del mundo es un paso para desafiar los ideales teleológicos, progresistas y brillantes de la innovación. Por tanto, lo irreducible del tiempo del cuidado a objetivos productivos también podría contribuir a revelar el valor sobreestimado del imaginario productivista en la innovación[599]. No es posible ningún resultado, ningún crecimiento hacia el futuro, ninguna innovación, sin un compromiso con el cuidado diario.

Al centrarse en la importancia del mantenimiento y la reparación en la tecnociencia, Steven Jackson hace un llamamiento para interrumpir los imaginarios de la tecnología que «sitúan la innovación, con su posición indiscutible, su distinción cultural y su valor económico, en la cima de algún cambio o proceso, mientras que la reparación [como forma de cuidado] se encuentra en otro lugar: más abajo, más tarde o después de la innovación en proceso y valor»[600]. Mi enfoque del tiempo del cuidado como algo problemático y a la vez coexistente con

---

[598] Isabelle Stengers, «Reclaiming Animism», *e-flux,* 36, 2012.

[599] Lucy Suchman y Libby Bishop. «Problematizing "Innovation" as a Critical Project», *Technology Analysis & Strategic Management,* 12 (3), 2000, 327-333.

[600] Jackson, «Rethinking Repair», 227.

temporalidades futuristas es afín al diagnóstico de Jackson sobre la conexión intrínseca entre las nociones dominantes de innovación y productivismo. Jackson llama la atención sobre los mundos poco sofisticados del mantenimiento y la reparación, que considera el trabajo necesario para evitar o afrontar el colapso de las tecnologías de la información y otros esfuerzos por sostener el mundo de las cosas. Habla de una relación con la tecnología que no es solo «funcional» sino «moral»[601], una «relación muy antigua pero rutinariamente olvidada de los seres humanos con las cosas del mundo: concretamente, una ética del cuidado y la responsabilidad mutuos».

Su alegato es en favor de admitir «una posibilidad negada u olvidada tanto por el crudo funcionalismo del campo de la tecnología como por una ética más tradicionalmente humanista»[602], y por ello ofrece una propuesta que reconoce como «peliaguda»:

> ¿Es posible amar, y amar profundamente, un mundo de cosas? ¿Podemos mantener una relación ética, incluso moral, con categorías de objetos relegadas durante mucho tiempo a un ámbito de funcionalismo simplista —un error que muchos de los lenguajes dominantes de la investigación y el diseño tecnológicos ("usabilidad", "asequibilidad", etc.) tienden a reificar—? ¿Y si pudiéramos construir formas nuevas y diferentes de solidaridad con nuestros objetos —y ellos con nosotros—? ¿Y si, bajo las narices de la erudición, esto es lo que hacemos todos los días?[603]

La propuesta de Jackson mantiene unidos el cuidado como mantenimiento y el cuidado como relación afectiva, y nos

---

[601] *Ibid.*, 230.

[602] *Ibid.*, 231.

[603] *Ibid.*, 232.

devuelve a una política de cuidado de las «cosas» desatendidas, de la que hablé al principio del libro. Planteo estas cuestiones aquí por su relevancia para una alterbiopolítica de las relaciones naturoculturales en la tecnociencia, para el trabajo de reparación y mantenimiento que implica el cuidado en una época de dificultades ecológicas, en la que el funcionalismo y el uso, como hemos visto con la noción de servicios ecosistémicos, siguen siendo fuertes. Jackson considera que su propuesta es «peliaguda» por las posibilidades de caer en la «nostalgia» y el «heroísmo» que reconoce como desafíos para el pensamiento progresista[604]. Estos, añadiría yo, se hacen aún más peliagudos por el legado que el pensamiento crítico progresista comparte con la temporalidad de la futuridad: un temor al atraso que contribuye al uso casi únicamente acusatorio de la «nostalgia». Y, lo que es más importante, como trataré más adelante, debido a la carga de antropomorfismo que pesa sobre los intentos de concebir las agencias éticas de seres otros-que-humanos.

La carga del atraso es una herencia pesada. Ya he mencionado antes cómo el hecho de restar importancia a los métodos sofisticados confiere a los análisis de suelo caseros un aura anacrónica. El mero uso del término «involución» en lugar de «evolución» en la noción de «impulso involutivo» parece traer consigo connotaciones de regresión. Hablar de formar parte de la comunidad del suelo parece acercarse al comúnmente depreciado discurso espiritual acientífico[605]. De todos modos, ¿quién tiene tiempo hoy en día para una observación reflexiva y prolongada? A quienes ofrezcan

---

[604] *Ibid.,* 233.

[605] Puig de la Bellacasa, «Pensamiento ecológico, espiritualidad material y poética de las infraestructuras».

tales modos de cuidado se les pedirá que *demuestren* que no son nostálgicos de un pasado idealizado de conexiones inmediatas con la naturaleza.[606] Y, de hecho, las reacciones comunes a los puntos de vista antiproductivistas sobre la tecnología apuntan a su irrelevancia o inviabilidad —léase falta de rentabilidad— para resistir los importantes desafíos a los que se enfrentan las sociedades actuales: no poder «alimentar» al mundo. Entonces, ¿de qué tipo de ciencia y tecnología podrían hablar los modos de tiempo del cuidado ecológico «improductivos»? ¿Y cuál es su relación con la futuridad y la innovación?

Las líneas de tiempo de innovación productivista tradicionales no pueden dar cuenta de estas reconfiguraciones del cuidado del suelo. Algunas de estas concepciones son profundamente inoportunas, porque recurren a formas innovadoras de conocimiento que al espíritu progresista le parecerán inevitablemente retrógradas o precientíficas.

---

[606] Paul Kingsnorth tiene una opinión interesante sobre la nostalgia que apunta a las implicaciones de esta objeción común. En *Dark Ecology* [ecología oscura], afirma: «Los críticos de ese libro lo calificaron de nostálgico y conservador, como hacen con todos los libros similares. Confundían el deseo de autonomía a escala humana, y del carácter independiente, la peculiaridad, el desorden y la creatividad que suelen derivarse de ello, con el deseo de retroceder a una imaginaria «edad de oro». Es una crítica habitual, perezosa y aburrida. Hoy en día, cuando me enfrento a este tipo de críticas, me gusta citar a E. F. Chumacher, que respondió a la acusación de ser un «manivela» diciendo: «Una manivela es un dispositivo muy elegante. Es pequeña, fuerte, ligera, eficiente energéticamente y hace revoluciones». Sin embargo, para ser sincero, tengo que admitir que los críticos pueden haber dado en el clavo en un sentido. Si quieres vivir a escala humana, sin duda tienes que mirar hacia atrás. Si hubo una época de autonomía humana, me parece que probablemente haya quedado atrás. Desde luego, no está por delante, o no por mucho tiempo; a menos que cambiemos de rumbo, cosa que no damos muestras de querer hacer». Disponible en línea en https://orionmagazine.org/article/dark-ecology. Agradezco a Nic Beuret por haberme llamado la atención sobre este artículo.

No obstante, l*s profesionales de la permacultura y la agroecología que utilizan técnicas de cuidado del suelo respetuosas con la red trófica las describen como innovaciones, al tiempo que explican que algunas de las «nuevas» tecnologías aplicadas podrían tener mil años de antigüedad, a veces integrando técnicas de cosmologías indígenas contemporáneas que reivindican su ancestralidad. Este bricolaje temporal no está completamente ausente de la ciencia contemporánea, como afirma este científico del suelo: «La sabiduría ancestral y el conocimiento técnico indígena sobre los beneficios del abono, la labranza reducida, la agricultura de conservación y otras prácticas abandonadas en el camino, necesitan ser reaprendidas»[607]. Las «nuevas» prácticas recomendadas por instituciones como el Departamento de Agricultura de los Estados Unidos siguen patrones similares de recreación de viejas técnicas[608]. Estos reaprendizajes mixtos no pueden entenderse si los reducimos a un retorno nostálgico a un paisaje preindustrial o a uno que ignora las prácticas preindustriales insostenibles del suelo. Estas intervenciones pueden interpretarse como innovadoras con respecto al actual paisaje temporal dominante si se consideran inoportunas. Traen las acciones del pasado a un contexto en el que *se convierten en algo nuevo;* son innovadoras *en* la situación actual. La reconfiguración de las relaciones entre el ser humano y el suelo para l*s hereder*s de las revoluciones industriales es única en una época y un paisaje temporal en el que la recreación de la

---

[607] D. L. N. Rao, «Maintaining the soil ecosystems of the future», en Hartemink, *The Future of Soil Science,* 116.

[608] Véase la nota en este mismo capítulo sobre los Servicios de Conservación de Recursos Naturales del Departamento de Agricultura de Estados Unidos.

tradición ecológica se enfrenta a un colapso global: una situación que está poniendo a prueba el productivismo, mostrando sus límites para proporcionar condiciones de vida *tan buenas como sea posible,* y que requiere que los humanos se reconfiguren a sí mismos, de consumidores de suelo a miembros de la comunidad del suelo.

Otra lectura menos despectiva de estas reorientaciones temporales sería considerar estas formas de compromiso como un rechazo a la movilización tecnocientífica que fomenta la «ralentización»[609], en este caso, del ritmo de apropiación productivista de la vida del suelo como recurso. Sin embargo, la calificación de «lento» podría ser engañosa. Abogar por la lentitud como tiempo de una calidad diferente frente a la velocidad de la innovación y el crecimiento en la tecnociencia no cuestiona necesariamente la dirección progresiva de la línea temporal dominante, como hacen estos enfoques al operar de forma diferente dentro de la tecnociencia.[610] Los movimientos transformadores en la implicación de seres humanos y suelos que he abordado requieren hacer tiempo para los tiempos del suelo. El cuidado comprometido con el suelo plantea cuestiones relativas a encuentros relacionales entre líneas temporales coexistentes que afectan las nociones de futuro de la tecnociencia. En estas temporalidades del

---

[609] Stengers, «The Cosmopolitical Proposal».

[610] Véase, por ejemplo, el *Manifiesto por una ciencia lenta:* «No nos malinterpreten: decimos sí a la ciencia acelerada de principios del siglo XXI [...] Sin embargo, sostenemos que esto no puede ser todo. La ciencia necesita tiempo para leer, y tiempo para fracasar [...] no siempre sabe en qué punto se encuentra ahora mismo [...] se desarrolla de forma inestable, con movimientos bruscos y saltos impredecibles hacia adelante, pero al mismo tiempo se arrastra en una escala temporal muy lenta, para la que debe haber espacio y a la que debe hacerse justicia» http://slow-science.org.

cuidado ecológico, el crecimiento no es necesariamente exponencial, ni extensivo. No solo porque el crecimiento ecológico implica ciclos de vida y muerte, sino también porque lo que hace que una ecología sea viva se manifiesta en la intensificación y la abundancia de las implicaciones entre sus miembros. Concebido como tal, el tiempo del suelo no es «uno»; expone velocidades varias de crecimiento que se vuelven ecológicamente significativas entre sí. De hecho, si pensamos en el tiempo desde la perspectiva de las comunidades de lombrices de tierra, la fertilización artificial de los suelos destinada a acelerar el rendimiento supondría una ralentización del desarrollo de las lombrices y otras comunidades esenciales del suelo; mientras tanto, las intervenciones que se ajustan al ritmo de las capacidades reproductivas de las comunidades del suelo fomentan la proliferación y prosperidad de sus hábitats. Lo que parece lento o atrasado cuando se vive de acuerdo con la cronología o escala de tiempo humana puede tener un sentido diferente en otra[611].

Y así, este viaje especulativo a las agencias de cuidados en relaciones más que humanas acaba uniéndose a las llamadas al descentramiento de las temporalidades unilineales, antropocéntricas, con el fin de hacer tiempo para una multiplicidad de otros. Esto se acerca a los requisitos temporales para concebir la naturaleza en la «voz activa»[612]. Michelle Bastian muestra cómo las posibilidades de atribuir una agencia significativa a los no humanos se ven obstaculizadas por una concepción lineal dominante del tiempo para la que el cambio y la innovación solo se consideran posibles para las acciones

[611] Schrader, «Responding to *Pfiesteria piscicida* (the Fish Killer)».
[612] Plumwood, «Nature as Agency and the Prospects for a Progressive Naturalism».

humanas individuales autodirigidas que *rompen* con el pasado, pero permanecen dentro de una lógica de producción que requiere el control humano. Con Plumwood, Bastian critica esta idea y aboga por sacar a la luz los cambios inesperados, los acontecimientos, provocadas por otras agencias creativas otras-que-humanas. Curiosamente, este viaje al tiempo del cuidado se encuentra con diversas temporalidades por un camino diferente: no tanto el de la valoración de los acontecimientos otros-que-humanos y las rupturas creativas y, como muestra Bastian, el de la interrupción de la visión antropocéntrica dominante de la innovación, sino al enfatizar los sucesos cotidianos y sin acontecimientos significativos como transformadores. Pero, aunque los caminos sean distintos, coinciden en afirmar lo que los dualismos actuales del futuro tecnocientífico tienden a invisibilizar: la combinación de escalas temporales, de lo ordinario y lo azaroso, de lo llamado reproductivo y lo productivo. En palabras de Bastian: «Es precisamente la repetición necesaria para la reproducción lo que abre a todos los organismos vivos a la posibilidad siempre presente de que puedan reproducirse de formas tanto involuntarias como inesperadas [...]. [La] posibilidad misma de que lo extraordinario surja de lo ordinario»[613]. Por lo tanto, argumentar a favor de una disrupción del tiempo futurista mediante la creación de un tiempo del cuidado no es tanto una ralentización del «tiempo» ni una reorientación de las líneas temporales, sino una invitación a reorganizar y reequilibrar las relaciones entre una diversidad de temporalidades coexistentes que habitan los mundos del suelo y otras ecologías interdependientes.

Es por ello por lo que una política de cuidado del suelo que insista en perpetuar, mantener e intensificar la vida

---

[613] Bastian, «Inventing Nature», 46-47.

de los ciclos existentes implica una postura ético-política sobre cómo la innovación tecnocientífica impulsada por la intensificación de la producción y la extensión de las redes afecta las relaciones de cuidado de forma más amplia. Como advierten repetidamente las alarmas actuales sobre el futuro de los suelos, las redes que consiguen alinear diversos tiempos en la linealidad de la producción ponen en peligro la existencia misma de un suelo vivo y de las especies que dependen de él. En lugar de alinear el tiempo del cuidado para que sea viable dentro de la línea temporal dominante —es decir, para que sea productivo—, la carga de la prueba se inclina hacia las formas actuales de vivir en la futuridad. ¿Cómo puede la futuridad tecnocientífica convivir ecológicamente con las líneas temporales del cuidado? ¿Cómo pueden contribuir las ciencias y las tecnologías a fomentar las condiciones de eticidad material y afectiva esenciales para las redes vivas del cuidado? Estas podrían ser preguntas relevantes para trastocar la futuridad tecnocientífica. Los imaginarios temporales que hacen tiempo para el cuidado contribuyen a promulgar una multiplicidad de temporalidades interdependientes, fomentando alternativas que desafían el predominio de paisajes temporales antiecológicos.

Coda

A lo largo de este libro he vuelto, como un refrán tranquilizador, a la definición genérica de cuidados de Tronto. También la he incluido en las discusiones sobre los mundos y las agencias más que humanas. Tronto afirma que el cuidado incluye «todo lo que *nosotros* hacemos para mantener, continuar y reparar *"nuestro* mundo"» — nuestros cuerpos, *nosotr*s mism*s* y nuestro entorno— «para que podamos vivir en él tan bien como sea posible en una compleja red que sostiene la vida». He intentado cuidadosamente descentrar el «nosotr*s» y el «nuestro» que colocan la agencia humana como punto de partida del cuidado, prolongando la problematización constante que las ontologías relacionales hacen de cualquier pretensión de centralidad. He intentado mostrar formas en las que comprometerse especulativamente con una política del cuidado podrían desplazar aún más los significados de la ética para responder a la ruptura de las barreras humanistas modernas. Cabe esperar que este modo de atención a una red que sostiene la vida más allá de lo humano contribuya a los esfuerzos del pensamiento posthumanista crítico por descentralizar la ética antropocéntrica, sin por ello eximir a los humanos de las respons-habilidades ético-políticas específicas y situadas[614] necesarias para transformar las relaciones de explotación del antropocentrismo y el excepcionalismo humano. También es de esperar que pensar-desde los universos del cuidado cotidiano ayude a interrumpir la historia dualista de todos los humanos *versus* todos los no humanos, que oculta formas menos perceptibles en las que se

---

[614] Haraway, *When Species Meet;* Wolfe, *What Is Posthumanism?*

hacen posibles las relaciones posthumanistas insurgen-tes[615]. De igual modo, me he ocupado de las ambivalen-cias del cuidado, conectando intervenciones que suscitan su complejidad y sus dimensiones a menudo conflictivas. Una noción genérica del cuidado, así como una postura política que vincula el trabajo de mantenimiento, la afec-tividad y la ética, fueron mi punto de partida para pensar de forma no contradictoria las tensiones entre descentrar las agencias humanas y conservar las obligaciones éti-cas específicas. A su vez, los significados del cuidado se densifican a medida que se desplazan para implicarse en relaciones más que humanas.

Y, sin embargo, al unirme a estas voces esclarecedoras, todavía no he abordado del todo la objeción esperada de caer en el antropomorfismo al pensar en el cuidado como una red de eticidad que circula a través de agencias que implican a seres otros-que-humanos. He intentado mantenerme cerca de la red más que humana —es decir, de las relaciones en las que los humanos están involucrados— en lugar de aven-turarme a hablar por terrenos de existencia exclusivamente otros-que-humanos. Sin embargo, es cierto que he aludido al cuidado que proviene de otros-que-humanos. Pero ¿es posible que pensar de esta manera en la eticidad del cuida-do sea algo más que otro engaño antropomórfico, incluso otra forma de antropocentrismo? O, al menos, ¿no debería seguir mis propias dudas sobre los riesgos de apropiarme de las experiencias de otros y negarme a proyectar ideas de cuidado de origen humano en seres otros-que-humanos? Dado que la ética sigue siendo un concepto humano, ¿basta con conceptualizar las relaciones de eticidad más que huma-nas al desvincular la ética de la intencionalidad individual

---

[615] Papadopoulos, «Insurgent Posthumanism».

autorreflexiva para abordar este problema? Insistir, como he hecho, en cómo los otros-que-humanos «cuidan» de la red más que humana, ¿es algo más que una metáfora esperanzada? ¿Puede haber reciprocidad en el cuidado afectivo, por asimétrico que sea, con los seres del suelo? No tengo respuestas explicativas a tales preguntas. Más bien, como anuncié en la introducción, si pensar-con cuidado en mundos más que humanos me llevó a una inmersión en un terreno concreto de prácticas de cuidado —las relaciones ecológicas entre humanos y suelos— precisamente este terreno es el que requirió el pensamiento más especulativo, un pensamiento que intento reconstruir como conclusión tentativa y provisional de este viaje.

En la introducción, anuncié que pensaría con una noción tríptica del cuidado que involucra acciones de mantenimiento, relaciones afectivas y eticidad, así como compromiso político. El pensamiento disruptivo del cuidado permanece en tensión en la interacción desigual de estas características. Aunque podría ser más fácil pasar por alto la antropomorfización de los trabajadores del suelo, es decir, el mantenimiento de las labores biológicas como una forma de expresar que las lombrices «hacen» algún tipo de trabajo de cuidado, es (muy probablemente) cierto que, *afectivamente* hablando, las lombrices, los nematodos, los microbios y otros habitantes del suelo no se preocupan por nosotros los humanos[616].

---

[616] Tengo que agradecer a Myra Hird por plantear la pregunta durante los debates del taller «The Politics of Care in Technoscience» [Las políticas del cuidado en la tecnociencia], Universidad de York, Toronto, mayo de 2013. El trabajo de Hird arroja luz sobre las relaciones entre los seres humanos y los microbios (Hird, *The Origins of Sociable Life*), así como sobre los efectos de la desatención constante que se manifiestan en la repugnante realidad del vertido de residuos (M. J. Hird, S. Lougheed, R. K. Rowe, y C. Kuyvenhoven, «Making Waste Management Public (or Falling Back to Sleep)», *Social Studies of Science*, 44 (3), 2014, 441-465).

Y, de hecho, desde la perspectiva exclusivamente centrada en el ser humano y el «sujeto ético» moral y políticamente tradicional, sería una pretensión antropocéntrica o, hablando más generosamente, una fantasía interespecie imaginar un sentido del cuidado que circule proporcionalmente entre (todos) los seres humanos y (todos) los seres no humanos y las fuerzas materiales. Y no propongo concluir, tras este recorrido, con una versión del cuidado como una fuerza mística inmanente o trascendental —aunque no consideraría tales enfoques como carentes de sentido para una ética más que humana—. Con todo, estoy dispuesta a arriesgarme a que se me acuse de iniciar una ética antropomorfista del cuidado más que humano, desdibujando las características del cuidado que yo misma me había propuesto delinear. Porque, para que sean posibles ecologías afectivas más solidarias, necesitamos un pensamiento especulativo y una buena dosis de fabulación, para que las ansiedades que genera a l*s pensador*s crític*s la atribución de modos humanos de intencionalidad a los no humanos no paralicen nuestra imaginación ética. El cuestionamiento de Barad a la reducción de la ética al agenciamiento intencional es una inspiración obvia en este sentido[617]. Además, la acusación de antropomorfismo, como demuestra el trabajo de Natasha Myers al llamar la atención sobre la co-formación del conocimiento y la vivacidad que se produce cuando los cuerpos de l*s científic*s se ven afectados y transformados por los seres otros-que-humanos con los que se relacionan[618], permanece dentro de una concepción del mundo otro-que-humano como *pasivo* y nos impide abrirnos a las señales que ofrecen

---

[617] Barad, *Meeting the Universe Halfway*.

[618] Hustak y Myers, «Involuntary Momentum»; Myers, *Rendering Life Molecular*.

los encuentros con formas de vida otras-que-humanas en las que los cuerpos humanos también mutan. El cuidado no es unidireccional; quien recibe el cuidado co-forma también al cuidador. Por último, volviendo a la política del conocimiento, si el rechazo al antropomorfismo no impide que l*s científic*s, l*s responsables polític*s y much*s de nosotr*s en general contemos historias sobre la prestación de «servicios» o «funciones» por parte de la biota como las lombrices —o que las llamemos «gestoras del suelo» o «ingenieras»—, ¿por qué tener reparos a la hora de alterar estas historias con un imaginario del cuidado? Como señala Haraway, importa qué historias cuentan historias.

La circulación del cuidado como mantenimiento cotidiano del entramado más que humano de la vida, concebido como una forma descentrada de eticidad vibrante, como un *ethos* arraigado en obligaciones necesarias para relaciones específicas, ofrece indicios para esa imaginación. La noción de cuidado como una acción más que como una intención moral es la puerta de entrada, pero no debería convertirse en un callejón sin salida. El abandono de la contaminación circula por los suelos, convirtiendo una red trófica en un flujo de toxicidades mortales. L*s activistas introducen hongos en suelos contaminados para que se alimenten y limpien los residuos en un gran esfuerzo de biorremediación. Puede que los habitantes del suelo y otros no humanos no se ocupen intencionalmente de los residuos para ayudar a los humanos, pero la realidad es que lo hacen, y podría decirse que, dentro de las condiciones ecológicas, a veces pueden verse inmanentemente obligados a ello. Y, en condiciones que conllevan predicamentos éticos, distinguirlo de la coerción puede ser algo difícil de trazar. Las redes de obligaciones de cuidado son impuras. El cuidado circula en toda su ambivalencia.

La pregunta es hasta qué punto l*s profesionales del suelo, y tod*s l*s que nos beneficiamos de la vida en el suelo, tenemos una deuda con las lombrices y otras criaturas de la Tierra por su trabajo. Pensar estas relaciones a través del cuidado invita a cultivar un *ethos* basado en necesidades contingentes. Estas obligaciones no son todas equivalentes; son contingentes en terrenos ecológicos situados. Este viaje no da lugar a una teoría del cuidado fluida y sin cabos sueltos.

Podemos movernos hacia un aprendizaje con cuidado especulativo por las múltiples historias con las que los imaginarios multiespecie pueblan el desierto imaginativo que deja el espíritu ético humanista[619]. Tanto desde una perspectiva naturocultural como sociotécnica, podemos percibir una red de interdependencias en funcionamiento que brinda las condiciones para fomentar prácticas y *ethos* de cuidado. Desde las ciencias hasta los movimientos ecologistas, desde las visiones ecofeministas hasta las etnografías de las comunidades ecológicas y las naturoculturas tecnocientíficas, los imaginarios del cuidado pueden ayudar a exponer cuántos otros, además de los otros-que-humanos, están implicados en las intra-actividades agenciales que, en conjunto, conforman «nuestros» mundos, existencias y haceres, y que nos permiten a l*s habitantes de la Tierra transitar nuestros días interdependientes, cuidando de una miríada de procesos vitales. Pensar en estos agenciamientos como redes específicas de cuidados interdependientes no solo ayuda a abandonar la idea de que estas labores son dadas, mecánicas, sino que también retiene la noción de que existen obligaciones específicas para quienes participan

---

[619] S. Eben Kirksey y Stefan Helmreich, «The Emergence of Multispecies Ethnography», *Cultural Anthropology,* 25 (4), 2010 545-576; Van Dooren, *Flight Ways;* S. Eben Kirksey, *Emergent Ecologies*, Durham: Duke University Press 2015.

en ellas como cuidadores humanos. En las complejas redes que sostienen la vida, el cuidado y la desatención sobre un mundo fluyen y circulan a través de la materia y los procesos vivos. Pensar-con cuidado también refuerza la idea de que no existe un camino único para el bien. Lo que el cuidado *tan bueno como sea posible* puede significar seguirá siendo un terreno turbulento y disputado en el que las diferentes relaciones entre humanos y no humanos tendrán significados diferentes y conflictivos. En el presente de las naturoculturas terrenas, el cuidado y la desatención que se han puesto en circulación en el pasado siguen circulando, con efectos y consecuencias que se transmiten a través de entrelazamientos más que humanos.

Por lo tanto, aunque no sepamos cómo cuidar de antemano o de una vez por todas, aspirar especulativamente a eticidades situadas es vital, porque no se concibe «lo mejor posible» en la Tierra sin estos agenciamientos, incluso aquellos que no se proponen a sí mismos como éticos. Las situaciones de cuidado implican obligaciones no simétricas, multilaterales, asubjetivas, que se distribuyen a través de materialidades y existencias más que humanas. Pensar-con cuidado llama la atención sobre interrogantes éticos destinados a parecer inoportunos y sin valor desde la perspectiva de las futuridades unilineales predominantes, pero no podemos dejar que las historias productivistas, o incluso las economías de servicio serias, definan cómo serán valorados los mundos no humanos. Debe de haber otras formas de participar en el fomento de la vivacidad *etopoética* de agencias más que humanas que promueven —actualmente de forma sobre todo coercitiva— que recibamos los cuidados que necesitamos.

Ojalá «nosotr*s» podamos encontrar otras maneras de estar en deuda, de la mejor manera posible.

Agradecimientos

Agradezco a Florence Degavre, Chloe Deligne y Nathalie Trussart por animarme a seguir reflexionando sobre los significados del cuidado en la construcción del conocimiento y en la ciencia, tema que surgió tímidamente al final de mi investigación doctoral. Continuar por este camino no hubiera sido posible sin la beca Marie Curie de la Unión Europea para realizar una investigación posdoctoral en la Universidad de California, Santa Cruz. La solicitud de esta beca solo fue posible gracias a la magia resolutiva de Sarah Bracke, mi querida amiga, hermana feminista y coautora, que me ayudó a creer que podíamos hacerlo, y a la incansable motivación de Didier Demorcy. Estoy profundamente agradecida a Isabelle Stengers, quien ha supervisado el accidentado camino de mi doctorado con un compromiso inquebrantable e incondicional, por respaldar la solicitud, así como por su continuo apoyo y su compartir aventurero. Donna Haraway no solo patrocinó mi beca en la UC Santa Cruz, sino que influyó profundamente en mi forma de pensar con su manera única de enseñar y su generosidad incondicional. Nunca podré agradecerle lo suficiente su tutoría a lo largo del camino. No solo me animó a desarrollar las ideas de este libro, sino que, sin haber tenido la oportunidad de rodearme de su extraordinaria comunidad, probablemente no hubiera continuado mi viaje académico.

Este libro comenzó a tomar forma durante este periodo. Estoy muy agradecida a Chris Connery y Gail Hershatter, por entonces directores del Centro de Estudios Culturales de la UC Santa Cruz, por aceptar mi solicitud de becaria visitante y acogerme en este lugar lleno de energía. A Chris, en particular, le debo más de lo que puedo expresar con palabras, no solo por las conversaciones que me hicieron reflexionar, sino por ser el más fabuloso de los anfitriones, al cuidar de los becarios visitantes mucho más allá de su deber, y hacer que Santa Cruz se convirtiera en mi hogar. El seminario semanal del Centro fue una fuente constante de ideas apasionantes que me sacaron de mi zona de confort. En ese seminario presenté por primera vez la noción de «cuestiones de cuidado» y recibí comentarios y críticas inmensamente valiosos que influyeron desde ese momento en mi forma de entender el cuidado. Doy las gracias a Jim Clifford, entonces director del Departamento de Historia de la Conciencia, por haberme acogido durante estos años, dándome acceso a seminarios y clases, y por su estimulante presencia intelectual y su amabilidad, siempre dispuesto a compartir sin reservas el tesoro de la sabiduría y la experiencia. Mezclarme con la increíblemente inteligente y acogedora comunidad de estudiantes de posgrado de Historia de la Conciencia me abrió un mundo. Siempre había pensado que me dedicaba a la interdisciplinariedad; gracias a ellos reconocí que no tenía ni idea de lo que eso significaba realmente. Aprendí enormemente de conversaciones en las que los hilos personales, políticos e intelectuales de los cuidados son inseparables. Por esto y mucho más, me gustaría dar las gracias a Harlan Weaver, Jennifer Watanabe, Sha La Bare y otros amigos que hice durante estos años en la UCSC, cuyo increíble trabajo resultó crucial para pensar sobre el cuidado. En particular, la investigación y los escritos de Natasha Myers, Astrid Schrader, Natalie Loveless, Eben Kirksey, Thom Van Dooren y Chris Kortright siguen siendo una fuente continua de inspiración, y también me han apoyado generosamente durante este viaje. Tener la oportunidad de colaborar con Jenny Reardon, Jake Metcalf y otros en el Centro de Investigación sobre Ciencia y Justicia de la UCSC me enseñó mucho sobre la amabilidad crítica a la hora de abordar las prácticas científicas. Karen Barad también se tomó su tiempo para debatir ideas e influyó mucho en mi forma de pensar. Encontré un hogar intelectual acogedor en la comunidad de estudios de ciencia y tecnología de la Bahía de San Francisco y la Universidad de California en Davis, y en los excepcionalmente abiertos y notables académicos que la componen. Entre ellos, Lochlann Jain, Cori Hayden, Joe Dumit y Marisol de la Cadena, así como Rebecca Herzig, también becaria visitante en el Centro de Estudios Culturales durante mi estancia, se convirtieron en preciosos amigos con quienes pensar. Y la muy echada en falta Leigh Star, todavía tan presente de muchas maneras, me enseñó mucho sobre las maravillas y los problemas del cuidado.

Los miembros del Grupo de Estudios Constructivistas de Bruselas, uno de los lugares más apasionantes para pensar que he conocido, pusieron a prueba en audaces conversaciones los matices conceptuales de *Cuestiones de cuidado*. Pensar íntimamente con Wenda Bauchspies sobre los estudios científicos feministas para un número especial de la revista *Subjectivity* fue extremadamente enriquecedor en muchos niveles y un paso crucial en el desarrollo del pensamiento para este libro. Joan Haran, Joanna Latimer, Mara Miele y Rolland Munro, así como los miembros del grupo Cultura, Imaginación y Práctica de la Universidad de Cardiff, me apoyaron enormemente y abrieron mi trabajo a otros campos del pensamiento. También estoy eternamente agradecida a Simon Lilley, director de la Escuela de Administración de la Universidad de Leicester, por darme la oportunidad de incorporarme a un fabuloso entorno académico en un departamento donde, gracias a su apoyo constante, prevalece la colegialidad crítica. También me gustaría dar las gracias a Mike Goodman, Ana Viseu, Aryn Martin, Lucy Suchman, Sergio Sismondo, David A. Robinson y Nicholas Beuret por sus ideas y generosos comentarios sobre versiones anteriores de los capítulos. Estoy sumamente agradecida a Cary Wolfe por su apoyo y a Joan Tronto por su revisión y sus lúcidos comentarios sobre el borrador inicial del libro.

Doy las gracias a Clea Kore no solo por leer y corregir los borradores anteriores de estos capítulos, sino también, junto con su marido David Fairchild, por convertirse en mis mejores amigos y maestros en *joie de vivre*. Emma, mi deslumbrante hermana, y Marie, mi encantadora madrastra, gracias por seguir siendo mis más infatigables animadoras. Mi suegra, Eleni Papadopoulou, que cuida de nosotros y de tanta gente con sólida ternura, me ha enseñado cómo empezar algo te lleva de inmediato a la mitad del camino; una lección preciosa para una escritora. Y aunque no todos l*s posthumanistas han sido primero humanistas, probablemente sí lo sea en mi caso, gracias a mi principal cuidador desde que nací, mi inspiración constante, mi maravilloso, solidario y profundamente compasivo padre, el humanista Ramón Puig de la Bellacasa. ¿Y cómo dar las gracias a mis hij*s, Alba y Amaru, la luz de mis días y de mis noches de insomnio, criaturas mágicas, por mantenerme en contacto con la maravilla cotidiana?

Este libro está dedicado a mi compañero del alma, sin el cual estoy absolutamente segura de que nunca se habría materializado, Dimitris Papadopoulos, que leyó y releyó, escuchó y comentó, arrimó el hombro y empatizó conmigo, cuyo amor y cuidado me hacen pasar los días con una sed de alegría sin límites.